Information & Computing — 125

リレーショナル データベース特別講義

―データモデル・SQL・管理システム・データ分析基盤―

増永 良文　著

サイエンス社

サイエンス社のホームページのご案内
https://www.saiensu.co.jp
ご意見・ご要望は　rikei@saiensu.co.jp　まで.

ま え が き

本書『リレーショナルデータベース特別講義―データモデル・SQL・管理システム・データ分析基盤―』が想定している読者は，高等教育研究機関や専門学校でデータベースのことはきちんと勉強したつもり，職場でデータベースと相対峙しているのでデータベースのことは相当に分かっているつもり，データベース関連の書籍や文書には随分と目を通してきたつもり，データベースに関しては一家言ある，そう自負している方々である．

そのような方々でも，心の片隅に「あそこをもう少し掘り下げて知っておきたかったな」とか，「あそこの仕組みやロジックをもう少し詳しく説明した本がないかな」とか，あるいはデータサイエンスが盛んな折「データマネジメントとデータベース管理はどう関係しているのかな？」とか，そんな想いを抱くことがあるに違いないと筆者は推察した．なぜならば，長年データベースに関する教育・研究に携わり，データベースに関する入門書を何冊か著してきた筆者自身がそのようなどこか歯痒い想いを抱くことが多々あるからである．

筆者はかつて『リレーショナルデータベース入門 [第3版]―データモデル・SQL・管理システム・NoSQL―』（サイエンス社刊）を上梓している．この本では，その副題に掲げた項目については入門書とは言えそれなりに詳しく論じたつもりだが，あくまでも入門書でありボリュームの関係もあって，踏み込んだ記述をすることなく筆を進めてしまった所もあった．したがって，この本だけでは上述のような想いに応えることができていないと常日頃感じていた．

そんな折，筆者が技術顧問を務めるSRA OSS合同会社（社長・稲葉香理）のホームページの「技術情報」欄のSRA OSS Tech Blogで「増永教授のDB特論」を連載する機会に恵まれた（https://www.sraoss.co.jp/tech-blog/category/db-special-lecture/）．同社は世界的に広く普及しているオープンソースのリレーショナルデータベース管理システムPostgreSQLをはじめとするオープンソースソフトウェア関連事業を生業としており，SRA OSS Tech Blogの読者はデータベースに精通した方々であろう．読者のレベルを勘案すると，通り一遍なデータベース理論のブログを書いても仕方がないと考え，日頃より蘊蓄を傾けたかった事項を取り上げて詳解・詳論しようと決意してそれに臨むこととした．これが上述のような想いに応えるチャンスと考えたからである．ひと月に一編程度のペースで連載に挑戦したところいつしか掲載されたブログは12編となった．一区切りかなと思いこれらを読み返してみると，内容的には—データモデル・SQL・管理システム・NoSQL—に関してここだけは押さえておこうという事項がカバーされていたが，何(いず)れはカバーしようと思っていたデータサイエンスに関連する事項にまでは手が回っていなかった．それらをTech Blogに掲載した後で全てを纏(まと)めて成書とすることも考えたが，この際，それらに関しては書下ろしとし成書とすることとした．それが本書であり，副題を—データモデル・SQL・管理システム・データ分析基盤—とした所以(ゆえん)である．

このような経緯から，本書の各章は内容的にはそれぞれが独立し，文献も章毎に与えられている．したがって，どの章から読んでいただいても構わない．ただ，振り返って，内容を大枠で括ってみると，次のような4部構成になっている．

第1部 リレーショナルデータモデル
- **第1章** 3NF分解と関数従属性保存
- **第2章** 6NF？
- **第3章** 候補キーの見つけ方
- **第4章** NULLとその意味
- **第5章** ビューサポートの基礎理論

第2部 SQL
- **第6章** SQLの計算完備性
- **第7章** SQLとバッグ意味論 —重複タップルの部分削除—
- **第8章** SQLのビッグデータ対応

第3部 データベース管理システム
- **第9章** GEQO —遺伝的アルゴリズムを用いた質問処理最適化—
- **第10章** MVCC —多版同時実行制御—
- **第11章** CAP定理と結果整合性

第4部 データ分析基盤
- **第12章** データマネジメントとデータベース管理
- **第13章** データ分析基盤とSQLのOLAP拡張
- **第14章** NoSQLのSQL回帰 —ビッグデータ分析基盤—

なお，本書が想定した読者は上述の通りデータベースのスペシャリストである．その結果，本書の内容や記述レベルからして本書は大学院レベルのデータベース講義の「教科書」あるいは「参考書」となり得るのではないかとも考えている．取り上げた事項に対する基礎知識を補いながら講義することで，学部レベルの講義では達成し得ない「データベースの真髄(しんずい)」に迫ることができるものと思っている．

本書の刊行にあたって，SRA OSS 合同会社は SRA OSS Tech Blog「増永教授のDB 特論」の記事を本書に転用することを快く了承してくださった．また，出版社のサイエンス社には書籍化において尽力いただいた．SRA OSS 合同会社とサイエンス社に対して心底より感謝申し上げる．

末筆ながら，本書の記述において，PostgreSQL 関連では SRA OSS 合同会社顧問の石井達夫氏と同社 OSS 事業本部技術開発室主任研究員の長田悠吾氏から的確なご意見を多々いただいた．また，SQL 関連では SQL 標準化の作業部会である ISO/IEC JTC1/SC32 WG3（SQL 言語）の元日本代表であり SQL 規格に大変造詣の深い小寺孝氏（日立製作所）に大変お世話になった．ここに改めてお世話になった方々に深く謝意を表する．

本書が我が国のデータベースコミュニティの更なる発展にいささかでも貢献することができれば大変嬉しく思う．

これまで事ある毎に披露してきた筆者考案のお気に入りの惹句を記して，本書刊行にあたっての結びの言葉としたい．

地球丸ごとデータベース！

2024 年早春

増永良文

目　　次

第4部　データ分析基盤　173

第1部　リレーショナルデータモデル

データモデルとは実世界をデータベース化するにあたり，それを記述するために使われる記号系である．リレーショナルデータモデルはリレーショナルデータベースを構築するためのデータモデルで 1970 年に IBM San Jose 研究所の Edgar F. Codd が提案したことは言うまでもなかろう．

一般にデータモデルは，構造記述，意味記述，そして操作記述の 3 要素からなることもよく知られているところで，リレーショナルデータモデルでは構造記述の基本はリレーションであり，意味記述の基本はキー，そして操作記述の基本はリレーショナル代数であろう．

リレーショナルデータベースを構成するリレーションは Codd によりまず第 1 正規形でないといけないと制限されていることも改めて記すまでもないことだが，リレーションが第 1 正規形であるだけでは様々な更新時異状（update anomaly）が発生するので，第 2 正規形，第 3 正規形，ボイス–コッド正規形，第 4 正規形，第 5 正規形と高次に正規化する必要があることも，これまた改めて記すまでもないことであろう．

しかしながら，正規化の過程はリレーションの分解を情報無損失という観点から議論しているときには問題ないように見えるが，実はリレーションに元々定義されていた意味的制約である関数従属性を保存できない場合が生じるという副作用が生じることがある．その問題にどう対処するか，それを第 1 章で「3NF 分解と関数従属性保存」と題して議論している．

リレーションの正規化では，理論上，第 5 正規形が打ち止めであるが，C. J. Date が第 6 正規形を主張して世の中を少しく混乱させた状況がある．本書では第 2 章で「6NF？」と題して，実は第 6 正規形は第 5 正規形の定義のもてあそびで，第 5 正規形の一種であることを明らかにする．

リレーションは数学的には「集合」（set）なので，リレーションにはタップルを一意に識別できるキーが必ず存在する．しかしながら，候補キーを見つける問題は一般に組合せ爆発に遭遇して必ずしも容易ではない．改めて，候補キーを1つ求める，そして候補キーを全て求める問題を第3章で「候補キーの見つけ方」と題して議論した．

リレーショナルデータモデルが提案された当初は属性の値がないという状況は想定されていなかったが，実世界の意味をより取り込もうと，Codd 自身が NULL を導入した．そもそも NULL とは何なのか，そしてその意味は何なのか，それを改めて確認しておく必要性を強く感じて，第4章で「NULL とその意味」を論じた．

さて，リレーショナルデータベースの特徴は極めてフォーマルであることにあり，質問（query，問合せ）はリレーショナル代数あるいはリレーショナル論理で記述できる．その質問の結果もまたリレーションとなることから，質問自体も仮想的なリレーションと考えることができる．これを「ビュー」（view）というが，データベースに格納されている実リレーションとビューを組み合わせることで広大なリレーショナルデータベース空間ができ上がる．しかしながら，ビューは定義だけが存在し実体のないリレーションなので，ビューを更新しようとすると更新が許される場合もあれば許されない場合もある．では，どのような条件が満たされるときビューは更新可能となるのか？ これを「ビュー更新問題」というが，この問題解決には意味論やそもそもそれをスキーマレベルで規定するのかインスタンスレベルで規定するのかなど，様々な悩ましい問題が絡み，いまだに決着がついていない古くて新しい問題である．そこで，この問題を第5章で「ビューサポートの基礎理論」と題して一貫して論じてみた．

第1章

3NF 分解と関数従属性保存

1.1 はじめに

リレーショナルデータベース（**RDB**）を設計するにあたり，「リレーションは第3正規形（3NF）にしましょう」とはよく言われることである．リレーションの正規化理論によると，3NF への分解が情報無損失であることは間違いのないことではあるが，その際，関数従属性は保存されるのか，されないのか？ このことについて，どうも不確かな認識が流布しているのではないかと思われる事例に遭遇したので，本章を認（したた）めることとした．

その事例とは，何気なく過去の「データベーススペシャリスト試験問題」を眺めていた時に目に留まった次の設問と解答である．

平成 26 年度 春期 データベーススペシャリスト 試験 午前 II 問題[1]

問 4　関係モデルにおいて，情報無損失分解ができ，かつ，関数従属性保存が成り立つ変換が必ず存在するものはどれか。ここで，情報無損失分解とは自然結合によって元の関係が必ず得られる分解をいう。

ア　第 2 正規形から第 3 正規形への変換
イ　第 3 正規形からボイスコッド正規形への変換
ウ　非正規形から第 1 正規形への変換
エ　ボイスコッド正規形から第 4 正規形への変換

この問題の正解は「ア」とされている[2]．

さて，この設問と正解を眺めていて釈然としない点が 2 つあった．1 つは，情報無損失分解の定義は与えられているが，「関数従属性保存」の定義が与えられていないことである．果たして，どういう意味でこの用語を使っているのだろうか？ もう 1 つは，「情報無損失分解ができ，かつ，関数従属性保存が成り立つ変換が必ず存在するもの」を問うているが，「必ず」とは一体どのような意味で使っているのであろうか？「ア」を正解とするということなので，「リレーションの第2正規形から第3正規形への変換は必ず情報無損失分解かつ関数従属性保存である」が出題者の意図ではないかと推察されるが，本当にそうなのであろうか？

そこで，この問題を少しばかり深堀してみることとした．

1.2 基礎的事項

議論を進めるために必要な概念を整理しておく．

[定義 1.1]（リレーションスキーマとリレーション） リレーションスキーマ $\boldsymbol{R}$ とはリレーション名 R と属性のリスト $A_1, A_2, \ldots, A_n$ からなり，$\boldsymbol{R}(A_1, A_2, \ldots, A_n)$ と表される．dom をドメイン関数とするとき，$R \subseteq \mathrm{dom}(\boldsymbol{R}) = \mathrm{dom}(A_1) \times \mathrm{dom}(A_2) \times \cdots \times \mathrm{dom}(A_n)$ をリレーションスキーマ $\boldsymbol{R}$ のインスタンス，あるいは $\mathrm{dom}(A_1), \mathrm{dom}(A_2), \ldots, \mathrm{dom}(A_n)$ 上のリレーション R という．

リレーションスキーマ $\boldsymbol{R}$ である性質 P が成立するとは $\boldsymbol{R}$ の全てのインスタンス R で P が成立するとき及びそのときのみをいう．

[定義 1.2]（関数従属性） リレーションスキーマ $\boldsymbol{R}$ で関数従属性（functional dependency，**FD**）$f = X \to Y$ が成立するとは，次が成立するときをいう．ここに，$R \in \boldsymbol{R}$ は R が $\boldsymbol{R}$ のインスタンスであることを表し，$\Rightarrow$ は含意（if ... then）を表す．

$$(\forall R \in \boldsymbol{R})(\forall t, t' \in R)(t[X] = t'[X] \Rightarrow t[Y] = t'[Y])$$

[定義 1.3]（所与の関数従属性集合） リレーションスキーマ $\boldsymbol{R}$ に所与の（given）関数従属性の集合 $F = \{f_1, f_2, \ldots, f_p\}$，ここに $(\forall i = 1, 2, \ldots, p)(f_i = X_i \to Y_i \wedge (X_i, Y_i \subseteq \Omega_{\boldsymbol{R}}))$，を指定できる．ここで，$\Omega_{\boldsymbol{R}}$ は $\boldsymbol{R}$ の全属性集合 $\{A_1, A_2, \ldots, A_n\}$ を表し，一般に X，Y を集合とするとき，$X \subseteq Y$ は X が Y の部分集合であることを，$X \subset Y$ は X が Y の真部分集合（proper subset）であることを表す．$\wedge$ は論理積を表す．

[定義 1.4]（関数従属性集合の閉包） リレーションスキーマ $\boldsymbol{R}$ に所与の関数従属性の集合 F が指定されているとする．このとき，F の閉包 F^+ は次のように定義される．ここに，$F \vDash X \to Y$ は $X \to Y$ がアームストロングの公理系のもとで F から導出されることを表す．

$$F^+ = \{X \to Y \mid X, Y \subseteq \Omega_{\boldsymbol{R}} \wedge F \vDash X \to Y\}$$

つまり，F^+ は F が与えられたとき，F を基にして $\boldsymbol{R}$ 上で成立する全ての FD からなる集合を表す．F^+ を求めるアルゴリズムを示すが，その前に，次が成立することに注目する．ここに，X^+ は F に関する X の閉包を表し，$\Leftrightarrow$ は必要かつ十分（if and only if）を表す．

$$(\forall X, Y \subseteq \Omega_{\boldsymbol{R}})(X \to Y \in F^+ \Leftrightarrow Y \subseteq X^+)$$

ここに, X^+ を求めるアルゴリズムは次の通りである．$\cup$ は和集合演算を表す．このアルゴリズムの時間計算量は多項式時間であり，扱いやすい(tractable)問題である．

● **X^+ を求めるアルゴリズム**

1. $X^{(0)} = X$ とおく．
2. $X^{(i)} = X^{(i-1)} \cup \{A \mid A \in Z \wedge Y \to Z \in F \wedge Y \subseteq X^{(i-1)}\}$ $(i \geqq 1)$ とする．
3. もし，$X^{(i)} = X^{(i-1)}$ なら $X^+ = X^{(i-1)}$ とおく．そうでなければステップ 2 にいく．

［例 **1.1**］ リレーションスキーマ $\boldsymbol{R}(A, B, C)$ に所与の FD 集合 $F = \{A \to B, B \to C\}$ が指定されているとする．たとえば，$X = \{A\}$ として X^+ を求めると，ステップ 1 で $X^{(0)} = \{A\}$，ステップ 2 と 3 を繰り返して，$X^{(1)} = X^{(0)} \cup \{B\}$，$X^{(2)} = X^{(1)} \cup \{C\}$ $(= \{A, B, C\})$，$X^{(3)} = X^{(2)}$ となり，$X^+ = \{A, B, C\}$ を得る．

さて，F^+ を求めるアルゴリズムは次の通りである．ここに，ϕ は空集合を表す．

● **F^+ を求めるアルゴリズム**

1. $F^+ = \phi$ とおく．
2. $2^{\Omega_{\boldsymbol{R}}} - \phi$ の各元 X に対してその閉包 X^+ を求め, $F^+ = F^+ \cup \{X \to X^+\}$ とする．
3. ステップ 2 の操作が全て終了すれば，そのときの F^+ が求める結果である．

ステップ 2 で，$2^{\Omega_{\boldsymbol{R}}} - \phi$ の各元 X に対してその閉包 X^+ を求めていることから明らかなように，このアルゴリズムの時間計算量は $O(2^{|\Omega_{\boldsymbol{R}}|})$，ここに O はオーダ関数，$|\Omega_{\boldsymbol{R}}|$ は $\Omega_{\boldsymbol{R}}$ の濃度を表す，と指数時間となり，扱いにくい（intractable）問題

であることが分かる．つまり，上記のアルゴリズムは $|\Omega_{\boldsymbol{R}}|$ が小さいときは問題なく動くが，それが大きくなるにつれてとんでもない時間を要することになる．

なお，リレーションの情報無損失分解にかかる関数従属性保存を論じるためには，F^+ の属性集合 Z ($\subseteq \Omega_{\boldsymbol{R}}$) 上の射影 $F^+[Z]$ を定義する必要があるが（定義 1.5），それを端的に行うためには上記のステップ 3 をステップ 3′ に置き換えておくと都合が良いのでそのようにする．ここに，一般に $A_1A_2\cdots A_q$ は集合 $\{A_1, A_2, \ldots, A_q\}$ の簡略表現とする（以下，同様）．したがって，たとえば $AB = \{A, B\} = \{B, A\} = BA$ である．

3′. ステップ 2 の操作が全て終了すれば，そのときの F^+ が求める結果であるが，もし F^+ の元 $X \to X^+$ の被決定子が $X^+ = A_1A_2\cdots A_q$ ($A_i \in \Omega_{\boldsymbol{R}}, q \geqq 2$) のように単一の属性でなければ，$X \to X^+$ を $X \to A_1, X \to A_2, \ldots, X \to A_q$ で置き換えた F^+ を求める結果とする（この置換えは，$X \to YZ \Leftrightarrow X \to Y \wedge X \to Z$ が成立することによる）．

［例 **1.2**］ リレーションスキーマ $\boldsymbol{R}(A, B, C)$ に所与の FD 集合 $F = \{A \to B, B \to C\}$ が指定されているとする．このとき，F^+ を求めると，$2^{\Omega_{\boldsymbol{R}}} = \{\phi, A, B, C, AB, AC, BC, ABC\}$ であるので，ステップ 1 で $F^+ = \phi$，ステップ 2 と 3 を繰り返して，$A^+ = ABC$, $B^+ = BC$, $C^+ = C$, $AB^+ = ABC$, $AC^+ = ABC$, $BC^+ = BC$, $ABC^+ = ABC$ なので，ステップ 3 で F^+ は次のようになる．

$$F^+ = \{A \to ABC, B \to BC, C \to C, AB \to ABC, AC \to ABC,\\ BC \to BC, ABC \to ABC\}$$

F^+ をステップ 3 ではなくステップ 3′ を用いて求めた場合，それは次のようになる．

$$F^+ = \{A \to A, A \to B, A \to C, B \to B, B \to C, C \to C,\\ AB \to A, AB \to B, AB \to C, AC \to A, AC \to B, AC \to C,\\ BC \to B, BC \to C, ABC \to A, ABC \to B, ABC \to C\}$$

なお，一般に F^+ には $A \to A$ や $AB \to A$ など自明な FD も含まれているが，F^+ はそれらも含めて $\boldsymbol{R}$ 上で成り立つ関数従属性の全てからなる集合を表しているということである．

［**定義 1.5**］（**関数従属性集合の閉包の射影**） リレーションスキーマ $\boldsymbol{R}$ に所与の関数従属性の集合 F が指定されているとする．このとき，一般に $Z \subseteq \Omega_{\boldsymbol{R}}$ として，F^+ の Z 上の**射影** $F^+[Z]$ は次のように定義される．ここに，F^+ はステップ $3'$ を用いて求められており，$A \in \Omega_{\boldsymbol{R}}$ である．

$$F^+[Z] = \{X \to A \mid X \to A \in F^+ \land X \cup A \subseteq Z\}$$

［**例 1.3**］ リレーションスキーマ $\boldsymbol{R}(A, B, C)$ に所与の FD 集合 $F = \{A \to B, B \to C\}$ が指定されているとする．このとき，F^+ の $\{B, C\}$ 上の射影，$F^+[B, C]$ は次のようになる．

$$F^+[B, C] = \{B \to B, B \to C, C \to C, BC \to B, BC \to C\}$$

なお，$B, C \in \Omega_{\boldsymbol{R}}$ としたとき，$F^+[B, C]$ は本来 $F^+[\{B, C\}]$ あるいは $F^+[BC]$ と書くべきであるが，慣習的に $F^+[B, C]$ と書くことも多く，本章でもそれに倣っている．

［**定義 1.6**］（**リレーションスキーマの情報無損失分解**） リレーションスキーマ $\boldsymbol{R}$ の**情報無損失分解**は F^+ の元 $X \to Y$（$X, Y \subseteq \Omega_{\boldsymbol{R}}$）を使って $\boldsymbol{R}$ を 2 つの射影 $\boldsymbol{R}[X \cup Y]$ と $\boldsymbol{R}[\Omega_{\boldsymbol{R}} - Y]$ に分解することをいう．ここに，$-$ は差集合演算を表す．

FD による分解はリレーションスキーマが 2 つの射影に情報無損失分解されるための十分条件なので，この分解は情報無損失，即ち $\boldsymbol{R} = \boldsymbol{R}[X \cup Y] * \boldsymbol{R}[\Omega_{\boldsymbol{R}} - Y]$ が成立することは改めて言うまでもないことである．ここに $*$ は自然結合演算を表している．

ここで，念のためにリレーションスキーマが第 2 正規形（2NF），そして第 3 正規形（3NF）であることの定義を確認しておくと次の通りである．

- リレーションスキーマ $\boldsymbol{R}$ が**第 2 正規形**（**2NF**）であるとは，$\boldsymbol{R}$ は 1NF であって，$\boldsymbol{R}$ の全ての非キー属性は $\boldsymbol{R}$ の各候補キーに完全関数従属していること
- リレーションスキーマ $\boldsymbol{R}$ が**第 3 正規形**（**3NF**）であるとは，$\boldsymbol{R}$ は 2NF であって，$\boldsymbol{R}$ の全ての非キー属性は $\boldsymbol{R}$ のいかなる候補キーにも推移的に関数従属しないこと

なお，リレーショナルデータモデルと正規化理論の原典に立ち戻って RDB 設計の分解的手法を今一度整理しておきたい読者には文献 [3], [4] を，本章では立ち入らないが**分解的手法**と対極をなす RDB 設計の**合成的手法**の原典にあたりたい読者には文献 [5] を，そしてそれらをカバーした書籍として拙著 [6] を薦める．

1.3 関数従属性保存とは

まず，リレーションスキーマの情報無損失分解にかかる関数従属性保存の定義を与える．

［**定義 1.7**］（**関数従属性保存**） リレーションスキーマ $\boldsymbol{R}$ に所与の関数従属性の集合 F が指定されているとする．$X \to Y \in F^+$ として，$X \to Y$ による $\boldsymbol{R}$ の $\boldsymbol{R}[X \cup Y]$ と $\boldsymbol{R}[\Omega_{\boldsymbol{R}} - Y]$ への情報無損失分解が**関数従属性保存**とは，次が成立するときをいう．

$$(F^+[X \cup Y] \cup F^+[\Omega_{\boldsymbol{R}} - Y])^+ = F^+$$

つまり，F の閉包 F^+ の $X \cup Y$ 上の射影 $F^+[X \cup Y]$ とその $\Omega_{\boldsymbol{R}} - Y$ 上の射影 $F^+[\Omega_{\boldsymbol{R}} - Y]$ の和集合の閉包 $(F^+[X \cup Y] \cup F^+[\Omega_{\boldsymbol{R}} - Y])^+$ が F^+ と等しいかどうかを問うていて，両方が等しいときに関数従属性保存という．決して $F[X \cup Y] \cup F[\Omega_{\boldsymbol{R}} - Y] = F$ を問うているわけではないことに注意する．あくまで，閉包レベルの概念である．

なお，一般にリレーションスキーマ $\boldsymbol{R}$ を $X \to Y$ で $\boldsymbol{R}[X \cup Y]$ と $\boldsymbol{R}[\Omega_{\boldsymbol{R}} - Y]$ へ情報無損失分解したとき，もし $\boldsymbol{R}[\Omega_{\boldsymbol{R}} - Y]$ に $Z \to W \in F^+$（ここに，$Z \cup W \subset \Omega_{\boldsymbol{R}} - Y$）が存在していると，$\boldsymbol{R}[\Omega_{\boldsymbol{R}} - Y]$ は $\boldsymbol{R}[Z \cup W]$ と $\boldsymbol{R}[\Omega_{\boldsymbol{R}} - Y - W]$ へ情報無損失分解可能で，結果として $\boldsymbol{R}$ は $\boldsymbol{R}[X \cup Y]$ と $\boldsymbol{R}[Z \cup W]$ と $\boldsymbol{R}[\Omega_{\boldsymbol{R}} - Y - W]$ に情報無損失分解できる．このとき，上記の関数従属性保存の定義は素直に次のように拡張される（この拡張はより一般的な形で可能である）．

$$(F^+[X \cup Y] \cup F^+[Z \cup W] \cup F^+[\Omega_{\boldsymbol{R}} - Y - W])^+ = F^+$$

以上で準備は整った．ここからは 2NF ではあるが 3NF ではないリレーションスキーマの 3NF への情報無損失分解が関数従属性保存か否(いな)かを検証していく．3 つのパターンが示されるが，それらの結果は大変興味深いものである．

1.4 3NF分解が関数従属性保存である例

［**例題 1.1**］ リレーションスキーマ $\boldsymbol{R}(A, B, C)$ に所与の FD 集合 $F = \{A \to B, B \to C\}$ が指定されているとする．このとき，$\boldsymbol{R}$ は 2NF ではあるが 3NF ではない．$\boldsymbol{R}$ の 3NF への情報無損失分解が関数従属性保存であるかどうかを検証してみよ．なお，**図 1.1** に本例題での所与の FD 集合の様子を

示す．

$$A \longrightarrow B \longrightarrow C$$

図 1.1　リレーションスキーマ $\boldsymbol{R}(A,B,C)$ に所与の FD 集合

解答　例 1.2 で示したように，$F^+ = \{A \to A, A \to B, A \to C, B \to B, B \to C, C \to C, AB \to A, AB \to B, AB \to C, AC \to A, AC \to B, AC \to C, BC \to B, BC \to C, ABC \to A, ABC \to B, ABC \to C\}$ である．

まず，確認すれば $\boldsymbol{R}$ は 2NF ではあるが 3NF ではない．なぜならば，推移的関数従属性 $A \to B \to C$ が存在するからである．そこで，$A \to B \to C$ の解消を図るため，$B \to C$ を用いて，$\boldsymbol{R}$ を $\boldsymbol{R}[B,C]$ と $\boldsymbol{R}[A,B]$ に情報無損失分解する．このとき，$F^+[B,C] = \{B \to B, B \to C, C \to C, BC \to B, BC \to C\}$，$F^+[A,B] = \{A \to A, A \to B, B \to B, AB \to A, AB \to B\}$ となる．

さて，$G = F^+[B,C] \cup F^+[A,B]$ とおいて，F^+ と G の元を見比べてみると，F^+ の元 $A \to C$，$AB \to C$，$AC \to A$，$AC \to B$，$AC \to C$，$ABC \to A$，$ABC \to B$，$ABC \to C$ が G に入っていない．そこで，これらの元で自明でない $A \to C$，$AB \to C$，$AC \to B$ について，それらが G^+ の元であるかどうかを検証する．

まず，$A \to C$ は，$(A \to B \in F^+[A,B]) \wedge (B \to C \in F^+[B,C])$ なので，アームストロングの公理系の推移律から $A \to C \in G^+$ であることが分かる（つまり，$G \vDash A \to C$ である）．$AB \to C$ は，$(AB \to B \in F^+[A,B]) \wedge (B \to C \in F^+[B,C])$ なので，アームストロングの公理系の推移律から $AB \to C \in G^+$ であることが分かる（$G \vDash AB \to C$）．$AC \to B$ については，$A \to B \in F^+[A,B]$ なので，アームストロングの公理系の添加律から $AC \to BC$ で，$BC \to B \in F^+[B,C]$ なので，アームストロングの公理系の推移律から $AC \to B \in G^+$ であることが分かる（$G \vDash AC \to B$）．したがって，$G^+ = F^+$ となり，この情報無損失分解は関数従属性保存である．　□

前述の平成 26 年度春期 データベーススペシャリスト 試験午前Ⅱ 問題問 4 が「ア」を正解としたのは，例題 1.1 のような状況を想定しての設問だったのかもしれないが，そのような但し書きは一切ない．しかしながら，3NF 分解と関数従属性保存の関係性は常にこのように単純というわけではなく，以下に見るように，その出題意図に反した例を多々示すことができる．

1.5 いかなる 3NF 分解も関数従属性保存でない例

［例題 **1.2**］ リレーションスキーマ $\boldsymbol{R}(A,B,C,D)$ に所与の FD 集合 $F=\{A\to B, B\to C, A\to D, D\to C\}$ が指定されているとする．このとき，$\boldsymbol{R}$ は 2NF ではあるが 3NF ではない．$\boldsymbol{R}$ の 3NF への情報無損失分解が関数従属性保存であるかどうかを検証してみよ．なお，図 **1.2** に本例題での所与の FD 集合の様子を示す．

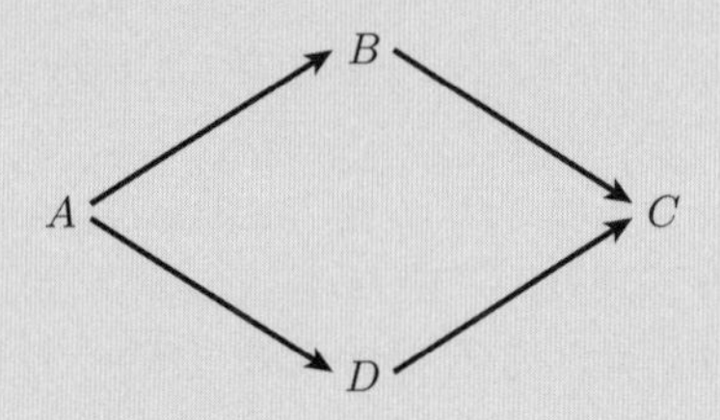

図 **1.2** リレーションスキーマ $\boldsymbol{R}(A,B,C,D)$ に所与の FD 集合

解答 このとき，$A^+=ABCD$，$B^+=BC$，$C^+=C$，$D^+=CD$，$AB^+=AC^+=AD^+=ABCD$，$BC^+=BC$，$BD^+=BCD$，$CD^+=CD$，$ABC^+=ABD^+=ACD^+=ABCD$，$BCD^+=BCD$，$ABCD^+=ABCD$ なので，$F^+=\{A\to A, A\to B, A\to C, A\to D, B\to B, B\to C, C\to C, D\to C, D\to D, AB\to A, AB\to B, AB\to C, AB\to D, AC\to A, AC\to B, AC\to C, AC\to D, AD\to A, AD\to B, AD\to C, AD\to D, BC\to B, BC\to C, BD\to B, BD\to C, BD\to D, CD\to C, CD\to D, ABC\to A, ABC\to B, ABC\to C, ABC\to D, ABD\to A, ABD\to B, ABD\to C, ABD\to D, ACD\to A, ACD\to B, ACD\to C, ACD\to D, BCD\to B, BCD\to C, BCD\to D, ABCD\to A, ABCD\to B, ABCD\to C, ABCD\to D\}$ となる．$\boldsymbol{R}$ の候補キーは A のみなので 2NF である．一方，$\boldsymbol{R}$ には $A\to B\to C$，$A\to D\to C$ という 2 つの推移的関数従属性が存在し 3NF ではないので $\boldsymbol{R}$ を情報無損失分解する．

(場合 1)　$\boldsymbol{A\to B\to C}$ の解消を図る

$\boldsymbol{R}$ を $A\to B\to C$ を構成する $B\to C$ を使って $\boldsymbol{R}[B,C]$ と $\boldsymbol{R}[A,B,D]$ に情報無損失分解すると，次が成立する．このときは $\boldsymbol{R}[A,B,D]$ も 3NF となっている．

$$F^+[B,C]=\{B\to B, B\to C, C\to C, BC\to B, BC\to C\}$$

$$F^+[A,B,D]=\{A\to A, A\to B, A\to D, B\to B, D\to D,$$
$$AB\to A, AB\to B, AB\to D, AD\to A,$$

$$AD \to B, AD \to D, BD \to B, BD \to D,$$

$$ABD \to A, ABD \to B, ABD \to D\}$$

そこで，$G = F^+[B,C] \cup F^+[A,B,D]$ とおき，$G^+ = F^+$ かどうかを検証する．F^+ と G の元を見比べてみると，F^+ の元 $A \to C$，$D \to C$，$AB \to C$，$AC \to A$，$AC \to B$, $AC \to C$, $AC \to D$, $AD \to C$, $BD \to C$, $CD \to C$, $CD \to D$, $ABC \to A$, $ABC \to B$, $ABC \to C$, $ABC \to D$, $ABD \to C$, $ACD \to A$, $ACD \to B$, $ACD \to C$, $ACD \to D$，$BCD \to B$，$BCD \to C$，$BCD \to D$，$ABCD \to A$，$ABCD \to B$，$ABCD \to C$，$ABCD \to D$ が G に入っていない．これらの中の自明でない FD である $A \to C$，$D \to C$，$AB \to C$，$AC \to B$，$AC \to D$，$AD \to C$，$BD \to C$，$ABC \to D$，$ACD \to B$ が G^+ の元か否かを検証すると，$D \to C$ が G のもとでは導出されないことが分かる（$\neg(G \vDash D \to C)$，ここに $\neg$ は否定を表す）．したがって，この情報無損失分解は関数従属性保存ではない．

(場合 2)　$\boldsymbol{A \to D \to C}$ の解消を図る

$\boldsymbol{R}$ を $A \to D \to C$ を構成する $D \to C$ を使って $\boldsymbol{R}[D,C]$ と $\boldsymbol{R}[A,B,D]$ に情報無損失分解したときには，(場合 1) と同様な展開で $B \to C$ が保存されず，この情報無損失分解も関数従属性保存ではない．□

つまり，リレーションスキーマ $\boldsymbol{R}(A,B,C,D)$ に所与の FD 集合 $F = \{A \to B, B \to C, A \to D, D \to C\}$ が指定されているとき，$\boldsymbol{R}$ を 3NF に正規化しようとする何れ(いず)の情報無損失分解も関数従属性保存ではないことが示された．これが，前述の午前 II 問題問 4 とその正解を「ア」とする解答への端的な反証となっている．

1.6　3NF 分解が関数従属性保存となるか否かが，場合による 3 例

［例題 1.3］ リレーションスキーマ $\boldsymbol{R}(A,B,C,D)$ に所与の FD 集合 $F = \{A \to B, B \to C, C \to D\}$ が指定されているとする．このとき，$\boldsymbol{R}$ は 2NF ではあるが 3NF ではない．$\boldsymbol{R}$ の 3NF への情報無損失分解が関数従属性保存であるかどうかを検証してみよ．なお，**図 1.3** に本例題での所与の FD 集合の様子を示す．

$$A \longrightarrow B \longrightarrow C \longrightarrow D$$

図 1.3　リレーションスキーマ $\boldsymbol{R}(A,B,C,D)$ に所与の FD 集合

解答　このとき，$F^+ = \{A \to A, A \to B, A \to C, A \to D, B \to B, B \to C, B \to$

$D, C \to C, C \to D, D \to D, AB \to A, AB \to B, AB \to C, AB \to D, AC \to A, AC \to B, AC \to C, AC \to D, AD \to A, AD \to B, AD \to C, AD \to D, BC \to B, BC \to C, BC \to D, BD \to B, BD \to C, BD \to D, CD \to C, CD \to D, ABC \to A, ABC \to B, ABC \to C, ABC \to D, ABD \to A, ABD \to B, ABD \to C, ABD \to D, ACD \to A, ACD \to B, ACD \to C, ACD \to D, BCD \to B, BCD \to C, BCD \to D, ABCD \to A, ABCD \to B, ABCD \to C, ABCD \to D\}$.

$\boldsymbol{R}$ の候補キーは A のみなので 2NF である．一方，$\boldsymbol{R}$ には $A \to B \to C$，$A \to B \to D$，$B \to C \to D$，$A \to C \to D$ という 4 つの推移的関数従属性が存在し 3NF ではないので $\boldsymbol{R}$ を情報無損失分解する．

(場合 1)　$\boldsymbol{A \to B \to C}$ の解消を図る

$\boldsymbol{R}$ を $A \to B \to C$ を構成する $B \to C$ を使って $\boldsymbol{R}[B, C]$ と $\boldsymbol{R}[A, B, D]$ に情報無損失分解すると，$A \to B \to D$ により，$\boldsymbol{R}[A, B, D]$ も 3NF ではないので，それを $B \to D$ を使って $\boldsymbol{R}[B, D]$ と $\boldsymbol{R}[A, B]$ に情報無損失分解すると次が成立する．

$$F^+[B, C] = \{B \to B, B \to C, C \to C, BC \to B, BC \to C\}$$
$$F^+[B, D] = \{B \to B, B \to D, D \to D, BD \to B, BD \to D\}$$
$$F^+[A, B] = \{A \to A, A \to B, B \to B, AB \to A, AB \to B\}$$

そこで，$G = F^+[B, C] \cup F^+[B, D] \cup F^+[A, B]$ とおき，$G^+ = F^+$ かどうかを検証する．そのために，F^+ の元であって G の元でない FD について，それが G^+ の元であるか否かを検証する．そのような元は，$A \to C$，$A \to D$，$C \to D$，$AB \to C$，$AB \to D$，$AC \to A$，$AC \to B$，$AC \to C$，$AC \to D$，$AD \to A$，$AD \to B$，$AD \to C$，$AD \to D$，$BC \to D$，$BD \to C$，$CD \to C$，$CD \to D$，$ABC \to A$，$ABC \to B$，$ABC \to C$，$ABC \to D$，$ABD \to A$，$ABD \to B$，$ABD \to C$，$ABD \to D$，$ACD \to A$，$ACD \to B$，$ACD \to C$，$ACD \to D$，$BCD \to B$，$BCD \to C$，$BCD \to D$，$ABCD \to A$，$ABCD \to B$，$ABCD \to C$，$ABCD \to D$ である．これらの内，自明でない FD である $A \to C$，$A \to D$，$AB \to C$，$AB \to C$，$AB \to D$，$AC \to B$，$AC \to D$，$AD \to B$，$AD \to C$，$BC \to D$，$BD \to C$，$ABC \to D$，$ABD \to C$，$ACD \to B$，$BCD \to A$ について，それらが G^+ の元か否かを検証すると，$C \to D$ が G^+ の元ではないことが分かる（$\neg(G \vDash C \to D)$）．したがって，<u>この情報無損失分解は関数従属性保存ではない</u>．

(場合 2)　$\boldsymbol{A \to B \to D}$ の解消を図る

$\boldsymbol{R}$ を $A \to B \to D$ を構成する $B \to D$ を使って $\boldsymbol{R}[B, D]$ と $\boldsymbol{R}[A, B, C]$ に情報無損失分解すると，$A \to B \to C$ により，$\boldsymbol{R}[A, B, C]$ も 3NF ではないので，それを $B \to C$ を使って $\boldsymbol{R}[B, C]$ と $\boldsymbol{R}[A, B]$ に情報無損失分解すると次が成立する．その結果，$\boldsymbol{R}$ は $\boldsymbol{R}[B, D]$ と $\boldsymbol{R}[B, C]$ と $\boldsymbol{R}[A, B]$ に情報無損失分解されるが，検証しないとい

けないことは (場合 1) と同様となる．したがって，この情報無損失分解は関数従属性保存ではない．

(場合 3) $\boldsymbol{B \to C \to D}$ の解消を図る

$\boldsymbol{R}$ を $B \to C \to D$ を構成する $C \to D$ を使って $\boldsymbol{R}[C, D]$ と $\boldsymbol{R}[A, B, C]$ に情報無損失分解すると，$A \to B \to C$ により，$\boldsymbol{R}[A, B, C]$ も 3NF ではないので，それを $B \to C$ を使って $\boldsymbol{R}[B, C]$ と $\boldsymbol{R}[A, B]$ に情報無損失分解すると次が成立する．

$$F^+[C, D] = \{C \to C, C \to D, D \to D, CD \to C, CD \to D\}$$
$$F^+[B, C] = \{B \to B, B \to C, C \to C, BC \to B, BC \to C\}$$
$$F^+[A, B] = \{A \to A, A \to B, B \to B, AB \to A, AB \to B\}$$

そこで，$G = F^+[C, D] \cup F^+[B, C] \cup F^+[A, B]$ とおき，$G^+ = F^+$ かどうかを検証する．そのために，F^+ の元であって G の元でない FD について，それが G^+ の元であるか否かを検証する．そのような元は，$A \to C$，$A \to D$，$B \to D$，$AB \to C$，$AB \to D$，$AC \to A$，$AC \to B$，$AC \to C$，$AC \to D$，$AD \to A$，$AD \to B$，$AD \to C$，$AD \to D$，$BC \to D$，$BD \to B$，$BD \to C$，$BD \to D$，$ABC \to A$，$ABC \to B$，$ABC \to C$，$ABC \to D$，$ABD \to A$，$ABD \to B$，$ABD \to C$，$ABD \to D$，$ACD \to A$，$ACD \to B$，$ACD \to C$，$ACD \to D$，$BCD \to B$，$BCD \to C$，$BCD \to D$，$ABCD \to A$，$ABCD \to B$，$ABCD \to C$，$ABCD \to D$ である．これらの内，自明でない FD である $A \to C$，$A \to D$，$B \to D$，$AB \to C$，$AB \to D$，$AC \to B$，$AC \to D$，$AD \to B$，$AD \to C$，$BC \to D$，$BD \to C$，$ABC \to D$，$ABD \to C$，$ACD \to B$ について，それらが G^+ の元か否かを検証すると，全てが G^+ の元であることが分かる．したがって，この情報無損失分解は関数従属性保存である．

(場合 4) $\boldsymbol{A \to C \to D}$ の解消を図る

$\boldsymbol{R}$ を $A \to C \to D$ を構成する $C \to D$ を使って $\boldsymbol{R}[C, D]$ と $\boldsymbol{R}[A, B, C]$ に情報無損失分解する．このとき，行わなくてはならない検証は (場合 3) と同じとなり，したがって，この情報無損失分解は関数従属性保存である． □

以上，例題 1.3 では，関数従属性保存か否かは情報無損失分解の仕方による，ということが示された．

[例題 1.4] リレーションスキーマ $\boldsymbol{R}(A, B, C, D)$ に所与の FD 集合 $F = \{A \to B, B \to C, A \to D, D \to B\}$ が指定されているとする．このとき，$\boldsymbol{R}$ は 2NF ではあるが 3NF ではない．$\boldsymbol{R}$ の 3NF への情報無損失分解が関数従属性保存であるかどうかを検証してみよ．なお，**図 1.4** に本例題

での所与の FD 集合の様子を示す．

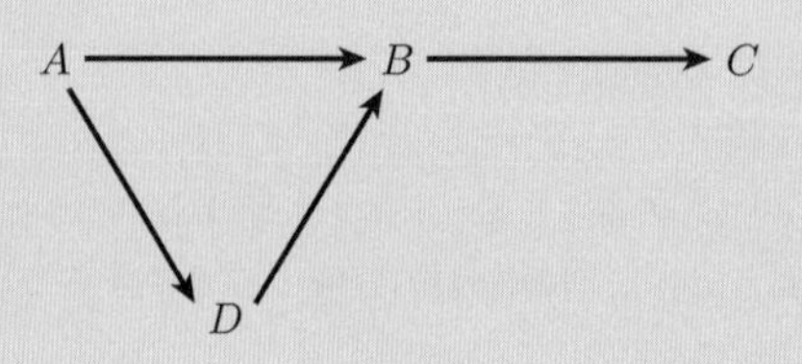

図 1.4 リレーションスキーマ $\boldsymbol{R}(A, B, C, D)$ に所与の FD 集合

解答 このとき，$A^+ = ABCD$, $B^+ = BC$, $C^+ = C$, $D^+ = BCD$, $AB^+ = AC^+ = AD^+ = ABCD$, $BC^+ = BC$, $BD^+ = BCD$, $CD^+ = BCD$, $ABC^+ = ABD^+ = ACD^+ = ABCD$, $BCD^+ = BCD$, $ABCD^+ = ABCD$ なので，F^+ は次の通りとなる．

$$
\begin{aligned}
F^+ = \{&A \to A, A \to B, A \to C, A \to D, B \to B,\\
&B \to C, C \to C, D \to B, D \to C, D \to D,\\
&AB \to A, AB \to B, AB \to C, AB \to D, AC \to A, AC \to B,\\
&AC \to C, AC \to D, AD \to A, AD \to B, AD \to C, AD \to D,\\
&BC \to B, BC \to C, BD \to B, BD \to C, BD \to D, CD \to B,\\
&CD \to C, CD \to D, ABC \to A, ABC \to B, ABC \to C, ABC \to D,\\
&ABD \to A, ABD \to B, ABD \to C, ABD \to D, ACD \to A,\\
&ACD \to B, ACD \to C, ACD \to D, BCD \to B, BCD \to C, BCD \to D,\\
&ABCD \to A, ABCD \to B, ABCD \to C, ABCD \to D\}
\end{aligned}
$$

$\boldsymbol{R}$ の候補キーは A のみで，2NF である．一方，$\boldsymbol{R}$ には $A \to B \to C$，$A \to D \to B$，$D \to B \to C$，$A \to D \to C$ という 4 つの推移的関数従属性が存在し 3NF ではない．そこで，$\boldsymbol{R}$ を 3NF に情報無損失分解する．

(場合 1) $\boldsymbol{A \to B \to C}$ の解消を図る

$\boldsymbol{R}$ を $A \to B \to C$ を構成する $B \to C$ を使って $\boldsymbol{R}[B, C]$ と $\boldsymbol{R}[A, B, D]$ に情報無損失分解すると，$A \to D, D \to B \in F^+$ なので，$\boldsymbol{R}[A, B, D]$ は 3NF ではなく，それを $D \to B$ で情報無損失分解して 3NF にするとき，次が成立する．

$$F^+[B, C] = \{B \to B, B \to C, C \to C, BC \to B, BC \to C\}$$
$$F^+[A, D] = \{A \to A, A \to D, D \to D, AD \to A, AD \to D\}$$
$$F^+[B, D] = \{B \to B, D \to B, D \to D, BD \to B, BD \to D\}$$

そこで，$G = F^+[B,C] \cup F^+[A,D] \cup F^+[B,D]$ とおき，$G^+ = F^+$ かどうかを検証する．そのために，F^+ の元であって G の元でない FD について，それが G^+ の元であるか否かを検証する．そのような元は，$A \to B$，$A \to C$，$D \to C$，$AB \to A$，$AB \to B$，$AB \to C$，$AB \to D$，$AC \to A$，$AC \to B$，$AC \to C$，$AC \to D$，$AD \to B$，$AD \to C$，$BD \to C$，$CD \to B$，$CD \to C$，$CD \to D$，$ABC \to A$，$ABC \to B$，$ABC \to C$，$ABC \to D$，$ABD \to A$，$ABD \to B$，$ABD \to C$，$ABD \to D$，$ACD \to A$，$ACD \to B$，$ACD \to C$，$ACD \to D$，$BCD \to B$，$BCD \to C$，$BCD \to D$，$ABCD \to A$，$ABCD \to B$，$ABCD \to C$，$ABCD \to D$ である．これらの内，自明でない FD である $A \to B$，$A \to C$，$D \to C$，$AB \to C$，$AB \to D$，$AC \to B$，$AC \to D$，$AD \to B$，$AD \to C$，$BD \to C$，$CD \to B$，$ABC \to D$，$ABD \to C$，$ACD \to B$ について，それらが G^+ の元か否かを検証すると，全てが G^+ の元であることが分かる．したがって，この情報無損失分解は関数従属性保存である．

(場合 2)　$A \to D \to B$ の解消を図る

$\boldsymbol{R}$ を $A \to D \to B$ を構成する $D \to B$ を使って $\boldsymbol{R}[D,B]$ と $\boldsymbol{R}[A,C,D]$ に情報無損失分解すると，$A \to D, D \to C \in F^+$ なので，$\boldsymbol{R}[A,C,D]$ は 3NF ではなく，それを $D \to C$ で情報無損失分解して 3NF にするとき，次が成立する．

$$F^+[D,B] = \{B \to B, D \to B, D \to D, BD \to B, BD \to D\}$$

$$F^+[C,D] = \{C \to C, D \to C, D \to D, CD \to C, CD \to D\}$$

$$F^+[A,D] = \{A \to A, A \to D, D \to D, AD \to A, AD \to D\}$$

そこで，$G = F^+[D,B] \cup F^+[C,D] \cup F^+[A,D]$ とおき，$G^+ = F^+$ かどうかを検証する．そのために，F^+ の元であって G の元でない FD について，それが G^+ の元であるか否かを検証する．そのような元は，$A \to B$，$A \to C$，$B \to C$，$AB \to A$，$AB \to B$，$AB \to C$，$AB \to D$，$AC \to A$，$AC \to B$，$AC \to C$，$AC \to D$，$AD \to B$，$AD \to C$，$BC \to B$，$BC \to C$，$BD \to C$，$CD \to B$，$ABC \to A$，$ABC \to B$，$ABC \to C$，$ABC \to D$，$ABD \to A$，$ABD \to B$，$ABD \to C$，$ABD \to D$，$ACD \to A$，$ACD \to B$，$ACD \to C$，$ACD \to D$，$BCD \to B$，$BCD \to C$，$BCD \to D$，$ABCD \to A$，$ABCD \to B$，$ABCD \to C$，$ABCD \to D$ となる．これらの内，自明でない FD である $A \to B$，$A \to C$，$B \to C$，$AB \to C$，$AB \to D$，$AC \to B$，$AC \to D$，$AD \to B$，$AD \to C$，$BD \to C$，$CD \to B$，$ABD \to C$，$ACD \to B$ について，G^+ の元であるか否かを検証すると，$B \to C$ が G^+ の元ではないことが分かる（$\neg(G \models B \to C)$）．したがって，この情報無損失分解は関数従属性保存ではない．

(場合 3)　$D \to B \to C$ の解消を図る

$\boldsymbol{R}$ を $D \to B \to C$ を構成する $B \to C$ を使って情報無損失分解することとなるが，このとき，行わなくてはならない検証は (場合 1) と同じとなり，したがって，この情報無損失分解は関数従属性保存である.

(場合 4)　$\boldsymbol{A \to D \to C}$ の解消を図る

$\boldsymbol{R}$ を $A \to D \to C$ を構成する $D \to C$ を使って $\boldsymbol{R}[D, C]$ と $\boldsymbol{R}[A, B, D]$ に情報無損失分解すると，$A \to D, D \to B \in F^+$ かつ $\neg(D \to A \in F^+)$ なので，$\boldsymbol{R}[A, B, D]$ は 3NF ではなく，それを $D \to B$ で情報無損失分解して 3NF にするとき，次が成立する.

$$F^+[D, C] = \{C \to C, D \to C, D \to D, CD \to C, CD \to D\}$$
$$F^+[D, B] = \{B \to B, D \to B, D \to D, BD \to B, BD \to D\}$$
$$F^+[A, D] = \{A \to A, A \to D, D \to D, AD \to A, AD \to D\}$$

そこで，$G = F^+[D, C] \cup F^+[D, B] \cup F^+[A, D]$ とおき，$G^+ = F^+$ かどうかを検証する．そのために，F^+ の元であって G の元でない FD について，それが G^+ の元であるか否かを検証する．そのような元は，$A \to B$，$A \to C$，$B \to C$，$AB \to A$，$AB \to B$，$AB \to C$，$AB \to D$，$AC \to A$，$AC \to B$，$AC \to C$，$AC \to D$，$AD \to B$，$AD \to C$，$BC \to B$，$BC \to C$，$BD \to C$，$CD \to B$，$ABC \to A$，$ABC \to B$，$ABC \to C$，$ABC \to D$，$ABD \to A$，$ABD \to B$，$ABD \to C$，$ABD \to D$，$ACD \to A$，$ACD \to B$，$ACD \to C$，$ACD \to D$，$BCD \to B$，$BCD \to C$，$BCD \to D$，$ABCD \to A$，$ABCD \to B$，$ABCD \to C$，$ABCD \to D$ となる.

これらの内，自明でない FD である $A \to B$，$A \to C$，$B \to C$，$AB \to A$，$AB \to B$，$AB \to C$，$AB \to D$，$AC \to A$，$AC \to B$，$AC \to C$，$AC \to D$，$AD \to B$，$AD \to C$，$BC \to B$，$BC \to C$，$BD \to C$，$CD \to B$，$ABC \to A$，$ABC \to B$，$ABC \to C$，$ABC \to D$，$ABD \to A$，$ABD \to B$，$ABD \to C$，$ABD \to D$，$ACD \to A$，$ACD \to B$，$ACD \to C$，$ACD \to D$，$BCD \to B$，$BCD \to C$，$BCD \to D$，$ABCD \to A$，$ABCD \to B$，$ABCD \to C$，$ABCD \to D$ について，G^+ の元であるか否かを検証すると，$B \to C$ が G^+ の元ではないことが分かる（$\neg(G \models B \to C)$）．したがって，この情報無損失分解は関数従属性保存ではない.　□

以上，例題 1.4 では，関数従属性保存か否かは情報無損失分解の仕方による，ということが示された.

［例題 1.5］　リレーションスキーマ $\boldsymbol{R}(A, B, C, D)$ に所与の FD 集合 $F = \{A \to B, B \to C, B \to D, D \to C\}$ が指定されているとする．このとき，$\boldsymbol{R}$ は 2NF ではあるが 3NF ではない．$\boldsymbol{R}$ の 3NF への情報無損失分解が関数従属性保存であるかどうかを検証してみよ．なお，**図 1.5** に本例題

での所与の FD 集合の様子を示す．

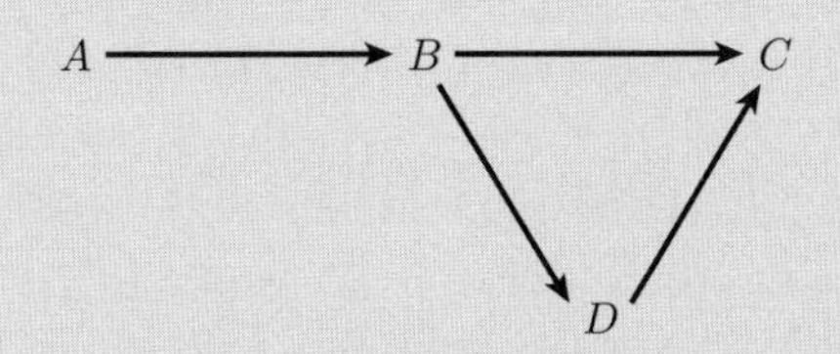

図 1.5　リレーションスキーマ $\boldsymbol{R}(A,B,C,D)$ に所与の FD 集合

解答　このとき，$A^+ = ABCD$, $B^+ = BCD$, $C^+ = C$, $D^+ = CD$, $AB^+ = AC^+ = AD^+ = ABCD$, $BC^+ = BCD$, $BD^+ = BCD$, $CD^+ = CD$, $ABC^+ = ABD^+ = ACD^+ = ABCD$, $BCD^+ = BCD$, $ABCD^+ = ABCD$ なので，F^+ は次の通りとなる．

$$\begin{aligned}F^+ = \{&A \to A, A \to B, A \to C, A \to D, B \to B, B \to C, B \to D, C \to C,\\ &D \to C, D \to D, AB \to A, AB \to B, AB \to C, AB \to D, AC \to A,\\ &AC \to B, AC \to C, AC \to D, AD \to A, AD \to B, AD \to C, AD \to D,\\ &BC \to B, BC \to C, BC \to D, BD \to B, BD \to C, BD \to D, CD \to C,\\ &CD \to D, ABC \to A, ABC \to B, ABC \to C, ABC \to D, ABD \to A,\\ &ABD \to B, ABD \to C, ABD \to D, ACD \to A, ACD \to B, ACD \to C,\\ &ACD \to D, BCD \to B, BCD \to C, BCD \to D, ABCD \to A,\\ &ABCD \to B, ABCD \to C, ABCD \to D\}\end{aligned}$$

$\boldsymbol{R}$ の候補キーは A のみで，2NF である．一方，$\boldsymbol{R}$ には $A \to B \to C$，$A \to B \to D$，$B \to D \to C$，$A \to D \to C$ という 4 つの推移的関数従属性が存在し 3NF ではない．そこで，$\boldsymbol{R}$ を情報無損失分解する．

(場合 1)　$\boldsymbol{A \to B \to C}$ の解消を図る

この場合，$B \to C$ を使って $\boldsymbol{R}$ を $\boldsymbol{R}[B,C]$ と $\boldsymbol{R}[A,B,D]$ に情報無損失分解する．$\boldsymbol{R}[A,B,D]$ では $A \to B \to D$ が成立していて 3NF ではないので，$B \to D$ でそれを $\boldsymbol{R}[B,D]$ と $\boldsymbol{R}[A,B]$ に情報無損失分解する．このとき，次が成立する．

$$F^+[B,C] = \{B \to B, B \to C, C \to C, BC \to B, BC \to C\}$$

$$F^+[B,D] = \{B \to B, B \to D, D \to D, BD \to B, BD \to D\}$$

$$F^+[A,B] = \{A \to A, A \to B, B \to B, AB \to A, AB \to B\}$$

そこで，$G = F^+[B,C] \cup F^+[B,D] \cup F^+[A,B]$ とおいて，$G^+ = F^+$ かどうかを検証する．そのために，F^+ の元であって G の元でない FD について，それが G^+ の元であるか否かを検証する．

そのような元は，$A \to C$，$A \to D$，$D \to C$，$AB \to C$，$AB \to D$，$AC \to A$，$AC \to B$，$AC \to C$，$AC \to D$，$AD \to A$，$AD \to B$，$AD \to C$，$AD \to D$，$BC \to D$，$BD \to C$，$CD \to C$，$CD \to D$，$ABC \to A$，$ABC \to B$，$ABC \to C$，$ABC \to D$，$ABD \to A$，$ABD \to B$，$ABD \to C$，$ABD \to D$，$ACD \to A$，$ACD \to B$，$ACD \to C$，$ACD \to D$，$BCD \to B$，$BCD \to C$，$BCD \to D$，$ABCD \to A$，$ABCD \to B$，$ABCD \to C$，$ABCD \to D$ となる．これらの内，自明でない FD である $A \to C$，$A \to D$，$D \to C$，$AB \to C$，$AB \to D$，$AC \to B$，$AC \to D$，$AD \to B$，$AD \to C$，$BC \to D$，$BD \to C$，$ABC \to D$，$ABD \to C$，$ACD \to B$ について，G^+ の元であるか否かを検証すると，唯一，$D \to C$ が G のもとでは導出されない，つまり，$D \to C$ は G^+ の元ではないことが分かる（$\neg(G \vDash D \to C)$）．したがって，この情報無損失分解は関数従属性保存ではない．

(場合 2)　$\boldsymbol{A \to B \to D}$ の解消を図る

この場合，$B \to D$ を使って $\boldsymbol{R}$ を $\boldsymbol{R}[B,D]$ と $\boldsymbol{R}[A,B,C]$ に情報無損失分解する．$\boldsymbol{R}[A,B,C]$ は 3NF ではないので，$B \to C$ でそれを $\boldsymbol{R}[B,C]$ と $\boldsymbol{R}[A,B]$ に情報無損失分解する．このとき，行わなくてはならない検証は (場合 3) と同じとなり，したがって，この情報無損失分解は関数従属性保存ではない．

(場合 3)　$\boldsymbol{B \to D \to C}$ の解消を図る

この場合，$D \to C$ を使って $\boldsymbol{R}$ を $\boldsymbol{R}[D,C]$ と $\boldsymbol{R}[A,B,D]$ に情報無損失分解する．$\boldsymbol{R}[A,B,D]$ は $A \to B \to D$ の存在により 3NF ではないので，$B \to D$ でそれを $\boldsymbol{R}[B,D]$ と $\boldsymbol{R}[A,B]$ に情報無損失分解する．このとき，次が成立する．

$$F^+[C,D] = \{C \to C, D \to C, D \to D, CD \to C, CD \to D\}$$

$$F^+[B,D] = \{B \to B, B \to D, D \to D, BD \to B, BD \to D\}$$

$$F^+[A,B] = \{A \to A, A \to B, B \to B, AB \to A, AB \to B\}$$

そこで，$G = F^+[C,D] \cup F^+[B,D] \cup F^+[A,B]$ とおいて，$G^+ = F^+$ かどうかを検証する．そのために，F^+ の元であって G の元でない FD について，それが G^+ の元であるか否かを検証する．そのような元は，$A \to C$，$A \to D$，$B \to C$，$AB \to C$，$AB \to D$，$AC \to A$，$AC \to B$，$AC \to C$，$AC \to D$，$AD \to A$，$AD \to B$，$AD \to C$，$AD \to D$，$BC \to B$，$BC \to C$，$BC \to D$，$BD \to C$，$ABC \to A$，$ABC \to B$，$ABC \to C$，$ABC \to D$，$ABD \to A$，$ABD \to B$，$ABD \to C$，$ABD \to D$，$ACD \to A$，$ACD \to B$，$ACD \to C$，$ACD \to D$，$BCD \to B$，$BCD \to C$，$BCD \to D$，$ABCD \to A$，$ABCD \to B$，$ABCD \to C$，$ABCD \to D$ となる．これらの内，自明でない FD である $A \to C$，$A \to D$，$B \to C$，$AB \to C$，$AB \to D$，$AC \to B$，$AC \to D$，$AD \to B$，$AD \to C$，$BC \to D$，$BD \to C$，$ABC \to D$，$ABD \to C$，$ACD \to B$ について，G^+

の元であるか否かを検証すると，全てが G のもとで導出されることが分かる．したがって，この情報無損失分解は関数従属性保存である．

(場合 4)　$\boldsymbol{A} \to \boldsymbol{D} \to \boldsymbol{C}$ の解消を図る

この場合，$D \to C$ を使って $\boldsymbol{R}$ を $\boldsymbol{R}[D,C]$ と $\boldsymbol{R}[A,B,D]$ に情報無損失分解する．このとき，行わなくてはならない検証は (場合 3) と同じとなり，したがって，この情報無損失分解は関数従属性保存である．□

このように例題 1.5 でも関数従属性保存か否かは情報無損失分解の仕方による，ということが示された．

以上，例題 1.1〜1.5 を通して確認できたように，「情報無損失分解ができ，かつ，関数従属性保存が成り立つ変換が必ず存在するものは，第 2 正規形から第 3 正規形への変換である」（午前 II 問題問 4 の出題意図）とは言い切れないことが分かった．関数従属性保存が成り立つか否かは場合によるということである．

1.7 お わ り に

筆者は，平成 26 年度春期 データベーススペシャリスト 試験午前 II 問題問 4 とその正解を「出題ミス」として簡単に片付けてしまう気にはなれず，この問題をもう少し重く受け止めている．その理由は，なぜこのような認識がなされてしまったのだろうかと考えるとき，どうもその背景には RDB 設計の現場に，RDB 設計のための**分解的手法**と**合成的手法**について，特に，その差異について十分な理解がなされていないのではないかと思うからである．

そもそも，分解的手法とは Codd のリレーショナルデータモデルとその正規化理論に基づく RDB の設計手法であり，FD や多値従属性（MVD）や結合従属性（JD）によるリレーションの情報無損失分解が全てを取り仕切る．そのとき，FD が保存されるか否かは，情報無損失分解とは独立した（＝直交した）概念であり，本章で示したように，FD が保存される場合もあれば，保存されない場合もある．

一方，P. A. Bernstein により提案された RDB 設計の合成的手法[5] は，データベース化の対象となった実世界で成り立つ FD をリストアップし，それを所与の FD 集合と指定することで，それから「関数従属性保存・3NF・情報無損失分解」と三拍子そろった RDB を設計することができる．

つまり，3NF のリレーションスキーマを設計するにあたり，分解的手法では情報無損失分解と関数従属性保存はセットではないが，合成的手法では情報無損失分解と関数従属性保存はセットとなっている．ここで，セットという言葉は「共に成り立つ」という意味で使っている．これはとても大きな違いなのであるが，このことがひょっとしてRDB 設計の現場で十分認識されないまま，いつしか分解的手法でも 3NF までならば「関数従属性保存・3NF・情報無損失分解」と三拍子そろったRDBを設計することができるやに誤認識されて今日に至っているのではないか，筆者はそれをとても危惧して本章で認めたということである．機会があれば現場の声を是非お聞かせ願いたい．なお，RDB 設計のための分解的手法と合成的手法については，繰り返しになるが，拙著 [6] に詳しいので，それを参照していただけると嬉しく思う．

文　献

[1] 平成 26 年度 春期 データベーススペシャリスト試験 午前 II 問題
https://www.jitec.ipa.go.jp/1_04hanni_sukiru/mondai_kaitou_2014h26_1/2014h26h_db_am2_qs.pdf

[2] 平成 26 年度 春期 データベーススペシャリスト試験 解答例
https://www.jitec.ipa.go.jp/1_04hanni_sukiru/mondai_kaitou_2014h26_1/2014h26h_db_am2_ans.pdf

[3] E. F. Codd. A Relational Model of Data for Large Shared Data Banks. *Communications of the ACM*, Vol.13, No.6, pp.377-387, 1970.

[4] E. F. Codd. Further Normalization of the Data Base Relational Model. R. Rustin (Ed.), *Data Base Systems (Courant Computer Science Symposia 6)*. Prentice-Hall, Englewood Cliffs, NJ, 1972.

[5] P. A. Bernstein. Synthesizing Third Normal Form Relations from Functional Dependencies. *ACM Transactions on Database Systems*, Vol.1, No.4, pp.277-298, 1976.

[6] 増永良文. リレーショナルデータベース入門 [第 3 版]—データモデル・SQL・管理システム・NoSQL—. サイエンス社, 2017.

第2章

6NF？

2.1 はじめに

リレーショナルデータベース設計に関心のある読者なら，6NF という用語，どこかで目にしたり耳にしたりしたことはないだろうか？ リレーションは第 5 正規形で打ち止めのはずだが，リレーションの**第 6 正規形**（sixth normal form，**6NF**）とは一体何なのか？ 本章ではそれを議論してみる．

2.2 正規化理論

これまでリレーショナルデータベースの正規化理論では，リレーションを幾つかの射影に分解して，得られた結果を自然結合演算で再合成して元に戻ることができる（情報無損失分解）か否（いな）かで正規化の体系を創り上げてきた．関数従属性（FD）や多値従属性（MVD）は 2 分解，つまり 1 枚のリレーションを 2 つの射影に分解する考え方でリレーションの情報無損失分解を規定している．FD により第 2 正規形（2NF），第 3 正規形（3NF），ボイス–コッド正規形（BCNF）が規定された．FD を概念拡張した MVD により第 4 正規形（4NF）が規定された．FD や MVD はリレーションを 2 分解するが，MVD を更に概念拡張して結合従属性（JD）が導入されると，JD は一般にリレーションが n（$n \geqq 2$）個の射影に情報無損失分解されるための必要かつ十分条件となり，第 5 正規形（5NF）が明らかとなった．JD は n を 2 に限定しないので，与えられたリレーションを幾つかの射影に情報無損失分解して更新時異状を解消しようというリレーションの正規化理論の枠組みは，JD が規定する 5NF で打ち止めとなる．したがって，6NF という正規形は「ない」と理解されている．これは読者も納得済みのことだと思う．

2.3 6NF

ところが，第6正規形（6NF）という言葉が聞こえてくる．一体何なのであろうか？ これはC. J. Dateが言い出した正規形で，Dateは5NFが従来の枠組みでは最も高い正規度であると認識していると言いながらも，6NFを主張している．まず，Dateの与えた6NFの定義を見てみることとする[1]．

［定義2.1］（**Sixth normal form for regular data by Date**） Relvar R is in **sixth normal form** (6NF) if and only if the only JDs that hold in R are trivial ones.†1

では，これは何を意味しているのであろうか？ そのためには，少し寄り道をする必要がある．まず，Dateの与えた結合従属性（JD）の定義を確認してみる．

［定義2.2］（**JD by Date**） Let $X_1, \ldots, X_n$ be subsets of the heading H of relvar R†2; then the join dependency (JD) ✡ $\{X_1, \ldots, X_n\}$ holds in R if and only if R can be nonloss decomposed into its projections on $X_1, \ldots, X_n$.

この定義は，表現こそ異なるが，次に示す従来より知られている**結合従属性（JD）**の定義と同じである†3．

［定義2.3］（**JD**） $\boldsymbol{R}(A, B, \ldots, C)$ をリレーションスキーマ，ここに $H = \{A, B, \ldots, C\}$，とするとき，$\boldsymbol{R}$ の任意のインスタンス R がその n 個の射影 $R[X_1], R[X_2], \ldots, R[X_n]$ に情報無損失分解される，つまり，$R = R[X_1] * R[X_2] * \cdots * R[X_n]$ が成立するとき，$\boldsymbol{R}$ にJD $*(X_1, X_2, \ldots, X_n)$ が存在するという．

そして，このとき，従来より知られている**第5正規形（5NF）**はJDを使って次のように定義される．

---

†1 regular dataはtemporal dataと区別しての言い方で，relvarはリレーションと読み替えてよい．Trivialについては本章の脚注4の意味に同じ．

†2 the heading H of relvar R とは，従来の言葉で表せば H がリレーション R の全属性集合という意味である．従来，結合従属性は $*\{\ \}$ と書いてきたが，Dateは（自然結合を表す記号である）$*$ の対象がリレーションではなく属性集合なので，それはおかしいと異議を唱え，$*$ を使わず ✡（星印）を使うとしている．表現の違いだけで中身は同じである．本章では特別に留意しない限り，従来通り $*$ を使う．

†3 従来の定義や関連する事項は拙著[2]を参照していただきたい．

［定義 **2.4**］（**5NF**） リレーション R が 5NF であるとは，$*(X_1, X_2, \ldots, X_n)$ を R の JD とするとき，次の何れかが成立するときをいう．
(1) $*(X_1, X_2, \ldots, X_n)$ は自明な結合従属性である[†4]．
(2) 各 X_i は R のスーパーキーである．

一方，Date が与えた 5NF の定義は次の通りである．

［定義 **2.5**］（**5NF by Date**） Relvar R is in fifth normal form (5NF) if and only if every JD of R is implied by the keys of R.

さて，従来の 5NF の定義 2.4 と Date の 5NF の定義 2.5 を見比べてみると，次に示す差に気づく．即ち，Date の 5NF の定義は従来の 5NF の定義の (2) 項の条件を満たしているときと定義しているというわけである．

では，従来の 5NF の定義の (1) 項に相当する場合の 5NF リレーションは，Date では一体どこでどのように定義されているのであろうか？ そこで，Date の 6NF の定義 2.1 を見直してみると，それは正しく従来の 5NF の定義の (1) 項のことであることが分かる．つまり，Date の定義した 6NF は従来の 5NF の定義の (1) 項の条件が成立するときの 5NF を言っているということになる．

では，なぜそれを特に 6NF ということにしたのであろうか？ 真意は Date に質すしかないが，できるだけ本人の立場に立って考えてみることにする．そこで，Date の著書[1] に記載されている例を引用して，そこで定義されているリレーションの正規度を考察してみることとする．

［例 **2.1**］ 3 つのリレーション S，P，SP があるとする．ここに，S は suppliers，P は parts，そして SP は shipments を表すリレーションで，SNO は supplier number，PNO は part number，$STATUS$ は status value，$CITY$ は location，QTY は quantity などを表す．アンダーラインが引かれている属性が主キーである．また，S には関数従属性 $CITY \rightarrow STATUS$ があるとする．

$$S(\underline{SNO}, SNAME, STATUS, CITY)$$

$$P(\underline{PNO}, PNAME, COLOR, WEIGHT, CITY)$$

$$SP(\underline{SNO}, \underline{PNO}, QTY)$$

[†4] JD $*(X_1, X_2, \ldots, X_n)$ が trivial（自明）とは $X_1, X_2, \ldots, X_n$ の内の 1 つが R の全属性集合に等しいときをいう．

そうすると，S は第3正規形にもなっていなく，P は5NFであるが6NFではなく，SP は6NFとなる．どういうことであろうか？

まず，S が第3正規形にもなっていないことは遷移的関数従属性 $SNO \to CITY \to STATUS$ の存在で明らかであろう．P には $*(\{PNO, PNAME\}, \{PNO, COLOR, WEIGHT, CITY\})$, $*(\{PNO, COLOR\}, \{PNO, PNAME, WEIGHT, CITY\})$, …, $*(\{PNO, PNAME, COLOR\}, \{PNO, WEIGHT, CITY\})$, …, $*(\{PNO, PNAME\}, \{PNO, COLOR\}, \{PNO, WEIGHT\}, \{PNO, CITY\})$ など多数のJDがあることが分かるが，これら全てのJDは P の情報無損失分解を誘引し定義2.4（5NF）の(2)項の条件を満たすので5NFであり，かつこれらのJDは自明ではないので6NFではないことが分かる．一方，SP では $\{SNO, PNO\} \to QTY$ なので，このFDを用いて SP を情報無損失分解しても SP そのものにしかならず，これをJDで表せば $*(\{SNO, PNO, QTY\})$ となり，定義2.4（5NF）の(1)項の条件を満たす，つまり，定義2.1を満たすので6NFということになる．

そこで，6NFの意味であるが，5NFである P を JD $*(\{PNO, PNAME\}, \{PNO, COLOR\}, \{PNO, WEIGHT\}, \{PNO, CITY\})$ を使って情報無損失分解すると，$P[PNO, PNAME]$, $P[PNO, COLOR]$, $P[PNO, WEIGHT]$, $P[PNO, CITY]$ とそれぞれが6NFのリレーションに情報無損失分解できることになる．言い換えると，P の場合，P 自体ではpartsの $PNAME$, $COLOR$, $WEIGHT$, $CITY$ という4つの属性を合わせて1つの意味を持つリレーションとして設計されたのだが，それを5NFではあるが6NFではないという理由で4つに情報無損失分解すると，たとえば $P[PNO, PNAME]$ という成分は PNO に加えてpartsの $PNAME$ のみを属性として持つリレーションということになる．

つまり，Dateの主張したいことは，データベースを設計するにあたり，リレーション P を例にとれば，P のままでは「このpartsの名前は $P1$ で，色は $L1$ で，重さは $W1$ で，そのpartsの保管場所は $C1$ である」という4つの事実を一括して格納するリレーションを定義したことになるが，それは望ましくなく，このままでは5NFではあっても6NFでないので，「このpartsの名前は $P1$ である」，「このpartsの色は $L1$ である」，「このpartsの重さは $W1$ である」，「このpartsの保管場所は $C1$ である」という具合に，4つの事実を個別に格納する4つの6NFリレーションを定義するべきだとDateは主張したかったということになる．

2.4 おわりに

結びであるが，6NF って何だか tricky だな，と筆者は感じている．なぜならば，Date は 5NF の定義を従来の「定義 2.4 (5NF)」ではなく「定義 2.5 (5NF by Date)」で与えることによって，その間隙を埋めるべく 6NF を持ち出しているからである．確かに，5NF を定義 2.5 のように定義する文献も見受けられるが，FD が自明であることや MVD が自明であることは，リレーションがそれぞれ BCNF や 4NF であるための条件として取り込まれている．

ちなみに，リレーションスキーマ $\boldsymbol{R}$ が**ボイス–コッド正規形**（**BCNF**）であることと，**第 4 正規形**（**4NF**）であることの定義は次の通りである：

- リレーションスキーマ $\boldsymbol{R}$ がボイス–コッド正規形 (BCNF) であるとは，$X \to Y$ を $\boldsymbol{R}$ の関数従属性とするとき，次の何れかが成立するときをいう．
  (1) $X \to Y$ は自明な FD である．
  (2) X は $\boldsymbol{R}$ のスーパーキーである．
- リレーションスキーマ $\boldsymbol{R}$ が 4NF であるとは，$X \to\!\!\to Y$ を $\boldsymbol{R}$ の多値従属性とするとき，次の何れかが成立するときをいう．
  (1) $X \to\!\!\to Y$ は自明な多値従属性である．
  (2) X は $\boldsymbol{R}$ のスーパーキーである．

したがって，5NF の定義は BCNF や 4NF の定義の素直な拡張である定義 2.4 (5NF) が理に適(かな)っている．そうすれば，6NF を言い出す隙はあり得ない．そのようなわけで，6NF に直面したら（ギョッとするのではなく）あくまで 5NF の 1 つという認識で臨むのが正解かなと考える次第である．

文　献

[1] C. J. Date. *Database Design and Relational Theory*. O'Reilly Media, Inc., 2012.
[2] 増永良文. リレーショナルデータベース入門 [第 3 版]—データモデル・SQL・管理システム・NoSQL—，サイエンス社，2017.

第3章

候補キーの見つけ方

3.1 はじめに

SQL でテーブルを定義するときに PRIMARY KEY や UNIQUE を指定すると思うが，読者はリレーションスキーマのキー（key）を一体どのようにして見つけているのだろうか？

そもそも，「キーとはタップルの一意識別能力を有する属性の極小組」[†1]であることは，リレーショナルデータモデルを学んだ人ならばデータベースのイロハといった事項だろうとは思うが，具体的にリレーションスキーマと所与の関数従属性の集合が指定されたときに，キーを求めなさいと言われると，結構難儀する場合もあるのではないかと想像する．

そこで，本章では，次に示す 3 つの問題「候補キーを 1 つ見つける」「候補キーを全て見つける」「候補キーの数の上限は？」について改めて論じてみることとする．

3.2 基礎的事項

リレーションスキーマ $\boldsymbol{R}$ とはリレーション名 R と属性のリスト $A_1, A_2, \ldots, A_n$ からなり，$\boldsymbol{R}(A_1, A_2, \ldots, A_n)$ と表される．$\Omega_{\boldsymbol{R}}$ で $\boldsymbol{R}$ の全属性集合 $\{A_1, A_2, \ldots, A_n\}$ を表すことにする．dom をドメイン関数とするとき，$\mathrm{dom}(\boldsymbol{R}) = \mathrm{dom}(A_1) \times \mathrm{dom}(A_2) \times \cdots \times \mathrm{dom}(A_n)$ の有限部分集合 R を $\boldsymbol{R}$ のインスタンス（instance）という．これがリレーション R である．

$\boldsymbol{R}$ をリレーションスキーマとするとき，$\boldsymbol{R}$ に所与の（given）関数従属性の集合 $F = \{f_1, f_2, \ldots, f_p\}$，ここに $(\forall i = 1, 2, \ldots, p)(f_i = X_i \to Y_i \wedge (X_i, Y_i \subseteq \Omega_{\boldsymbol{R}}))$，を指定できる．なお，一般に X，Y を集合とするとき，$X \subseteq Y$ は X が Y の部分集合であることを，$X \subset Y$ は X が Y の真部分集合（proper subset）であることを表す．

[†1] 極小は minimal，最小は minimum の邦訳で，minimal = local minimum がその意味．極大（maximal）と最大（maximum）についても同様．

［**定義 3.1**］（**候補キー**） $K \subseteq \Omega_{\boldsymbol{R}}$ がリレーションスキーマ $\boldsymbol{R}$ の**候補キー**（candidate key）であるとは，次が成立するときをいう．ここに，$\forall R \in \boldsymbol{R}$ は「$\boldsymbol{R}$ の任意のインスタンス R に対して」を表し，$\Rightarrow$ は含意（if ... then）を，$\neg$ は否定を表す．

$$
\begin{aligned}
&(\forall R \in \boldsymbol{R})(\forall t, t' \in R)(t[K] = t'[K] \Rightarrow t = t') \\
&\quad \wedge (\forall H \subset K)(\exists R \in \boldsymbol{R})(\exists t, t' \in R) \neg\, (t[H] = t'[H] \Rightarrow t = t')
\end{aligned}
$$

リレーションは有限個のドメインの直積の有限部分集合と定義されているので，いかなるリレーションにも候補キーがないということはなく，最も極端なケースはリレーションスキーマ $\boldsymbol{R}$ の全属性集合 $\Omega_{\boldsymbol{R}}$ が候補キーとなることも読者にとっては常識であろう．

組織体管理者（enterprise administrator，即ち組織体のデータベース設計に責任を有する個人またはグループ）は，候補キーが 1 つしかなければそれを，複数ある場合にはデータベース構築の目的に合っていると考えられるものを 1 つを選んで**主キー**（primary key）とする．主キーとされなかった候補キーと主キーとの違いは，主キーには**キー制約**（key constraint）が課せられることにあることもよくご存じのことであろう．また，何らかの候補キーを含む属性集合を**スーパーキー**（super key）という．

［**定義 3.2**］（**キー制約**） K がリレーションスキーマ $\boldsymbol{R}$ の主キーであるならば，次が成立しなければならない．ここに，$(\forall A \in K)\neg\mathrm{NULL}(t[A])$ は「全ての A（$\in K$）に対して $t[A]$ が NULL（即ち，値がない）であることはない」を表す全称否定命題である．

$$
(\forall R \in \boldsymbol{R})(\forall t \in R)(\forall A \in K) \neg\, \mathrm{NULL}(t[A])
$$

簡単な例を示すと，リレーションスキーマ ***社員***(社員番号, 社員名, 所属, 給与, マイナンバー) では，社員番号やマイナンバーは候補キーであろうが，もし社員番号を主キーと選べばリレーション 社員 のいかなるタップルの社員番号も NULL となってはいけないというデータベースの一貫性制約が「キー制約」である．このとき，もちろん，マイナンバーにも社員を一意識別する力はあるものの，主キーと指定されなかったので，NULL であってもよい．主キーとそう指定されなかった候補キーとの違いはこの 1 点である．

なお，主キーか否かを問わず，候補キーを構成している属性を**キー属性**といい，キー属性でない属性を**非キー属性**という．候補キーと主キーを特段に区別する必要を感じないときには単に**キー**ということも多い．

さて，定義3.1で候補キーの定義を与えたが，その定義を関数従属性を使って表現し直すことができる．多少くどいかもしれないが，その定義を記しておく．

[定義3.3]（**関数従属性**） X，Y をリレーションスキーマ $\boldsymbol{R}$ の属性集合 $\Omega_{\boldsymbol{R}}$ の部分集合とするとき，X から Y への**関数従属性**（functional dependency, **FD**）がある，このことを $X \rightarrow Y$ と書く，とは次が成立するときをいう．このとき，$X \rightarrow Y$ の X を決定子（determinant），Y を被決定子（resultant）という．$\Leftrightarrow$ は必要かつ十分（if and only if）を表す．

$$X \rightarrow Y \Leftrightarrow (\forall R \in \boldsymbol{R})(\forall t, t' \in R)(t[X] = t'[X] \Rightarrow t[Y] = t'[Y])$$

また，FDについては，**アームストロングの公理系**が成立することも読者はよくご存じのことと思う．

[公理3.1]（**アームストロングの公理系**）

A1. $Y \subseteq X$ ならば，$X \rightarrow Y$ である（反射律）．

A2. $X \rightarrow Y$ かつ $Z \subseteq W$ ならば，$X \cup W \rightarrow Y \cup Z$ である（添加律）．

A3. $X \rightarrow Y$ かつ $Y \rightarrow Z$ ならば，$X \rightarrow Z$ である（推移律）．

さて，定義3.1で候補キーの定義を与えたが，FDを使って定義3.1を表現し直してみると次のようになる．

[定義3.4]（**FDを用いた候補キーの定義**） $K \subseteq \Omega_{\boldsymbol{R}}$ がリレーションスキーマ $\boldsymbol{R}$ の**候補キー**と言われるのは，次が成立するときをいう．

$$(K \rightarrow \Omega_{\boldsymbol{R}}) \wedge (\forall H \subset K) \neg (H \rightarrow \Omega_{\boldsymbol{R}})$$

更に，この定義はリレーションスキーマ $\boldsymbol{R}$ に所与の関数従属性の集合 F が指定されたとき，属性集合 X の**閉包**（closure），これを $\boldsymbol{X}^{+}$ と記す，を用いて以下のように書き直せる．

まず，リレーションスキーマ $\boldsymbol{R}$ に所与の関数従属性の集合 F が指定されたとき，$\boldsymbol{R}$ の属性集合 X の閉包の求め方を示しておく．このアルゴリズムの**時間計算量**（time complexity）は $\boldsymbol{O}(n \times p)$，ここに $n = |\Omega_{\boldsymbol{R}}|$，$p = |F|$，と多項式オーダであり**扱い**

やすい問題（tractable problem）である．したがって，X^+ は問題なく求められる．

● X^+ を求めるアルゴリズム

ステップ 1　$X^{(0)} = X$ とおく．
ステップ 2　$X^{(i)} = X^{(i-1)} \cup \{Z|Y \to Z \in F \wedge Y \subseteq X^{(i-1)}\}$ $(i \geqq 1)$
ステップ 3　もし $X^{(i)} = X^{(i-1)}$ なら $X^+ = X^{(i-1)}$ とおく．そうでなければステップ 2 にいく．

ここで，関数従属性と閉包の関係性について記す．

［命題 3.1］　リレーションスキーマ $\boldsymbol{R}$ に所与の関数従属性の集合 F が指定されているとする．$X, Y \subseteq \Omega_{\boldsymbol{R}}$ とするとき，次が成立する．

$$X \to Y \Leftrightarrow Y \subseteq X^+$$

証明　X^+ を求めるアルゴリズムでは，一般に $X^{(i)} = X^{(i-1)} \cup \{Z|Y \to Z \in F \wedge Y \subseteq X^{(i-1)}\}$ $(i \leqq 1)$ であるので，$X^{(0)} = \{X\}$ としたとき，$X \to Y \in F$ ならば Y は $X^{(1)}$ の元となり，結果的に $Y \subseteq X^+$ である．逆に，$Y \subseteq X^+$ ならば，X^+ の元は X に関数従属した属性からなるので，$X \to X^+$ である．$Y \subseteq X^+$ なので反射律から $X^+ \to Y$ が成立する．したがって，推移律から $X \to Y$ である．□

そうすると，定義 3.4 で与えた FD を用いた候補キーの定義は閉包の概念を用いて定義 3.5 のように書き直せる．これは，命題 3.1 より，$K \to \Omega_{\boldsymbol{R}} \Leftrightarrow K^+ = \Omega_{\boldsymbol{R}}$ が成立することから明らかであろう．

［定義 3.5］　（閉包の概念を用いた候補キーの定義）　リレーションスキーマ $\boldsymbol{R}$ に所与の関数従属性の集合 F が指定されているとする．$K \subseteq \Omega_{\boldsymbol{R}}$ が $\boldsymbol{R}$ の候補キーと言われるのは，次が成立するときをいう．

$$(K^+ = \Omega_{\boldsymbol{R}}) \wedge (\forall H \subset K) \neg (H^+ = \Omega_{\boldsymbol{R}})$$

ここまでで準備完了で，続けて，リレーションスキーマの候補キーを求める問題を考えてみる．2 つの立場から考察していく．

(1) リレーションスキーマ $\boldsymbol{R}$ に所与の関数従属性の集合 F が指定されているとき，$\boldsymbol{R}$ の候補キーを（何でもよいので）<u>1 つ</u>見つける．

(2) リレーションスキーマ $\boldsymbol{R}$ に所与の関数従属性の集合 F が指定されているとき，$\boldsymbol{R}$ の候補キーを<u>全て</u>見つける．

3.3 候補キーを1つ見つける

[例題 **3.1**] (**候補キーを1つ見つける**) リレーションスキーマ $\boldsymbol{R}$ に所与の関数従属性の集合 $F = \{f_1, f_2, \ldots, f_p\}$ が指定されているとき，$\boldsymbol{R}$ の候補キーを（何でもよいので）1つ求めよ．

解答 リレーションスキーマ $\boldsymbol{R}$ の全属性集合 $\Omega_{\boldsymbol{R}}$ は $\boldsymbol{R}$ のスーパーキーであることに着眼すると，次に示すアルゴリズムで候補キーが1つ見つかる．

● 候補キーを1つ見つけるアルゴリズム

ステップ1 $K = \Omega_{\boldsymbol{R}}$ とおく．

ステップ2 属性 $A \in K$ を1つ選び，$(K - A)^+$ を計算する．もし $(K - A)^+ = \Omega_{\boldsymbol{R}}$ ならば，$K = K - A$ とおいてステップ2に戻る．そうでなければ，K が求める候補キーである．ここに，$-$ は差集合演算を表す．

このアルゴリズムの正当性は明らかであろう．注意するべき点は，どのような候補キーが返されるかはステップ2で取り除かれた属性 A の選択のされ方によるということである．このような曖昧性はあるが，必ず候補キーは1つ返ってくる．このアルゴリズムの時間計算量は閉包を計算するアルゴリズムの時間計算量に依存し，それは多項式オーダとなり扱いやすい問題である．

3.4 候補キーを全て見つける

[例題 **3.2**] (**候補キーを全て見つける**) リレーションスキーマ $\boldsymbol{R}$ に所与の関数従属性の集合 $F = \{f_1, f_2, \ldots, f_p\}$ が指定されているとき，$\boldsymbol{R}$ の候補キーを全て求めよ．

解答 $\boldsymbol{R}$ の候補キーを全て求めるアルゴリズムを以下に示す．

● 候補キーを全て見つけるアルゴリズム

ステップ1 $\Omega_{\boldsymbol{R}}$ の冪（べき）集合 $2^{\Omega_{\boldsymbol{R}}}$ の元をその構成要素の数 i $(i = 0, 1, \ldots, |\Omega_{\boldsymbol{R}}|)$ で類別して，$S_0, S_1, \ldots, S_{|\Omega_{\boldsymbol{R}}|}$ を作る．即ち，$2^{\Omega_{\boldsymbol{R}}} = S_0 \cup S_1 \cup \cdots \cup S_{|\Omega_{\boldsymbol{R}}|}$ である．

ステップ2 $S_0 = \phi$（空集合）なので，$i \in \{1, \ldots, |\Omega_{\boldsymbol{R}}|\}$ に対して，$i = 1$ から始めて順次，次の処理をする．

$S_i = \{X_{i,1}, X_{i,2}, \ldots, X_{i,ni}\}$ の各元 $X_{i,j}$ に対して $X_{i,j}^+$ を計算す

る．ここに，$n_i = {}_{|\Omega_{\boldsymbol{R}}|}\mathrm{C}_i$（$= |\Omega_{\boldsymbol{R}}|!/(i! \times (|\Omega_{\boldsymbol{R}}| - i)!)$）は組合せ（combination）を表す．もし $X_{i,j}^{+} = \Omega_{\boldsymbol{R}}$ なら，$X_{i,j}$ は候補キーである．このとき，各 $|\Omega_{\boldsymbol{R}}| \geqq k \geqq i+1$ である k に対して，$S_k = S_k - \{Y \in S_k | Y \supset X_{i,j}\}$ と S_k を再編成する（つまり，$X_{i,j}$ を含むスーパーキーをこの後の候補キー探索処理から除外する）．

ステップ 3 ステップ 2 の操作が終了した時点で得られていた候補キーが求める結果である．

このアルゴリズムは $\Omega_{\boldsymbol{R}}$ の全ての部分集合（空集合を除く）について，その濃度の小さい方から大きい方の順，即ち $S_1, \ldots, S_{|\Omega_{\boldsymbol{R}}|}$ の順に，S_i の各元が候補キーとなっているか否かを総当たりで検証していくこと（S_i の任意の 2 元 $X_{i,j}$ と $X_{i,k}$ が包含関係になることはないのでどちらかが他方のスーパーキーになることはないことに注目すること），そして S_k を再編成することでスーパーキーを除外していることから，その正当性は明らかであろう．しかし，それが故（ゆえ）に，その時間計算量は指数オーダとなり，**扱いにくい問題**（intractable problem）となる．

さて，復習がてらに上記のアルゴリズムを使って，候補キーを全て求める問題と解答を 2 つ例示する．

［例題 3.3］（データベーススペシャリスト平成 **29** 年春期午前 II 問 **4**） 関係 $R(A,B,C,D,E)$ において，関数従属 $\{A,B\} \to C, \{B,C\} \to D, D \to \{A,E\}$ が成立する。これらから決定できる R の候補キーを全て挙げたものはどれか。

ア {A, B, C}　　イ {A, B}, {B, C}
ウ {A, B}, {B, C}, {B, D}　　エ {B, C}, {C, D}

解答 「ウ」が正解である． □

この証明を上に示した「候補キーを全て見つけるアルゴリズム」に則り示すと次の通りである．なお，見やすさのために，$\{A,B\}$ を AB，$\{A,B\} \to C$ を $AB \to C$ という具合に表現し直している．

まず，ステップ 1 の処理をする．

$\Omega_{\boldsymbol{R}} = \{A,B,C,D,E\}$ なので $|\Omega_{\boldsymbol{R}}| = 5$，$\Omega_{\boldsymbol{R}}$ の冪集合 $2^{\Omega_{\boldsymbol{R}}}$ の元を構成要素数で類別して S_i（$i = 0\sim5$）を作ると，$S_0 = \phi$（空集合），$S_1 = \{A,B,C,D,E\}$, $S_2 = \{AB,AC,AD,AE,BC,BD,BE,CD,CE,DE,ABC\}$, $S_3 = \{ABD,ABE,ACD,ACE,ADE,BCD,BCE,BDE,CDE\}$, $S_4 =$

$\{ABCD, ABCE, ABDE, ACDE, BCDE\}$，$S_5 = \{ABCDE\}$ となる．即ち，$2^{\Omega_{\boldsymbol{R}}} = S_0 \cup S_1 \cup S_2 \cup S_3 \cup S_4 \cup S_5$ である．

続いて，ステップ 2 の処理をする．

まず，S_1 に対してステップ 2 の処理をすると，結果は次の通りである．

$A^+ = A$，$B^+ = B$，$C^+ = C$，$D^+ = ADE$，$E^+ = E$．つまり，候補キーはない．

続いて，S_2 に対しての処理結果は次の通りである．

$AB^+ = ABCDE$，$AC^+ = AC$，$AD^+ = ADE$，$AE^+ = AE$，$BC^+ = ABCDE$，$BD^+ = ABCDE$，$BE^+ = BE$，$CD^+ = ACDE$，$CE^+ = CE$，$DE^+ = ADE$．つまり，AB，BC，BD が候補キーであることが分かった．そこで，S_3〜S_5 の再編作業を行う．まず，S_3 については，AB，BC，BD を含む要素を S_3 から除外して改めて S_3 を作成すると $S_3 = \{ACD, ACE, ADE, CDE\}$．$S_4$ と S_5 に対しても同様な操作を行い，$S_4 = \{ACDE\}$，$S_5 = \phi$ となる．

続いて，再編成された S_3 に対してステップ 2 の処理をすると次の通りである．

$ACD^+ = ACDE$，$ACE^+ = ACE$，$ADE^+ = ADE$，$CDE^+ = ACDE$．つまり，候補キーはない．

続いて，S_4 の処理を行うと，$ACDE^+ = ACDE$ であり，候補キーはない．

$S_5 = \phi$ なので候補キーはない．

よって，AB，BC，BD が $\boldsymbol{R}$ の候補キーの全てであることが分かる．

> ［例題 3.4］（**2 の冪乗個の候補キーが見つかる例**）リレーションスキーマ $\boldsymbol{R}(A_1, A_2, B_1, B_2)$ に所与の関数従属性 $A_i \to B_i$，$B_i \to A_i$ $(i = 1, 2)$ が指定されているとする．$\boldsymbol{R}$ の候補キーを全て求めよ．

解答　$\Omega_{\boldsymbol{R}} = \{A_1,\ A_2,\ B_1,\ B_2\}$ とすると，$S_0 = \phi$，$S_1 = \{A_1,\ A_2,\ B_1,\ B_2\}$，$S_2 = \{A_1A_2,\ A_1B_1,\ A_1B_2,\ A_2B_1,\ A_2B_2,\ B_1B_2\}$，$S_3 = \{A_1A_2B_1,\ A_1A_2B_2,\ A_1B_1B_2,\ A_2B_1B_2\}$，$S_4 = \{A_1A_2B_1B_2\}$ となる．

そこで，S_1 の各元に対してその閉包を計算する．$A_i^+ = A_iB_i$ $(i = 1, 2)$，$B_i^+ = A_iB_i$ $(i = 1, 2)$ であり，候補キーではない．そこで，S_2 の各元に対してその閉包を計算する．$A_1A_2^+ = A_1A_2B_1B_2$，$A_1B_1^+ = A_1B_1$，$A_1B_2^+ = A_1A_2B_1B_2$，$A_2B_1^+ = A_1A_2B_1B_2$，$A_2B_2^+ = A_2B_2$，$B_1B_2^+ = A_1A_2B_1B_2$ となる．したがって，A_1A_2，A_1B_2，A_2B_1，B_1B_2 が候補キーであることが分かる．S_3 の再編作業を行うと S_3 は ϕ となるので，ここで処理が終了する．□

例題 3.4 を一般化して全ての候補キーを求める問題の時間計算量について補足説明

を行う．リレーションスキーマ $\boldsymbol{R}(A_1, A_2, \ldots, A_n, B_1, B_2, \ldots, B_n)$ に所与の関数従属性集合 $F = \{A_i \to B_i, B_i \to A_i | i \in \{1, 2, \ldots, n\}\}$ が指定された場合，$\boldsymbol{R}$ は，$A_1A_2\cdots A_n, B_1A_2\cdots A_n, A_1B_2A_3\cdots A_n, \cdots, B_1B_2\cdots B_n$ と 2^n 個の候補キーを有することになるので，n が大きくなると実用的でなくなる．つまり，例題 3.4 では $n = 2$ なので候補キーの数は $2^2 = 4$ で済んだが，このようなタイプの関数従属性集合 F を指定されたリレーションスキーマ $\boldsymbol{R}$ の候補キーの数は 2^n なので，n が大きくなるにつれて，それ数え上げるには指数時間かかり，一般に全ての候補キーを求める問題は扱いにくい問題であることが直観できよう．

3.5　候補キーの数の上限は？

1 つのリレーションスキーマには幾つ候補キーが存在し得るのか，その上限について次の結果[2],[3] が示されているので，紹介しておく．

> **［命題 3.2］（候補キーの数の上限）** リレーションスキーマ $\boldsymbol{R}$ の候補キーの数は高々 ${}_n\mathrm{C}_{\lfloor n/2 \rfloor}$ である．ここに，C は組合せ，$\lfloor r \rfloor$ は r を越えない最大の自然数を表し，$|\Omega_{\boldsymbol{R}}| = n$ とする．

証明 濃度 n の集合 S において，候補キーの集合はお互いが集合の包含関係にないという意味でシュペルナー族（Sperner family）をなし，したがって，比較不可能な S の部分集合の数は高々 ${}_n\mathrm{C}_{\lfloor n/2 \rfloor}$ となる．□

たとえば，$n = 2$ なら ${}_n\mathrm{C}_{\lfloor n/2 \rfloor} = 2$ であるので，候補キーの数は高々 2 である．$\boldsymbol{R}(A, B)$ とすれば，もし上限の 2 個の候補キーがあった場合には，それらは $\{A\}$ と $\{B\}$ である．$n = 3$ なら ${}_n\mathrm{C}_{\lfloor n/2 \rfloor} = 3$ であるので，$\boldsymbol{R}(A, B, C)$ とすれば，もし上限の 3 個の候補キーがあった場合には，それらは $\{A, B\}$，$\{A, C\}$，$\{B, C\}$ である．$n = 4$ なら ${}_n\mathrm{C}_{\lfloor n/2 \rfloor} = 6$ であるので，$\boldsymbol{R}(A, B, C, D)$ とすれば，もし上限の 6 個の候補キーがあったとすれば，それらは $\{A, B\}$，$\{A, C\}$，$\{A, D\}$，$\{B, C\}$，$\{B, D\}$，$\{C, D\}$ である．$\boldsymbol{R}(A, B, C, D, E)$ とすれば，$n = 5$ で ${}_5\mathrm{C}_{\lfloor 5/2 \rfloor} = 10$ であるので，もし上限の 10 個の候補キーがあったとすれば，それらは $\{A, B\}$，$\{A, C\}$，$\{A, D\}$，$\{A, E\}$，$\{B, C\}$，$\{B, D\}$，$\{B, E\}$，$\{C, D\}$，$\{C, E\}$，$\{D, E\}$ である．例題 3.4 の候補キーの数は 4 であったが，$2^2 < {}_4\mathrm{C}_2 = 6$ とこの結果に符合している．

3.6 おわりに

本章ではリレーションスキーマの候補キーを求める問題を論じた．リレーションスキーマに所与の関数従属性集合が指定されたとき，候補キーを1つ見つけるためのアルゴリズムと，候補キーを全て見つけるアルゴリズムを提示した．上に見たように，同じく候補キーを求める問題ではあるが，「候補キーを1つ見つける問題」の時間計算量は多項式オーダなので扱いやすい問題であるが，「候補キーを全て見つける問題」の時間計算量は指数オーダとなり扱いにくい問題であることが分かる．つまり，全ての候補キーを求めようとすると，リレーションスキーマの全属性数が小さいときには問題とならないが，それが大きくなるととてつもない時間を要することとなり，現実的ではなくなるということである．とりあえず，候補キーが「1つ」見つかればよいというなら話は簡単そうだが（ただし，どのような候補キーが返されるのかは，アルゴリズム任せ），「全て」と言われると気長に根気よく見つけていくしか術(すべ)はなさそうである．

文献

[1] 増永良文. リレーショナルデータベース入門 [第3版]—データモデル・SQL・管理システム・NoSQL—. サイエンス社, 2017.

[2] J. Demetrovics. On the equivalence of candidate keys with Sperner systems. *Acta Cybernetica 4*, pp.247-252, 1979.

[3] J. Demetrovics and G.O.H. Katona. A survey of some combinatorial results concerning functional dependencies in database relations. *Annals of Mathematics and Artificial Intelligence 7*, pp.63-82, 1993.

第4章 NULLとその意味

4.1 はじめに

Nullという語，データベースに携わっているなら見たことないという人はいないと思うが，何と発音しているだろうか？

「ヌル」って発音するのだよ，と誰が教えたのか？ 結構，皆さん，ヌル，ヌル，ヌルって言っている．そうではなく，「ナル」（より厳密にはナァル）と発音したい．英語の発音記号はnʌ'lで，英語の発音を日本語で書き表すのは難しいものの，決してヌルではない．英語を母国語とする人にヌルと言ったら，多分首を傾げられるだろう．

さて，**ナル**（null）はデータベースでは「値がない」（having no value）という意味で使われている．「空（くう）」とも言うが，これに異議ありという読者はいないと思う．では，リレーショナルデータベースでナルはどのようなときにどのように使われているのであろうか？ 何で今更そんなことを聞いているの？といぶかしげな読者の顔が目に浮かぶが，ナルに関しては蘊蓄（うんちく）を傾ければきりがなく，理論面でも実践面でも不明確なところが多々あり，議論しだしたらきりがないのかなといった感じである．しばしナル談議に耽（ふけ）ってみたいと思う．

4.2 NULLとは

4.2.1 ANSI/X3/SPARCによるナルの顕現

ANSI/X3/SPARC（アンシー/X3/スパーク）はご存じだろうか？ American National Standards Institute/Committee on Computers and Information Processing/Standards Planning And Requirements Committeeの略称である．米国国家規格協会（ANSI）のもとにあるこの委員会は1975年にDBMSの標準アーキテクチャとして名高い「3層スキーマ構造」を提案した報告書[1]を世に出した団体としてとても有名であるが，その報告書の中で概念スキーマレベルのドメイン関連事項として，**ナルの意味**は14種に上るという報告をしている．このように，ナルはデータベースにかかる諸活動の極めて初期から関心が高かったわけである．原義を損ないたくないので，ナルの14

種の意味を原文のまま引用すると下記の通りである．目を通してみると分かると思うが，ナルが出現する状況を実に様々な観点からピックアップしている．興味を持った読者は是非1つひとつにあたってみていただきたい．最後の(14)項で，“Derived from null conceptual data (any of the above)”と締め括っているので，ナルの意味はトータル14種ということである．

Manifestation of null（ナルの顕現）

(1) Not valid for this individual (e.g., maiden name of male employee).
(2) Valid, but does not yet exist for this individual (e.g., married name of female unmarried employee).
(3) Exists, but not permitted to be logically stored (e.g., religion of this employee).
(4) Exists, but not knowable for this individual (e.g., last efficiency rating of an employee who worked for another company).
(5) Exists, but not yet logically stored for this individual (e.g., medical history of newly hired employee).
(6) Logically stored, but subsequently logically deleted.
(7) Logically stored, but not yet available.
(8) Available, but undergoing change (may be no longer valid).
(9) Available, but of suspect validity (unreliable).
(10) Available, but invalid.
(11) Secured for this class of conceptual data.
(12) Secured for this individual object.
(13) Secured at this time.
(14) Derived from null conceptual data (any of the above).

4.2.2 CoddによるNULLと3値論理

では，リレーショナルデータモデルではナルはどのように定義されてきたのであろうか？ それはリレーショナルデータモデルの始祖E.F. Coddの1979年の論文[2]に見ることができる．そこでは，**ナル**と**ナル値**（null value）という用語が出現するが，それらは次のように与えられている．

まず，主キーの値はナルであってはいけないというルールの提唱がある．これはキー制約として知られていることで，尤もなことである．続いて，ナル値の最も重要なタイプは2つあって，それらは“value at present unknown”（現時点で値は未知）と“property inapplicable”（適用不可属性）という意味を持つと述べている[†1]．その上で，ナル値を許すとリレーショナル代数を拡張しなければならないが，拡張のためには前者の“value at present unknown”に関心があるとし，それを“ω”で表して，いわゆる**3値論理**を展開した．

ここでは，Coddが「ナル」をどう捉えたのかに焦点を当てて議論することが狙いなので3値論理や一般に多値論理の議論には深入りしないが，リレーショナル代数を3値論理に拡張するにあたり，value at present unknown，即ちナル（ω）を許したときに，リレーショナル代数を構成する8つの演算，つまり4つの集合演算（和，差，共通，直積）とリレーショナル代数に特有な4つの演算（射影，選択，結合，商）をどのように定義し直すべきかという問題だけは復習しておきたいと思う．これについては，まず，4つの集合演算と射影は集合意味論のもとで素直に拡張できる．問題は，選択演算である．選択演算での“ω”の扱いが決まれば，結合は直積と選択，商は直積と射影と差を用いて定義できるので特段の問題は生じない．そこで，属性がωをとる場合に選択演算がどのように拡張されることになるのか，それを見ていくことにする．

そこで，値式x, yを変数として，「xとyがθの関係にある」ということを表す述語（= 命題関数）$x\ \theta\ y$，ここにθは比較演算子（$=$，$<$，$\leqq$，$>$，$\geqq$，$\neq$），がどのような真理値をとるのかを見ていく．xとyが共にナルでなければ，従来のリレーショナルデータモデルの2値論理の場合と同じく，それは真（true，T）か偽（false，F）をとる．では，xまたはy，あるいはその両方がナルとなる場合，命題関数$x\ \theta\ y$はどのような真理値をとるのか？ これに対してCoddは，**不定**（unknown）をとるとした．そして，「述語$x\ \theta\ y$の真理値表（3値論理）」を**表4.1**に示したように定義した．表示されているように，Coddは，ωを「現時点で値は未知」を表すだけでなく「不定」という真理値を表すためにも使用している．こうすることで，「不定」という真理値をデータベースに格納することができ，かつ全ての「不定」や「現時点で値は未知」の処理を統一的に行えると主張した．

表4.1 述語$x\ \theta\ y$の真理値表（3値論理）

述語	$x\,\theta\,y$	$x\,\theta\,\omega$	$\omega\,\theta\,\omega$
真理値	T/F	ω	ω

x, yは現実値（real value），θは比較演算子

[†1] 花子に「太郎の誕生日は？」と聞いて「知らない」と答えられた場合が“value at present unknow”に該当し，未婚の花子に「あなたの配偶者は？」と聞いて「いない」と答えられた場合が“property inapplicable”に該当する．

では，真（T）か偽（F）か不定（ω）をとる3値論理はどのような真理値表を有するのか？ それが**表4.2**に示される**3値論理の真理値表**（NOTブール演算子のための真理値表，ANDブール演算子のための真理値表，ORブール演算子のための真理値表）である．一般に3値論理の定義はただ1つというわけではないが，**表4.2**で与えられた定義はS. C. Kleeneの3値論理の真理値表と同一となっている．

表4.2 3値論理の真理値表[2]

NOT	
T	F
F	T
ω	ω

AND	T	F	ω
T	T	F	ω
F	F	F	F
ω	ω	F	ω

OR	T	F	ω
T	T	T	T
F	T	F	ω
ω	T	ω	ω

以上の結果を使うと，NOT，AND，ORで結合された一般的な述語の真理値を求めることができる．たとえば，命題“$5 \leqq 2$ OR $5 = \omega$”の真理値は，命題$5 \leqq 2$の真理値がF，命題$5 = \omega$の真理値がωなので，ORブール演算子のための真理値表を見ることでωであることが分かる．

そうすると，**表4.3**に示す**ISブール演算子真理値表**（3値論理）を定義することができ，それにより探索条件がTRUEであるのか，FALSEであるのか，UNKNOWNであるのかを決定することが可能となる．たとえば，$5 \leqq 2$ OR $5 = \omega$ IS UNKNOWNという命題，即ち探索条件，の真理値は$5 \leqq 2$ OR $5 = \omega$の真理値がωなので真であるという具合である．

表4.3 ISブール演算子真理値表（3値論理）

IS	TRUE	FALSE	UNKNOWN
T	真	偽	偽
F	偽	真	偽
ω	偽	偽	真

以上の枠組みのもとで，Coddは従来のリレーショナルデータモデルが拠って立つ2値論理のときのθ-選択演算やθ-結合演算の自然な拡張として，3値論理のための**推量$\boldsymbol{\theta}$-選択演算**（maybe θ-selection operation）と**推量$\boldsymbol{\theta}$-結合演算**（maybe θ-join operation）を定義した（従来の演算は推量演算と区別するために真正（true）という接頭辞を付けられて区別される）．ここに，maybe（推量）は「真理値が真でもなく偽でもなく，おそらく真でありおそらく偽であるのだが，DBMSはどちらが成立

するのかは知らない」を意味する．推量 θ-選択演算の定義は次の通りである．なお，推量 θ-結合演算の定義は直積と推量 θ-選択演算の定義を使って与えることができるが，詳細に関心のある読者は文献 [2] や拙著 [3] を参照していただきたい．

［定義 4.1］（推量 $\boldsymbol{\theta}$-選択演算） $R(A_1, A_2, \ldots, A_n)$ をリレーションとする．A_i と A_j を θ-比較可能とするとき，R の属性 A_i と A_j 上の推量 θ-選択，これを $R[A_i\ \theta_\omega\ A_j]$ と表す，は次にように定義されるリレーションである．

$$R[A_i\ \theta_\omega\ A_j] = \{t | t \in R \wedge t[A_i]\ \theta\ t[A_j]\ \text{IS UNKNOWN}\}$$

［例 4.1］（推量 $\boldsymbol{\theta}$-選択演算） リレーション $R(A, B, C) = \{(1,5,3), (2,3,8), (3,2,\text{null}), (4,\text{null},6), (5,\text{null},\text{null})\}$ としたときの，R の B, C 上の真正大なり-選択 $R[B > C]$ と推量大なり-選択 $R[B >_\omega C]$ の結果は次のようになる．

$R[B >_\omega C]$ の結果が下記のようになることは，命題 $5 > 3$ は真（T），$3 > 8$ は偽（F），$2 > \text{null}$ は不定（ω），$\text{null} > 6$ も不定（ω），$\text{null} > \text{nul}$ も不定（ω）であるので，$2 > \text{null}$，$\text{null} > 6$，$\text{null} > \text{null}$ の場合でのみ $t[B]\ \theta\ t[C]$ IS UNKNOWN が真となることから分かる．

$$R[B > C] = \{(1,5,3)\}$$
$$R[B >_\omega C] = \{(3,2,\text{null}), (4,\text{null},6), (5,\text{null},\text{null})\}$$

なお，この 3 値論理の議論で興味深いことは，Codd が value at present unknown を表す ω はいつでも**非ナル値**（nonnull value）をとれる**プレースホルダ**（placeholder）と考えるのがよいだろうとも述べていることである．ナルはあくまでナルであってナル値という概念はないのだよと日頃から言っている筆者にとっては，ここが大変微妙に感じられるところである．つまり，Codd は ω はナル値だと言いながら一方でプレースホルダ，つまり値ではなく単なる「標識」だと言っているわけで，彼がオックスフォード大学の数学科出身であることを考えるとき，数学的厳密さからは，彼自身，「ナルは値なの？ そうではないの？」と自問自答して，この相反する概念規定にいささかの葛藤があったのではないか，と想像してしまう．

4.2.3 Codd による NULL と 4 値論理

3 値論理の導入後，Codd はナルの意味をより豊富に捉えて，それをリレーショナル DBMS はサポートするべきであるとし，**4 値論理**を提案[4],[5] したことはよく知られている通りである．ただ，4 値論理の議論は時期尚早としてそれ以上の議論は行わなかったが，そこでは，真理値として，t（true，真），i（missing and inapplicable，欠落かつ適用外），a（missing and applicable，欠落しているが適用可），f（false，偽）の 4 つを導入し，**表 4.4** に示される **4 値論理の真理値表**（NOT ブール演算子のための真理値表，AND ブール演算子のための真理値表，OR ブール演算子のための真理値表）を与えている．

表 4.4　4 値論理の真理値表[5]

NOT	
t	f
f	t
a	a
i	i

AND	t	f	a	i
t	t	f	a	i
f	f	f	f	f
a	a	f	a	i
i	i	f	i	i

OR	t	f	a	i
t	t	t	t	t
f	t	f	a	f
a	t	a	a	a
i	t	f	a	i

さて，4 値論理は論理学のみならずコンピュータサイエンスの観点からも注目を集めてきた．ここでその詳細に立ち入ることはしないが，Codd がどのような考えで**表 4.4** に示す 4 値論理の真理値表を定義したのかについては大変興味がある．なぜならば，一般に多値論理の真理値表は観点の相違により様々に定義できるからである．本来ならば，本人に聞くのがよいに決まっているが，没してしまった今となっては不可能である．そこで，筆者なりにそれを推察してみることとしたが，以下に示すように Codd の定義した OR ブール演算子のための真理値表に問題があることに気が付いた．

まず，NOT $i = i$ としているのは，true を否定すれば false となるが（NOT true = false），missing and inapplicable を否定してもそれが missing and applicable や true や false とはならず，元のままと考えたということであろうから納得できる（NOT $a = a$ についても同様）．次に，AND ブール演算子のための真理値表であるが，それを「真理値がより真である」（= より偽でない），あるいは「真理値がより偽である」（= より真でない）の関係性に着目して検証してみると頷ける定義となっている．例えば，a AND i の真理値を a より真でない i に引きずられて i となると考えて a AND $i = i$ と定義することは尤もなことであろう．さて，問題は OR ブール演算子のための真理値表である．もし Codd が p AND $q = p \Leftrightarrow p$ OR $q = q$ という同値関係（ここに，p や q は命題）の成立を認めたうえで AND や OR ブール演算子のための真理値表を作成しているとすれば，OR ブール演算子のための真理値表の f 行 i 列は f OR $i = f$ ではなく f OR $i = i$ と定義しなくてはならない．なぜならば，AND ブール演算子のための真理値表では f AND $i = f$ となっているからである（対称的に，i 行 f 列，つまり i OR f についても同様）．

実は，筆者のこの推察の裏付けとなるのではないかと考えられる注意書きを Codd 自身が 4 値論理の真理値表を示した論文[5] に書き残している．原義を損なわないために原文のまま引用すると次の通りである．

> "Note that we obtain the truth table of the TRI/EFC-4 three-valued logic by replacing i by m <u>and</u> a by m (where m simply stands for missing, and the reason for anything being missing is ignored)." †2

Codd はこの注意書きで，**表 4.4** の i と a を共に m に置き換えると，**表 4.2** に示した 3 値論理の真理値表が得られると述べているが，実際それを行ってみると，3 値論理の NOT ブール演算子のための真理値表と AND ブール演算子のための真理値表は得られるが，OR ブール演算子のための真理値表は得られない（読者も容易に確かめることができると思う）．3 値論理の OR ブール演算子のための真理値表が i と a を共に m に置き換えることで得られるためには，上述の通り，f 行 i 列，つまり f OR i の真理値は f ではなく i でないといけない（対称的に，i 行 f 列，つまり i OR f についても同様である）．4 値論理をリレーショナルデータベースに実装しようとするのであれば避けては通れない問題である．

4.2.4 SQL の NULL と 3 値論理

国際標準リレーショナルデータベース言語 SQL でのナルに対する立ち位置はどのようであろうか？ J. Melton らの著書[6] に次のような説明がある．ちなみに，Melton は SQL-92 や SQL:1999 の編集者（editor）で，SQL の策定に多大な影響力を持っている人物として知られている．ここで述べるナルに対する SQL のスタンスは最新の SQL:2023[7] でも変わっていない．

> 『SQL ではデータ項目が**現実値**（real value）を持たない場合にフラグのようなもの（a sort of flag）を格納する．そして，現実値が提供されていないことを示すフラグが設定されているとき，そのデータ項目はナル値を持つという』

若干補足すると，SQL ではデータ項目は非ナル値（non-null value）かナル値をとる．**ナル値**は "not available"（入手不可），"not applicable"（適用不可），あるいは

†2 TRI/EFC-4 とは Codd が立ち上げた研究機関 The Relational Institute（TRI）で Edgar F. Codd（EFC）が著した 4 番目の論文 "Missing Information in Relational Databases: Applicable and Inapplicable", February 21, 1986 を指している．

"unknown"（未知）を表すために使用され，キーワード**NULL**を導入してナル値を表す．ナル値はいかなるデータ型の値でもないので，もしNULLにあるデータ型を関連付けたいのであればCAST（NULL AS datatype）句で明示的にデータ型と関連付ける．

つまり，SQLではデータ項目が現実値を持たないことをNULLで表すとしているわけであるが，それをナル値と言ってしまったので，あたかもナルという値があるかのような表現になっている．したがって，ここでもCoddが直面したであろう葛藤が読み取れて，現実値がないのにあたかも「ナルという値」があるかのように言ってしまう ... この可笑（おか）しさについてはSQLを策定した当事者自身もどうも気にしていたようで，Meltonらは上記の著書で次のように釈明している．言うまでもないが，this phraseとは上記の説明文のことである．

> "This phrase is probably a misleading, because null means that there is no "real" value at all; nevertheless, it's a convenient shorthand that you will often find in use."

こんな釈明をするぐらいならば，次のような一貫した姿勢をとった方がどれだけすっきりした体系となっただろうにと，筆者は常々思っている．

> 『値がないことをNULLで表す．あくまでNULLは標識であって，ナル値という概念はない』

なお，SQLのNULLの扱いであるが，様々な現実値がないことを一括してNULLと表すので，その扱いはCoddが3値論理で導入したナル（ω）と概念は異なるものの，ωをNULLと読み替えれば，**表4.1**に示した「述語$x\ \theta\ y$の真理値表（3値論理）」，**表4.2**に示した「3値論理の真理値表」，及び**表4.3**に示した「ISブール演算子真理値表（3値論理）」が成立する．したがって，その扱いはCoddによる3値論理でのωの扱いと同一であり，Kleeneの**3値論理**に従うということである．SQLにおけるNULLの扱いについては，その規格策定にあたり，NULLではなく既定値（default values）とするべきであるとか，3値論理ではなく2つのNULLを導入した4値論理とするべきであるという意見もあったとMeltonらの著書[6]に記されている．

4.3 NULLの意味の体系化

前節に見たごとく，ANSI/X3/SPARC，Codd，あるいはSQLがそれぞれの思考からナル（値）の定義を与えているが，データベースでナルを中途半端ではなくきちんと取り扱うためには，ナルの意味の健全かつ完全な体系化が必要となる．ここに，健全（sound）であるとは，その体系において構文論的に証明できる命題は意味論的に成り立つことをいい，完全（complete）であるとは意味論的に成り立つ命題は構文論的に証明できることを意味する．以下で議論するように，この意味で，ANSI/X3/SPARC，Codd，そして SQL のナルの取扱いは何れ（いずれ）も不十分だということとなる．

4.3.1 Codd による NULL の意味の体系

さて，Codd が 4 値論理の議論で与えたナルの分類が完全なように見えるかもしれない．しかし，以下に示すようにそうではない．Codd は，まず，3 値論理の議論で，ナル値の最も重要なタイプは 2 つあって，それらは “value at present unknown” と “property inapplicable” であり，それに基づき，4 値論理の議論で，値がない場合，つまり missing の場合を “missing and applicable” と “missing and inapplicable” の 2 つに分類した．Applicable と inapplicable で二律背反なので，この分類に限れば完全である．しかしながら，Codd の分類で問題があると考えられるところは，そもそも値があるのかないのか，それが分からないという理由で missing の場合がフォーマライズされていないことである．確かに，Codd の論文[4] を丁寧に見ると，そこに掲載されている Fig.1 で missing values を分類して，applicable と inapplicable に加えて “other” という枝分かれを確認することができる（その結果，missing values は 3 種類ということになる）．この “other” であるが，本文中に説明は見当たらず，Fig.1 中に記載があるだけだが，その図を拠（よ）り所にして Codd が考えた missing value の概念を**分類木**（classification tree）で表してみると**図 4.1** のように描けよう．しかし，“other” がこのような位置付けでは，4.3.3 項の議論で明らかになるように，ナルの健全かつ完全な分類とはなっていない．

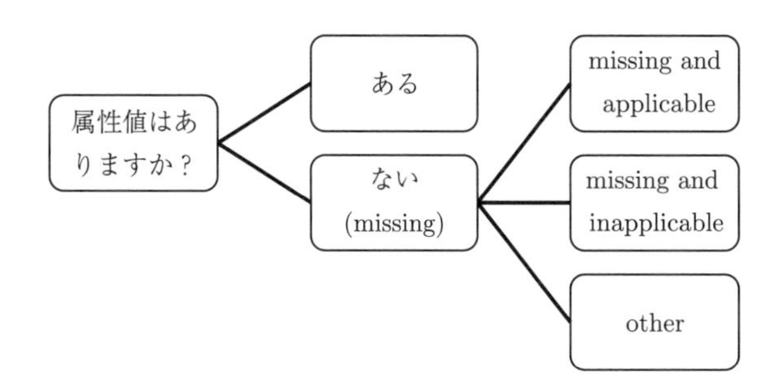

図 **4.1** Codd の missing values の分類木[4]

4.3.2 SQLによるNULLの意味の体系

SQLは，4.2.4項で述べた通り，ナル値には次の3つがあるとしている[6]．

- not available（入手不可）
- not applicable（適用不可）
- unknown（未知）

“not available” は何らかの理由で属性値が入手不可，“not applicable” はこのタップルがその属性で現実値をとることはありえず適用不可，“unknown” は属性値が未知，を表している．この分類であるが，Coddが与えた “missing and applicable”，“missing and inapplicable”，“other” という3分類とは異なるようである．筆者の個人的な感覚レベルでは，“not applicable” と “missing and inapplicable” が対応しているのだろうとは思われるが，他は漠然としていてよく分からない．多分，対応付けしようとする方がおかしいのだろうと思われる．SQLのナルの分類は属性が現実値をとれないと考えられる場合を3つピックアップしただけという感じで，ナルの健全かつ完全な分類を意識しての結果とは考えられない．

4.3.3 NULLの意味の健全かつ完全な体系化

ナルの意味の体系化に対して何かすっきりした解決策はないものかと思案していたとき，かつて筆者の目に留まったのが，ナルの持つ「3つの意味」に着目してそれを分類する考え方である[8]．ここに，ナルの持つ3つの意味とは次の通りである．

- **unk** unknown（未知）
- **dne** nonexistent（= does not exist）（存在しない）
- **ni** no-information（情報がない）

このナルの意味付けは，対象とした属性がとり得る値の存在の有無に視点をおき，その可能性を分類すると，次に示す4つの場合になることに理論的根拠をおいている．

- 属性値は存在し，既知である． ← **現実値**
- 属性値は存在するが，未知である． ←**unk**
- 属性値は存在しない． ←**dne**
- 属性値が存在するのかしないのか，分からない． ←**ni**

確かに，属性値の存在を問うたときに，属性値が存在する，属性値が存在しない，属性値が存在するのかしないのか分からない，この3つに分類されますね，と言われればその通りである．更に，属性値が存在するとしても，現時点で分かっている場合もあれば，分かっていない場合もありますね，と言われればそれも確かにその通りである．この分類則を分類木で表してみると図**4.2**のようになる．この分類木の作り方から，属性値の存在に関してこの分類が健全かつ完全であることはほぼ明らかであろう．

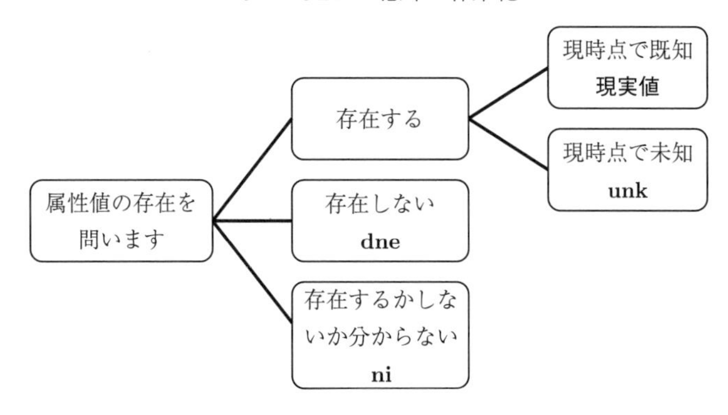

図 **4.2** ナルの持つ「3 つの意味」に着目した分類木

補足すると，この分類のもとで，現実値，unk，dne，ni の違いをそれらが担っている情報量の違いで説明することができる．つまり，ナルを受け取る側から見ると，ni は unk や dne に比べて情報量が少なく（less informative），unk は現実値が与えられることに比べれば情報量は少ないと言える．また，現実値と dne の情報量の多寡は less informative とも more informative とも言えないであろう．同様なことが異なる 2 つの現実値同士についても言えると考えられる．したがって，現実値を d_i $(i = 1, 2, \ldots, n)$ とするとき，集合 $\{d_1, d_2, \ldots, d_n, \mathrm{unk}, \mathrm{dne}, \mathrm{ni}\}$ は情報量の多寡を半順序関係（partial order relation）とする**下半束**（lower semilattice）をなしていると表現することができる．その様子を **図 4.3** に示す．

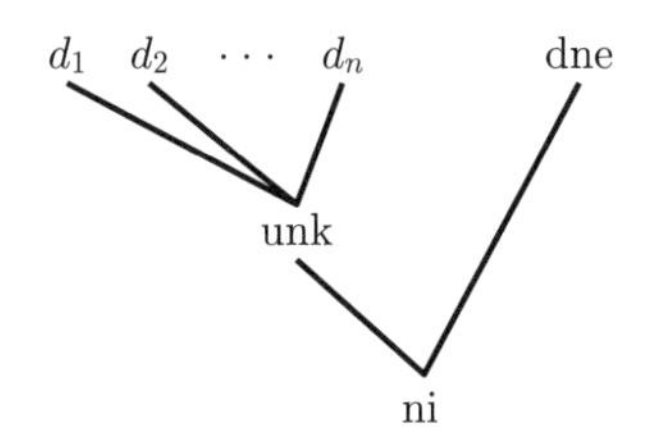

図 **4.3** ナルの持つ「3 つの意味」のなす下半束[8]

［例 **4.2**］（**unk，dne，ni の具体例**） リレーション社員 (社員名_姓, 社員名_名, 配偶者名) を想定する．

- **unk の例**：社員の属性として配偶者名があるとき，配偶者がいることは分かっているのだが，現時点でその名が分からないとき配偶者名欄に unk

を記入する．
- **dne の例**：社員の属性として配偶者名があるとき，配偶者がいない社員の配偶者名欄に dne を記入する．
- **ni の例**：社員の属性として配偶者名があるとき，配偶者がいるのかいないのか分からない社員の配偶者名欄に ni を記入する．

ただし，次の注意が必要である．

確かに，上記の分類でナルの意味は過不足なく表現することができた．しかしながら，これは言わずもがなであるが，もし unk，dne，ni 全てを一括して null で表してしまうとこの分類体系は無意味になってしまう．たとえば，リレーション 社員 (社員名_姓, 社員名_名, 配偶者名) にタップル (鈴木, 太郎, null) が存在した場合，null が unk を表しているのか，dne を表しているのか，あるいは ni を表しているのかは分からないということである．このようなことにならないためには，リレーショナル DBMS は unk，dne，ni をいかなるドメインにも属さない特別なプレースホルダとして扱える機能を備えていないといけないということになる．ただ，これも言わずもがなではあるが，現行のプロプライエタリ（proprietary）あるいは OSS（open source software）のリレーショナル DBMS に unk，dne，ni を個別にサポートするような機能は備わっていない．これは，SQL が not available，not applicable，unknown を一括して NULL と表し処理していることと同じである．

なお．本項の議論，理論的に突き詰めていくと，真理値が true，unk，dne，ni，false からなる **5 値論理**の体系化が必要となる．

4.4 NULL と空文字列

ナルとは別に**空文字列**（zero-length string，**ZLS**，'' で表す）という概念がある．これは長さが 0 の文字列を「値」として持つということで，ナルとは異なる．相違点は，理論上，ナルはいかなるドメインの元ではないが，空文字列は全てのドメインの元であるということである．

さて，空文字列の意味であるが，どう考えたらよいのか？

たとえば，リレーション 友人 (氏名, 住所, 携帯電話番号) があり，タップル (鈴木太郎, 横浜, '') があったとする．これは，もしタップルが (鈴木太郎, 横浜, null) であった場合と何がどう違うのか，それを説明してほしいという問題である．もちろん，SQL で問合せを書きくだすにあたって，空文字列と null ではその取扱いに違いのあることは十分に承知してのことである．つまり，ここでの関心事は意味の違いにある．繰り返しとなるが，(鈴木太郎, 横浜, '') と (鈴木太郎, 横浜, null) では一体何がどのように違うのか？

もし，空文字列（''）で鈴木太郎が携帯電話を持っていないということを表したいというのであれば，携帯電話番号欄は null，正確には dne であろう．もし，持っているのは分かっているのだけれどその番号が分からないというのであれば null，正確には unk であろう．もし持っているのかいないのか分からないのでということであれば null，正確には ni を記録するべきであって，空文字列ではないであろう．そうすると，唯一考えられるのは，鈴木太郎の携帯電話番号が現実値として空文字列（''）であるということになってしまうが，こんな携帯電話番号ってあるのだろうか？

連絡先を問うたら，『自分の携帯電話番号は ''（空文字列）である』と答えられた．この問答の意味するところは何ぞや？ 高徳の禅僧に聴いてみたい．

4.5 PostgreSQL と NULL 及び空文字列

OSS のリレーショナル DBMS として普及している PostgreSQL では用語集（glossary）で**ナル**を次のように定義している[9]．

> 『Null—リレーショナルデータベース理論の中心的な信条である non-existence（存在しない）という概念．明確な値がないことを表す』

「明確な値がないことを表す」，原文では “It represents the absence of a definite value.” と書かれているが「明確な値がない」とはどういうことか，ナルはナル値という “値”（value）であるのか単なる標識なのか，それについては何も言及されていない．なお，空文字列については特段の定義が与えられているわけでもない．

そこで，念のため，null や空文字列が PostgreSQL 14 では一体どのようにサポートされているのか，検証しつつ気が付いたところを記してみる（以下，version number，この場合は 14，を明記する必要があると考えられる場合を除いては，単に PostgreSQL と記す）．

●**【検証】** PostgreSQL 14 での null と空文字列の扱い

テーブル test(name char(10), spouse char(10)) を作成し，タップル ('taro', 'hanako'), ('jiro', ''), ('saburo', null) を挿入して，SQL で空文字列 '' とナル値を表すキーワード null に関する問合せを発行して，PostgreSQL がどのように振る舞うのか，その結果を見てみる．なお，PostgreSQL の問合せでのナル値と空文字列の概念の違いは B. Momjian の著書[10] で平易に説明されているので参考になるかもしれない．

```
postgres=# create table test(name char(10), spouse char(10));
CREATE TABLE
postgres=# insert into test values ('taro', 'hanako'), ('jiro', ''),
('saburo', null);
INSERT 0 3
postgres=# select * from test;
        name        |       spouse
--------------------+--------------------
taro                | hanako
jiro                |                                    (1)
saburo              |
(3 行)
```

検証事項 1

上記の select 文の結果であるが，jiro の spouse（配偶者）値は空文字列 '' のはずであるが，空白として表示されている．空文字列だからそうなのであろう．一方，saburo の spouse 欄は 空文字列ではなく null のはずだが，これまた空白である．したがって，この問合せの結果からは，ユーザは jiro のタップルの spouse 値が空文字列 '' で saburo のタップルの spouse 欄は null であることを知ることはできない．筆者としては，この問合せに対する導出表は (2) のように表示されるべきだと思うが，導出表をなぜ (2) のように表示してくれないのか？ 筆者には謎である．

```
postgres=# select * from test;
        name        |       spouse
--------------------+--------------------
taro                | hanako
jiro                |                                    (2)
saburo              | null
(3 行)
```

検証事項 2

上記の結果を受けて以下の 2 つの問合せを発行してみる．

```
postgres=# select name from test where spouse = '';
name
------------
jiro                                                     (3)
(1 行)
```

この問合せの結果から，spouse 値が空文字列のタップルは jiro のタップルであることが分かる．つまり，空文字列を PostgreSQL は内部的にはちゃんと認識し，命題「'' = ''」は T（真）(**表 4.1**：述語 $x\ \theta\ y$ の真理値（3 値論理)）と認識している．

一方，次を発行してみる．

```
postgres=# select name from test where spouse is null;
name
------------
saburo                                                    (4)
(1 行)
```

この問合せの結果から，spouse 欄が null のタップルは saburo のタップルであること，即ち，命題 null is null の真理値は T（真）（**表 4.3**：IS ブール演算子真理値表（3 値論理））と PostgreSQL はちゃんと認識している．

(3) と (4) から分かるように，PostgreSQL は問合せの結果 (1) からはユーザには見えなかったが，内部的には空文字列と null をきちんと認識しているようで，決してごっちゃになっているわけではないようだ．

検証事項 3

ここでは，理論上，「spouse is null」は許されたが「spouse is ''」は許されないこと，及び「spouse = null」の処理を念のために検証することにする．

まず，「spouse is ''」は許されないことは次のように確認される．is true, is null, is false は IS ブール演算子として許されるが，「is ''」は IS ブール演算子として許されていないので納得できる．

```
postgres=# select name from test where spouse is '';
ERROR: syntax error at or near "''"
行 1: select name from test where spouse is '';
                                             ^
```

では，「spouse = null」はどうか？

```
postgres=# select name from test where spouse = null;
name
------
(0 行)
```

導出表は 0 行という表示なので，リレーション test には探索条件 spouse = null にヒットするタップルがなかったというわけである．この問合せ処理にあたっては，探索条件 spouse = null に対して，具体的には 3 つの命題 'hanako' = null, '' = null, null = null を検証しないといけないわけであるが（= は比較演算子），**表 4.1** に示した「述語 $x\ \theta\ y$ の真理値（3 値論理）」から，命題 'hanako' = null の真理値は ω, '' = null の真理値も（'' が空文字列という現実値なので）ω, null = null の真理値も ω ということで，何れも T（真）ではないので，ヒットした行はなかったということである．なお，('saburo', null) ∈ test なので，'saburo' が導出表に現れるかと思うかもしれないが，そのためには spouse = null ではなく，spouse is null を指定せよということである（検証事項 2）．

検証事項 4

update 文では set 句で spouse = null という表現が許されるが，これは「代入」を表し，その簡単な例は次の通りである．ただ，更新結果を確認するために select 文を発行しても，検証事項 1 で筆者がクレームしたと同様に，導出表からは，taro の spouse が空文字列（''）と更新されたのか，null と更新されたのかを読み解くことはできない．

```
postgres=# update test set spouse = null where name = 'taro';
UPDATE 1
postgres=# select * from test;
        name        |       spouse
--------------------+--------------------
jiro                |
saburo              |
taro                |
(3 行)
```

なお，null や空文字列の扱いはプロプライエタリや OSS のリレーショナル DBMS 毎に異なっているようである．上で見たように PostgreSQL ではそれらを区別して扱っていたが，Oracle Database では自動的に空文字列を null に変換するとの記事をよく見かける．空文字列とナルの違いを意識したユースケースを Oracle Database は想定していないということなのであろう．

4.6 おわりに

本章では NULL に関わる話題を幾つか披露した．ナルの意味の健全かつ完全な体系化には，属性は「現実値」に加えて，3 種類の意味の異なるナル，即ち，unk（未知），ni（情報がない），dne（存在しない），をサポートすることが必要かつ十分であることを論じた．そのためには，リレーショナルデータモデルとリレーショナル DBMS は 5 値論理を定義し実装していくことが必要になる．一筋縄ではいかないと思うが，NULL 一択の 3 値論理のままで良しとするか，あるいは健全かつ安全なナルのサポートを目指して未知なる 5 値論理の世界に飛び込むか，そこではまだ見ぬ世界が我々を待っている．

繰り返すまでもないが，読者には，本章をご縁とし，以下のことお約束いただきたく．

- ヌルとは言わない，必ずナルと言う．
- ナル値とか空値とは言わない，必ずナルあるいは空と言う．

文 献

[1] ANSI/X3/SPARC Study Group on Data Base Management Systems, Interim Report, ANSI, February 1975, pp. IV-28∼IV-29.
https://dl.acm.org/action/showFmPdf?doi=10.1145%2F984332

[2] Edgar F. Codd. Extending the Database Relational Model to Capture More Meaning. *ACM Transactions on Database Systems*, Vol.4, No.4, pp.397-434, 1979.

[3] 増永良文. リレーショナルデータベース入門 [第 3 版]—データモデル・SQL・管理システム・NoSQL—. サイエンス社，2017.

[4] Edgar F. Codd. Missing Information (Applicable and Inapplicable) In Relational Databases, *ACM Sigmod Record*, Vol 15, No. 4, pp.53-78, December 1986.

[5] Edgar F. Codd. More Commentary on Missing Information in Relational Databases (Applicable and Inapplicable Information). *ACM Sigmod Record*, Vol 16, No. 1, pp.42-50, March 1987.

[6] Jim Melton and Alan R. Simon. *SQL: 1999 : Understanding Relational Language Components.* Morgan Kaufmann Publishers, 2002.（邦訳：芝野耕司（監訳），小寺孝，白鳥孝明，田中章司郎，土田正士，山平耕作（訳）．SQL:1999 リレーショナル言語詳解．ピアソン・エデュケーション，2003.）

[7] Information technology – Database languages – SQL – Part 2: Foundation (SQL/Foundation), Reference number ISO/IEC 9075-2:2023, ISO/IEC, 2023-06.

[8] Mark A. Roth, Henry F. Korth and Abraham Silberschatz. Null Values in Nested Relational Databases. *Acta Informatica 26*, pp.615-642, 1989.

[9] The PostgreSQL Global Development Group. PostgreSQL 14.2 Documentation.
https://www.postgresql.org/files/documentation/pdf/14/postgresql-14-A4.pdf

[10] ブルース・モムジャン（著），日本ポストグレスユーザー会（翻訳）．はじめての PostgreSQL–データベース問い合わせのコンセプト．ピアソン・エデュケーション，2001.

第5章

ビューサポートの基礎理論

5.1 はじめに

ビュー（view）はリレーショナルデータモデル[1] が提案された 4 年後の 1974 年にリレーショナルデータベースの始祖 E.F. Codd 自身により導入された[2]．ビューは定義だけが存在し実体は伴わない仮想的なリレーションであるところがデータベースに格納されているリレーション，これを**実リレーション**（stored relation）という，と根本的に異なるところである．

ビューは**質問変形**（query modification）と呼ばれる手法[3] により，ビューに対するいかなる質問も常に実行可能である．これは理論でも実践（=SQL）でもその通りである．つまり，ビューへの質問は常にサポートされているということである．しかしながら，ビューを「更新」(update) しようとすると一筋縄ではいかなくなる．つまり，更新できるビューもあれば更新できないビューもある．その理由は「ビューは実リレーションではなくあくまでも仮想的なリレーションであるから」である．では，一体どのような条件を満たすときに，ビューは更新可能となるのか？ これは**ビュー更新問題**（view update problem）と呼ばれ，Codd がビューを提案した当初から様々な研究がなされて現在に至っている古くて新しい問題である．

さて，ビュー更新問題は理論的にはビュー定義の逆関数を一意に不都合なく決定できるか否(いな)かという問題として定式化できるが，一意性には意味論（semantics）が関わってくること，逆関数の存在をタップルの重複出現を許さない集合意味論のもとで論じるのか，そうではなく（SQL テーブルのように）タップルの重複出現を許すバッグ意味論のもとで論じるのかという立場の違い，あるいは逆関数の存在を従来のようにリレーションスキーマレベルで問うのか，そうではなくインスタンスレベルで問うのかなど，様々な観点があり，それによりビューの更新可能性に大きな変化が生じることとなり，ビュー更新問題は今なお解決済みとは言い難い状況である．

そこで，本章では「ビューサポートの基礎理論」と題して，ビューとその更新可能性の概念，ビューの更新可能性をスキーマレベルで論じることとインスタンスレベルで論じることとの違い，スキーマレベルにおけるリレーショナルビューとバッグビューの更新可能性の違いなど，ビューサポートに関する様々な観点を念頭に置きつつ諸概念を整理しながら議論することで，そこから見えてくるビューサポートの全貌を報告してみたいと思う．

5.2　ビューとその更新可能性

5.2.1　ビューとは

ビューとその更新可能性をリレーショナルデータモデルの観点から論じるとき，その基礎となるのは**リレーショナル代数**（relational algebra）である．一方，国際標準リレーショナルデータベース言語 SQL のテーブルを念頭においてビューとその更新可能性を考えると，SQL ではタップルの重複出現を許すテーブル，これを**バッグ**（bag）という，の存在を前提としているので，その基礎となるのは**バッグ代数**（bag algebra）である．そこで，本章ではリレーショナル代数で定義されるビューを**リレーショナルビュー**，バッグ代数で定義されるビューを**バッグビュー**と呼ぶことにする．では，ビューは一体どのように定義されるのであろうか？ リレーショナルビューの詳細な定義は 5.3.1 項で与えるが，たとえば，リレーション $R(A_1, A_2, \ldots, A_n)$ の選択ビュー V は $V = \sigma_\varphi(R(A_1, A_2, \ldots, A_n))$ と定義される．ここに，dom をドメイン関数として，φ は $\mathrm{dom}(R) = \mathrm{dom}(A_1) \times \mathrm{dom}(A_2) \times \cdots \times \mathrm{dom}(A_n)$ の元を引数とする述語で，σ_φ はリレーショナル代数演算の選択（selection）を表す．バッグビューの定義は 5.4.2 項で与えるが，たとえば $R(A, B)$ と $S(A, B)$ を和両立なバッグとしたとき，R と S の加法和ビュー V は $V(A, B) = S(A, B) \uplus R(A, B)$ と定義される．ここに，$\uplus$ は加法和を表すバッグ代数演算で，これはリレーショナル代数にはないバッグ代数に特有の演算である．理論上，リレーショナルビューはバッグビューの特殊な場合となるが，まずリレーショナルビューを念頭におき，その更新可能性を規定し，それに基づきリレーショナルビューの更新可能性を論じ（5.3 節），そしてそれが拡張される形でバッグビューの更新可能性を論じる（5.4 節）方がビューサポート理論の全貌を見通しやすいと考えられるのでそのような展開とする．なお，ビューと言う用語はリレーショナルビューとバッグビューを包括的に指す言葉ではあるが，歴史的に見てリレーショナルビューの更新可能性がバッグビューのそれに先行して研究され，その積み重ねも非常に大きいことから，以下，特に断らない限り，**ビューと言えば第一義的にはリレーショナルビューを指す**として議論を進める．

5.2.2　ビューの更新とは

ビューの更新（update）とは，ビューは仮想的な構成体（construct）であるにも関わらず，あたかも実リレーションであるかのように捉えてビューを更新しようとすることをいう．しかしながら，ビューには実体がないことから更新できる場合もあればできない場合もある．

●ビューの更新

更新には，削除（delete），挿入（insert），書換（rewrite）がある．まず，削除と挿入を定義する．ここに dom(V) はビュー V のドメインを表す．ドメインの定義は以下に示す．

削除（$\boldsymbol{d}$）：delete $\sigma_\varphi(V)$ from V; ここに φ は dom(V) の元を引数とする述語である．

挿入（$\boldsymbol{i}$）：insert X into V; ここに $X \subseteq \mathrm{dom}(V)$ とする．

ビューの削除と挿入をリレーショナル代数演算の差（$-$），選択（σ），和（$\cup$）を使って表現すると次の通りである．ここに，$\leftarrow$ はリレーションの置換を表す．

- 削除（$\boldsymbol{d}$）は，リレーショナル代数表現で表せば $\boldsymbol{d}: V \leftarrow V - \sigma_\varphi(V)$ と定義するということである．ここに，$-$ は差を，φ は V に対する選択条件を表す．
- 挿入（$\boldsymbol{i}$）は，リレーショナル代数表現で表せば $\boldsymbol{i}: V \leftarrow V \cup X$ と定義するということである．ここに，$\cup$ は和を表す．

続いて，書換を定義するが，「書換は削除と挿入の系列」と定義する．つまり，書換の対象となったタップル群をまず削除し，続いて書き換えられたタップル群を挿入する操作と定義する．

書換（$\boldsymbol{r}$）：begin; delete $\sigma_\varphi(V)$ from V; insert $\sigma_\psi(\mathrm{dom}(V))$ into V; end; ここに，ψ は $\sigma_\varphi(V)$ の削除後に書換 $\boldsymbol{r}$ の意図を反映して $V - \sigma_\varphi(V)$ に和（$\cup$）で挿入されるべきタップル群を dom(V) から選択する演算を表している．

なお，バッグビューの更新の定義は 5.4.3 項で与えるが，上記に準じている．

●ビューのドメイン

ビューのドメインについて説明する．ビューは一般に実リレーションを用いて再帰的に定義されるが（定義 5.3），ビューを $V(A_{1'}, A_{2'}, \ldots, A_{r'})$，ここに $A_{1'}, A_{2'}, \ldots, A_{r'}$ は V を定義する**基底リレーション**（underlying relation）に現れる属性，とするとき，V のドメイン，これを dom(V) と書く，は $\mathrm{dom}(A_{1'}) \times \mathrm{dom}(A_{2'}) \times \cdots \times \mathrm{dom}(A_{r'})$ そのものではなく，ビュー定義を満たすその部分集合と定義する．例えば，リレーション 社員 (社員番号, 給与) $= \{(1,10),(2,20),(3,30)\}$ を基底リレーションとし，社員に選択 $\sigma_{給与 \leqq 20}$ を施して得られる選択ビューを 貧乏社員 $= \sigma_{給与 \leqq 20}$(社員) $= \{(1,10),(2,20)\}$[†1]

[†1] ビューは定義だけが存在し実体を伴わないので，あたかも実体があるかのような誤解を与えかねない 貧乏社員 $= \{(1,10),(2,20)\}$ という表現は適切でないが，どのようなビューなのかをイメージする一助となればとの思いでこのように表現している．以下，同様．

と定義したとき，dom(貧乏社員) = dom(社員) ではなく，dom(貧乏社員) = $\sigma_{給与 \leqq 20}$(dom(社員)) と定義するということである．

選択ビュー以外のビューのドメインの例を幾つか示せば次の通りである．

$V = R$ ならば $\mathrm{dom}(V) = \mathrm{dom}(R)$ である．R と S を和両立とするとき和ビュー $V = R \cup S$，差ビュー $V = R - S$，そして共通ビュー $V = R \cap S$ のドメインは $\mathrm{dom}(V) = \mathrm{dom}(R) = \mathrm{dom}(S)$ である．直積ビュー $V = R \times S$ のドメインは $\mathrm{dom}(V) = \mathrm{dom}(R) \times \mathrm{dom}(S)$ である．リレーション $R(A_1, A_2, \ldots, A_n)$ の属性集合 X ($\subseteq \Omega_R$)，ここに $\Omega_R = \{A_1, A_2, \ldots, A_n\}$，上の射影ビュー $V = \pi_X(R)$ のドメインは，$X = \{A_{1'}, A_{2'}, \ldots, A_{r'}\}$，ここに $1 \leqq 1' \leqq 2' \leqq \cdots \leqq r' \leqq n$ として，$\mathrm{dom}(V) = \mathrm{dom}(A_{1'}) \times \mathrm{dom}(A_{2'}) \times \cdots \times \mathrm{dom}(A_{r'})$ である．$R(A, B)$ と $S(B, C)$ の θ-結合ビュー $V(A, R.B, S.B, C) = R \bowtie_{R.B=\theta S.B} S$ のドメインは $\mathrm{dom}(V) = \sigma_{R.B\theta S.B}(\mathrm{dom}(A) \times \mathrm{dom}(R.B) \times \mathrm{dom}(S.B) \times \mathrm{dom}(C))$ である．$R(A, B)$ と $S(B, C)$ の自然結合ビュー $V(A, R.B, C) = R \bowtie S$ のドメインは $\mathrm{dom}(V) = \pi_{\{A,R.B,C\}}(\sigma_{R.B=S.B}(\mathrm{dom}(A) \times \mathrm{dom}(R.B) \times \mathrm{dom}(S.B) \times \mathrm{dom}(C)))$ である．

リレーショナル代数演算を複合して適用して定義される一般的ビュー，たとえば，リレーション $R(A, B, C)$ の選択と射影で定義されるビュー $V = \pi_{\{A,B\}}(\sigma_{C=c}(R))$ のドメインは $\mathrm{dom}(V) = \mathrm{dom}(A) \times \mathrm{dom}(B)$ である．これは，中間ビュー $V_1 = \sigma_{C=c}(R)$ のドメインは $\mathrm{dom}(V_1) = \mathrm{dom}(A) \times \mathrm{dom}(B) \times \sigma_{C=c}(\mathrm{dom}(C))$ であるが，V のドメインは $\mathrm{dom}(V_1)$ の $\{A, B\}$ 上の射影をとって定義されているのでそうなる．このようにビューのドメインはいずれもビュー定義と表裏一体の関係で定義される．

● ビュー定義と更新の両立則

では，なぜビュー $V(A_{1'}, A_{2'}, \ldots, A_{r'})$ のドメインを $\mathrm{dom}(A_{1'}) \times \mathrm{dom}(A_{2'}) \times \cdots \times \mathrm{dom}(A_{r'})$ そのものではなくビュー定義を満たすその部分集合と定義したのか，そして，なぜビューからのタップル群の削除や挿入を，削除ではビュー V から探索条件 φ を満たすタップル集合 $\sigma_\varphi(V)$ を削除する，挿入では V に $\mathrm{dom}(V)$ の部分集合 X を和（union）する，と定義したのか，それらの理由を以下に説明する．

まず，削除について考察すると，上で定義したビュー 貧乏社員 $= \{(1, 10), (2, 20)\}$ に対して delete $\{(3, 30)\}$ from 貧乏社員 というような削除が発行されたときどう対処するかという問題である．給与が 30 の社員は貧乏社員ではないので，そもそもこのような削除要求がビュー 貧乏社員 に対して発行されるべきではないとも考えられるが，もし削除されるべきタップル集合に対して何らの制約も設けないなら，このような削除を発行することが許されてしまう．しかしながら，delete σ_φ(貧乏社員)

from 貧乏社員 と削除を定義すると $(3,30)$ が貧乏社員の元になり得ることはないので，上記の削除要求を排除できる．別の切り口では，$\boldsymbol{d} = \mathrm{delete}\{(2,20)\}$ from 貧乏社員 が発行されたとき，この要求は $(2,20) \in$ 貧乏社員 なので受け付けなければならないが，この削除を実現するには $\boldsymbol{d}$ を $T(\boldsymbol{d}) = \mathrm{delete}\{(2,20)\}$ from 社員 に変換してもよいが，社員番号 2 の社員タップル $(2,20)$ を 給与 > 20 となるような適当なタップル，例えば $(2,50)$ に書き換えても $\boldsymbol{d}$ を実現できることに注意すべきである．そうなると，ビュー更新変換の候補は少なくとも 2 個あり，変換の一意性に抵触してしまい「選択ビューは削除不可能」ということになってしまう．しかしながら，削除を上で示したように差（$-$）を使用して $V \leftarrow V - \sigma_{\varphi}(V)$ と定義すれば，挿入を伴う上記の書換という候補は俎上に上がらず，変換の一意性を保証できて「選択ビューは削除可能」となる（詳しいビューの更新可能性の議論は 5.3 節）．

次に，挿入であるが，ビュー 貧乏社員 $= \sigma_{給与\leqq 20}$(社員) への挿入を考えてみると，dom(貧乏社員) $=$ dom(社員番号) $\times$ dom(給与) $=$ dom(社員) と定義したのでは，insert $\{(4,40)\}$ into 貧乏社員 といった挿入要求の発行を許してしまう．この挿入は，給与が 40 の社員番号 4 の社員をビュー 貧乏社員 に挿入して欲しいと要求しているが，そもそも貧乏社員の定義は給与が 20 以下なので，この挿入要求はビュー定義を無視しており，この要求は受け付けなくてよいとも考えられるが，dom(貧乏社員) $=$ dom(社員) ではこの要求を受け付けざるを得ない．しかしながら，貧乏社員のドメインを dom(貧乏社員) $=$ dom(社員番号) $\times\ \sigma_{給与\leqq 20}$dom(給与) $= \sigma_{給与\leqq 20}$dom(社員) と定義すれば，$(4,40) \in$ dom(貧乏社員) ではないので，上記のような挿入要求を拒否できる．

書換は削除と挿入の系列と定義されたが，社員番号 1 の貧乏社員の給与 10 を 3 倍増の 30 に書き換えたいという要求が発行されたとする．この要求を実現しようとすると，まず $(1,10)$ をビュー 貧乏社員 から削除し，続いて $(1,30)$ を貧乏社員に挿入するという操作に変換されることになるが，前者は問題ないものの，後者は上記の挿入の場合と同じ問題に遭遇してしまう（この書換は本来ビュー 貧乏社員 に発行されるのではなく，基底リレーション 社員 に直接発行されるべき要求であろう）．

つまり，上で与えたビューの更新（= 削除，挿入，書換）の定義は，ビューにはビュー定義に抵触しない更新が発行されるべきであるという制約を構文的・意味的に表現しているということである．そこで，この制約を**ビュー定義と更新の両立則**，以下，簡単に**両立則**，と呼ぶことにする．換言すれば，本書ではビューの更新にあたっては両立則を遵守する，つまり，ビューの更新問題を両立則の下で議論するということである．

なお，SQL では，その最初の規格である SQL-87 以来，ビュー定義で WITH CHECK OPTION を選択できるように規格化されている（5.5 節）．このオプションを選択すると，ビュー定義に合わない行を挿入したり，書き換えた結果がビュー定義に合わないようなビューの行の書換は受け付けられなくなる．したがって，このオプションの選択は「ビュー更新は両立則を遵守して行う」と宣言したことと同義と考えられる．

5.2.3　ビューの更新可能性

一般にビューは仮想的な構成体なので，実リレーションと異なり，全てのビューが更新可能とは限らない．では，ビューは一体どのようなときに更新可能となるのか，それを U. Dayal ら[4] が与えた定義を参考にして規定すると次のようになる．ここに，データベーススキーマを $\boldsymbol{S}$，時刻 τ におけるデータベース状態を S_τ（つまり，S_τ は時刻 τ における $\boldsymbol{S}$ のインスタンス），ビュー定義を $\boldsymbol{V}$ で表すと，時刻 τ におけるビュー（状態）は V_τ（$= \boldsymbol{V}(S_\tau)$）である．

［定義 5.1］（ビューの更新可能性） 時刻 τ におけるビュー V_τ への更新 $\boldsymbol{u}$ が**変換可能**(translatable) であるとは，$\boldsymbol{u}$ の V_τ から S_τ への**変換**(translation) T が存在して，次の条件を満たすときをいう．

(1) 変換 T は一意（unique）である．

(2) V_τ に副作用がない（no side effect）．

(3) $T(\boldsymbol{u})$ には S_τ に対する余計な更新がない（no extraneous update）．

(4) $T(\boldsymbol{u})$ はデータベーススキーマ $\boldsymbol{S}$ の一貫性制約に抵触しない．

以下，定義 5.1 を補足する．

(1)　一　意　性

更新可能性の大前提である変換に「一意性」を課したことは，変換 T に代替案があったときにその選択基準を設けられないためである．たとえば，リレーション $R(A,B) = \{(1,2)\}$ と $S(B,C) = \{(2,3)\}$ の自然結合ビュー $V = R \bowtie S$ が定義されていて，V に対して削除 $\boldsymbol{d} = \text{delete}\ \{(1,2,3)\}\ \text{from}\, V;$ が発行されたとする．このとき，この削除を実現できる $\boldsymbol{d}$ の変換は次に示す 3 つ考えられる．

$$T_1(\boldsymbol{d}) = \text{delete}\ \{(1,2)\}\ \text{from}\, R;$$

$$T_2(\boldsymbol{d}) = \text{delete}\ \{(2,3)\}\ \text{from}\, S;$$

$$T_3(\boldsymbol{d}) = \text{begin; delete}\ \{(1,2)\}\ \text{from}\, R; \text{delete}\ \{(2,3)\}\ \text{from}\, S; \text{end;}$$

注意するべきは，$T_1(\boldsymbol{d}) \sim T_3(\boldsymbol{d})$ の持つ削除の意味がそれぞれ異なるということである．意味が異なるということは勝手な選択はデータベースの一貫性に問題を生じさせかねないということである．サイコロを振ってどれかにするというようなことは許されない.「一意性」はデータベースの一貫性維持のために必要な制約である．

(2)　副作用がない

「副作用がない」とは**図 5.1** に示す可換図式が成立することをいう．副作用が生じる例としては，2つのリレーションを $R(A,B)=\{(1,1)\}$，$S(C,D)=\{(1,1)\}$ として，$V=R\times S=\{(1,1,1,1)\}$ を直積ビューとし，V に対して挿入 $\boldsymbol{i}=\text{insert } \{(2,2,2,2)\} \text{ into} V;$ が発行されたとする．$\boldsymbol{i}$ を R と S への挿入の系列 $T(\boldsymbol{i})=\text{begin}; \text{insert } \{(2,2)\} \text{ into} R; \text{insert } \{(2,2,)\} \text{ into} S; \text{end};$ に変換すれば，確かに $(2,2,2,2)$ が V に挿入されるが，同時に $(1,1,2,2)$ と $(2,2,1,1)$ が V に出現してしまう．これを副作用といい，それは意図した更新ではなかったので，その発生の源となった挿入 $\boldsymbol{i}$ を上記のように変換することは許されないということである．

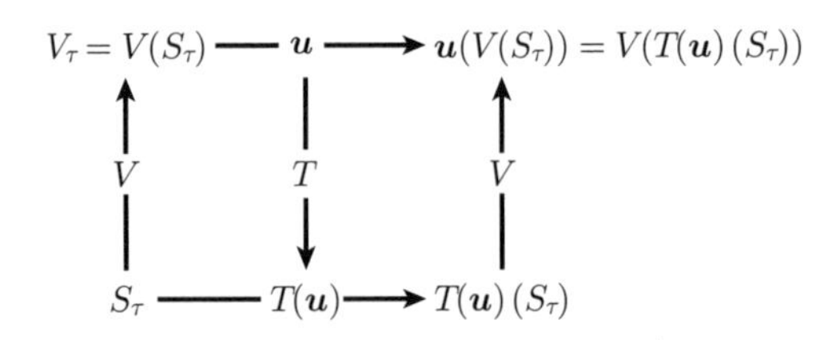

図 5.1　時刻 τ においてビュー更新要求 $\boldsymbol{u}$ が変換可能であることを示す可換図式

(3)　余計な変換がない

S_τ に対する「余計な変換がない」とは，たとえば，リレーション 社員 (社員番号, 社員名, 給与, 部門) $=$ {(001, 山田太郎, 50, K55), (002, 鈴木花子, 40, K41), (003, 田中桃子, 60, K41), (004, 佐藤一郎, 40, K55)}，ここに社員番号は社員の主キーとする，の射影ビュー $V=\pi_{\{\text{社員番号, 社員名}\}}$社員 $=$ {(001, 山田太郎), (002, 鈴木花子), (003, 田中桃子), (004, 佐藤一郎)} に挿入 $\boldsymbol{i}=$ insert {(007, ボンド)} into V; が発行されたとき[†2]，$\boldsymbol{i}$ をリレーション 社員 に対する挿入 $T(\boldsymbol{i})=$ insert {(007, ボンド, null, null)} into 社員; ここに null は属性に値がないことを表す，に変換すれば問題は生じないが，そうではなく，たとえば，$T'(\boldsymbol{i})=$ insert {(007, ボンド, 100, null)} into 社員; とすると，これで確かに射影ビュー V に (007, ボンド) が

[†2] 射影ビューはキー保存のとき挿入可能である（5.3.2(10) 項）.

挿入されるが，基底リレーション 社員 にはボンドの給与が 100 であるという余計な値が挿入されることになり，これは許さないということである．

(4)　データベーススキーマの一貫性制約に抵触しない

「データベーススキーマの一貫性制約に抵触しない」の意味するところは次の通りである．時刻 τ でビュー V に対して発行された更新 $\boldsymbol{u}$ に対して，条件 (1)〜(3) を満たす更新変換 $T(\boldsymbol{u})$ が存在したとする．このとき，時刻 τ におけるデータベース状態を S_τ で表すと，S_τ は $T(\boldsymbol{u})$ で更新されないといけないわけであるが，この更新がデータベーススキーマ $\boldsymbol{S}$ に課せられている一貫性制約に抵触してはならないということである．

一貫性制約は多様である．キー制約は全てのリレーションに課せられている一貫性制約であるが，データベース化の対象となった実世界に存在する意味的制約を反映した一貫性制約もある．たとえば，リレーションスキーマ ***社員***(<u>社員番号</u>, 社員名, 給与, 部門) について，「各部門には最低 2 名の社員が所属していなけらばならない」という一貫性制約が課せられていたとする．そして，ビュー「K55 社員」を K55 社員 $= \sigma_{部門=K55}$(社員) と定義したとする．このとき，ビュー K55 社員 に対して 1 名の K55 社員 を削除する操作が発行されたとする．ビュー K55 社員 は選択ビューなので，それに対して発行された削除はそのまま基底リレーションであるリレーション 社員 の削除に変換可能である（5.3.2(11) 項）．しかしながら，もし K55 社員 が 2 名しかいなかった場合，この削除は「各部門には最低 2 名の社員が所属していなけらばならない」というリレーションスキーマ ***社員*** の一貫性制約に抵触するので受け付けてはならない．これが条件 (4) の意味するところである．

しかしながら，条件 (4) はビューに特有の条件ではないことに注意する必要がある．たとえば，上記のリレーションスキーマ ***社員*** に上記と同じ一貫性制約が課せられていれば，この制約は ***社員*** のいかなるインスタンスとしてのリレーション 社員 に（ビューを通してではなく）直接更新がかけられたときにもそれに抵触してはならない制約である．したがって，条件 (4) を特段にビューの更新可能性の条件として課するべきではないと捉え，<u>ビューへの更新は定義 5.1 の条件 (1)〜(3) を満たすとき，変換可能と定義する</u>．

なお，ビュー V_τ への更新 $\boldsymbol{u}$ が変換可能（translatable）であるとき，ビュー V_τ は（$\boldsymbol{u}$ に関して）**更新可能**（updatable）であるともいう．

5.2.4　スキーマレベル vs. インスタンスレベルアプローチ

リレーショナルデータモデルにはリレーションスキーマとそのインスタンスという概念区分がある．時間的に不変なリレーションの構造が**リレーションスキーマ**

(relation schema) で，一般に時間と共に変化するコンテンツとしてのリレーションがリレーションスキーマの**インスタンス** (instance) である．そして，両方の関係性は次の通りである[5]．

> 「リレーションスキーマ $\boldsymbol{R}$ である性質 P が成り立つということは，$\boldsymbol{R}$ の全てのインスタンス R に対してその性質 P が成り立つとき，及びそのときのみである」

たとえば，リレーションスキーマ ***社員***(社員番号, 社員名, 給与, 部門) があったとき「社員番号が ***社員*** のキーである」という性質は，リレーションスキーマ ***社員*** の全てのインスタンス 社員 に対して次が成立することである．ここに，t[社員番号] はタップル t の属性である社員番号がとる値を表し，⇒ は含意 (if ... then) を表す．

$$(\forall t, t' \in \text{社員})(t[\text{社員番号}] = t'[\text{社員番号}] \Rightarrow t = t')$$

さて，先に与えた定義 5.1 はビューの更新可能性をインスタンスレベルで規定している．しかしながら上記の観点から定義 5.1 で与えられたビューの更新可能性の定義を見直すと，ビューの更新可能性を定義通りにインスタンスレベルで規定することはもちろんできるが，スキーマレベルで規定することも可能であることが分かる．どちらのアプローチをとるべきなのか，素朴な疑問に直面してしまう．

しかしながら，これまで行われてきたビューの更新可能性の議論に目を向けてみると，この問題は理論的にも実践的にもスキーマレベルで議論されてきた．なぜであろうか？ その理由は，スキーマレベルで規定することにより，与えられたビューの更新可能性をリレーショナル DBMS が検証するにあたり，検証を**テーブル参照** (table lookup) で行えるからである．つまり，ビューの更新可能性をスキーマレベルで規定しておくと，基本的ビューの更新可能性を予(あらかじ)めメタデータとしてカタログに登録しておけば，一般的ビューが与えられたとき，それが更新可能かどうかは，そのビュー定義を構文解析して，その構文解析木のノードに 1 つでも更新不可能とされる基本的ビュー定義があれば，その時点でその一般的ビューは更新不可能と判定できるからである．たとえば，「直積ビューは削除不可能」とカタログに登録されていれば，一般的ビューの定義に直積が用いられていることを見つけた時点で，このビューは削除不可能と判定できる．これはビュー更新をサポートしようとするリレーショナル DBMS にとっては負荷が少なくとても嬉しく映るはずである．実際，現在のプロプライエタリあるいは OSS のリレーショナル DBMS の全てはこのアプローチに基づいている．

一方，もしビューの更新可能性をインスタンスレベルで判定すると状況は一変する．何が変わるのかと言えば，スキーマレベルで更新不可能とされるビューがインスタンスレベルでは状況により更新可能となるということである．つまり，更新可能なビューが増えるということである．たとえば，リレーション $R(A,B)$ と $S(B,C)$ の自然結合ビュー定義 $V = R \bowtie S$ の更新可能性は，スキーマレベルのアプローチでは「結合ビューは更新不可能だから V は更新不可能」となってしまうが，インスタンスレベルのアプローチではそうはならず，「この自然結合ビュー V に対して発行されたこの更新 $\boldsymbol{u}$ は変換可能か否か」をケースバイケースで検証していく．したがって，インスタンスレベルのアプローチをとるとリレーショナル DBMS の負荷は増大するもののクライアントにとっては更新できるビューが却下されてしまうことが少なくなるので福音となる．つまり，ビューの更新可能性をスキーマレベルで規定するのかインスタンスレベルで規定するのかは処理コストと更新可能性のトレードオフということになる．筆者らが考案した「更新意図の外形的推測に基づいたビューの更新可能性」はインスタンスレベルの考え方に基づいたビュー更新の新しいアプローチである．興味を抱いた読者は是非，拙著論文[6],[7] にあたっていただきたい．

このように，ビューサポートには 2 つのアプローチがあるが，本章ではこれまで数多く議論されてきたスキーマレベルアプローチに基づいたビューサポートの基礎理論の詳細を示す．

5.3　ビューの更新可能性

5.3.1　ビューの定義

● リレーショナル代数

ビューはリレーショナル代数を使って定義される．リレーショナル代数は Codd がリレーショナルデータモデルの一環として導入したが，以下に示す演算からなる[1]．

- 和（$\cup$），差（$-$），共通（$\cap$）
- 直積（$\times$）
- 射影（$\pi_X(R)$，ここに $X \subseteq \Omega_R$）
- 選択（$\sigma_\varphi(R)$，ここに φ は $\mathrm{dom}(R)$ 上の選択条件）
- θ-結合（$R \bowtie_{A_i \theta B_j} S$，ここに $A_i \in \Omega_R$，$B_j \in \Omega_S$ で A_i と B_j は θ-比較可能）
- 商（$\div$）

これら 8 つのリレーショナル代数演算の定義を **表 5.1** に示す．

補足をすれば次の通りである．

- リレーション R の全属性集合を $\Omega_R = \{A_1, A_2, \ldots, A_n\}$ としたとき，R は $\mathrm{dom}(R) = \mathrm{dom}(A_1) \times \mathrm{dom}(A_2) \times \cdots \times \mathrm{dom}(A_n)$ の有限部分集合と定義される．
- 述語 $R(t)$ はタップル t がリレーション R の元であるとき，つまり $t \in R$ のと

表 **5.1**　リレーショナル代数演算

演算	定義
和（$\cup$）	$R \cup S = \{t \mid R(t) \vee S(t)\}$，ここに R と S は和両立である．
差（$-$）	$R - S = \{t \mid R(t) \wedge \neg S(t)\}$，ここに R と S は和両立である．
共通（$\cap$）	$R \cap S = \{t \mid R(t) \wedge S(t)\}$，ここに R と S は和両立である．
直積（$\times$）	$R \times S = \{(a_1, a_2, \ldots, a_n) * (b_1, b_2, \ldots, b_m) \mid (a_1, a_2, \ldots, a_n) \in R \wedge (b_1, b_2, \ldots, b_m) \in S\}$
射影（π_X(R)）	$\pi_X(R) = \{u \mid \exists t(R(t) \wedge u = t[X])\}$，ここに $X \subseteq \Omega_R$ とする．
選択（σ_φ(R)）	$\sigma_\varphi(R) = \{t \mid R(t) \wedge \varphi(t)\}$，ここに φ は選択条件，つまり dom(R) の元 t を引数とする述語である．
θ-結合（$R \bowtie_{A_i \theta B_j} S$）	$R \bowtie_{A_i \theta B_j} S = \{(a_1, a_2, \ldots, a_n) * (b_1, b_2, \ldots, b_m) \mid (a_1, a_2, \ldots, a_n) \in R \wedge (b_1, b_2, \ldots, b_m) \in S \wedge a_i \ \theta \ b_j\}$，ここに $A_i \in \Omega_R$，$B_j \in \Omega_S$ で A_i と B_j は θ-比較可能とする．
商（$R \div S$）	$R(A_1, A_2, \ldots, A_{n-m}, B_1, B_2, \ldots, B_m) \div S(B_1, B_2, \ldots, B_m) = \pi_{\{A_1, A_2, \ldots, A_{n-m}\}}(R) - \pi_{\{A_1, A_2, \ldots, A_{n-m}\}}((\pi_{\{A_1, A_2, \ldots, A_{n-m}\}}(R) \times S) - R)$，ここに $m < n$ とする．

き及びそのときのみ真（true，T）となる．

- $\vee$，$\wedge$，$\neg$，$\Rightarrow$，$\Leftrightarrow$ はそれぞれ論理和，論理積，否定，含意（if ... then），必要かつ十分（if and only if）を表す命題結合子である．
- タップル結合演算子 $*$ は $(a_1, a_2, \ldots, a_n) * (b_1, b_2, \ldots, b_m) = (a_1, a_2, \ldots, a_n, b_1, b_2, \ldots, b_m)$ と定義される．
- $R(A_1, A_2, \ldots, A_n)$ と $S(B_1, B_2, \ldots, B_m)$ をリレーションとするとき，それらが和両立（union compatible）であるとは $n = m \wedge \forall i(\mathrm{dom}(A_i) = \mathrm{dom}(B_i))$ が成立しているときをいう．
- $t = (a_1, a_2, \ldots, a_n)$ をリレーション $R(A_1, A_2, \ldots, A_n)$ のタップル，Ω_R の部分集合を $X = \{A_{1'}, A_{2'}, \ldots, A_{\ell'}\}$，$1 \leqq 1' \leqq 2' \leqq \cdots \leqq \ell' \leqq n$ としたとき，t の X 上の射影は $t[X] = (a_{1'}, a_{2'}, \ldots, a_{\ell'})$ と定義される．
- 比較演算子は $\theta \in \{<, \leqq, \neq, =, >, \geqq\}$ とする．
- $A_i \in \Omega_R$，$B_j \in \Omega_S$ で A_i と B_j が θ-比較可能とは $A_i \ \theta \ B_j$ の真（T），偽（F）が常に決まることをいう（3 値論理の場合は，真（T），偽（F），不定（ω）となる）．
- 選択を定義する際に使用される選択条件は次のように再帰的に定義される．ここに，A_i や A_j はリレーション $R(A_1, A_2, \ldots, A_n)$ の属性で，A_i と A_j は θ-比較可能，c を定数，θ を比較演算子とする．

［定義 5.2］（選択条件）
(1) $A_i \, \theta \, c$，$A_i \, \theta \, A_j$ は選択条件である．
(2) φ と ψ を選択条件としたとき，$\neg\varphi$，$\varphi \vee \psi$，$\varphi \wedge \psi$ は選択条件である．
(3) (1) と (2) で定義されるもののみが選択条件である．

選択条件は合成可能である．つまり，リレーション R に対して選択条件 φ を施した結果である $\sigma_\varphi(R)$ に対して，新たな選択条件 ψ を施すと，その結果は $\sigma_\psi(\sigma_\varphi(R))$ となるが，質問変形[3] により $\sigma_\psi(\sigma_\varphi(R)) = \sigma_{\psi\wedge\varphi}(R)$ が成立する．したがって，$\sigma_\psi(\sigma_\varphi(R)) = \sigma_\varphi(\sigma_\psi(R))$ や $\sigma_\varphi(\sigma_\varphi(R)) = \sigma_\varphi(R)$ などが成立する．また，選択条件とリレーショナル代数演算との最も基本的な関係は次の通りである．

- $\sigma_{\varphi\vee\psi}(R) = \sigma_\varphi(R) \cup \sigma_\psi(R)$
- $\sigma_{\varphi\wedge\psi}(R) = \sigma_\varphi(R) \cap \sigma_\psi(R)$
- $\sigma_{\neg\varphi}(R) = R - \sigma_\varphi(R)$

なお，Codd はリレーショナル代数演算として上記のごとく 8 つの演算を導入したが，演算の独立性に着目すると，たとえば，和，差，直積，射影，選択の 5 つはお互いに独立した演算であり，共通，結合，商やその他の演算を，この 5 つで表せることはよく知られていることである．たとえば次の通りである．

- 共通：$R \cap S = R - (R - S)$
- θ-結合：$R \bowtie_{A_i \theta B_j} S = \sigma_{R.A_i \theta S.B_j}(R \times S)$
- 自然結合：
  $R \bowtie S = \pi_{\Omega_R \cup \Omega_{S-\{C_1, C_2, \ldots, C_r\}}}(\sigma_{R.C_1=S.C_1 \wedge R.C_2=S.C_2 \wedge \cdots \wedge R.C_r=S.C_r}(R \times S))$，
  ここに $\{C_1, C_2, \ldots, C_r\} = \Omega_R \cap \Omega_S$
- 左外結合：$R ⟕ S = (R \bowtie S) \cup (R - \pi_{\Omega_R}(R \bowtie S)) \times \{(\text{null}, \ldots, \text{null})\}$
- 右外結合：$R ⟖ S = (R \bowtie S) \cup \{(\text{null}, \ldots, \text{null})\} \times (S - \pi_{\Omega_S}(R \bowtie S))$
- 完全外結合：$R ⟗ S = (R \bowtie S) \cup (R - \pi_{\Omega_R}(R \bowtie S)) \times \{(\text{null}, \ldots, \text{null})\} \cup \{(\text{null}, \ldots, \text{null})\} \times (S - \pi_{\Omega_S}(R \bowtie S))$

更に補足をすると，リレーショナルデータモデルが提案された当初，選択は θ-選択として定義されていたが，その定義は次の通りである．

θ-選択 ($\sigma_{A_i \theta A_j}(R)$)	$\sigma_{A_i \theta A_j}(R) = \{t \mid R(t) \wedge t[A_i] \, \theta \, t[A_j]\}$，ここに $A_i, A_j \in \Omega_R$ で A_i と A_j は θ-比較可能とする．

つまり，θ-選択は選択条件 φ の定義 5.2 の (1) 項の $A_i\ \theta\ A_j$ は選択条件であるという定義から直接導ける．また，上記のように，選択条件は合成可能なので θ-選択を合成した演算が選択ということになる．したがって，両方をいたずらに区別する必要はないが，特に $\varphi = A_i\ \theta\ A_j$ を強調したい場合に θ-選択という，と使い分けをすることにしている．

結合演算には上記のように様々な結合形態があり，それらを峻別(しゅんべつ)するために最も基本的な結合を θ-結合としたと理解すればよい．他の結合は θ-結合を合成していくことで得られる．

● NULL と 3 値論理とビュー

Codd が初めてリレーショナルデータモデルを提案したとき，リレーションの属性が **null**(空, 値がないことを表す) をとることは想定していなかった[1]．そこでは，リレーション $R(A_1, A_2, \ldots, A_n)$ は $\mathrm{dom}(R) = \mathrm{dom}(A_1) \times \mathrm{dom}(A_2) \times \cdots \times \mathrm{dom}(A_n)$ の有限部分集合と定義されるが，各ドメイン $\mathrm{dom}(A_i)$ は単純（simple）である，つまり，integer あるいは文字列からなる集合で，それが null を含むことは想定されていなかったわけで，その結果，リレーショナル代数演算は 2 値論理に基づいて定義できた．

リレーショナルデータモデルに null が導入されたのは, より多くの意味をリレーショナルデータモデルに取り込もうとレーショナルデータモデルを拡張した Codd の 1979 年の論文で，そこで初めて 3 値論理に基づくリレーショナル代数が導入されている[8]．一方, ビューの更新可能性を論じるときには, リレーションやビューの属性が null をとらざるを得ない状況が発生する．たとえば, リレーション $R(\underline{A}, B, C)$, ここに A は主キー, の属性集合 $\{A, B\}$ 上の射影ビュー $V = \pi_{\{A,B\}}(R)$ はキー保存なので, V に対する挿入は変換可能である (5.3.2(10) 項)．たとえば, $\boldsymbol{i} = \text{insert } \{(a, b)\} \text{ into } V;$ は R への挿入 $T(\boldsymbol{i}) = \text{insert } \{(a, b, \text{null})\} \text{ into } R;$ に変換可能である．つまり，リレーション R に当初は属性が null となるタップルが存在しなかったとしても, 何れはそのようなタップルが存在する可能性があるわけである．したがって, ビューサポートの理論ではリレーショナル代数演算は 3 値論理を導入した拡張が前提となる．この導入により影響を受ける演算は選択や θ-結合で，それらは推量 θ-選択（maybe θ-selection）や推量 θ-結合（maybe θ-join）の導入に繋(つな)がっている．定義 5.2 の (1) 項で与えたように $A_i\ \theta\ c$，$A_i\ \theta\ A_j$ は選択条件であるので，これらの述語の値は A_i と A_j が共に null でなければ真か偽をとるが，そうでない場合には「不定」(unknown) をとることとなる．たとえば,「$2 > 3 =$ 偽」であるが「$2 > \text{null} =$ 不定」となる．そうすると，リレーション $R(A_1, A_2, \ldots, A_n)$ の推量 θ-選択は $\sigma_{A_i \theta_\omega A_j}(R) = \{t | R(t) \wedge t[A_i]\ \theta\ [A_j] \text{ IS UNKNOWN}\}$ と定義される．ここに，$t[A_i]\ \theta\ [A_j]$ IS UNKNOWN の

表 5.2 IS ブール演算子真理値表（3 値論理）

IS	TRUE	FALSE	UNKNOWN
真	真	偽	偽
偽	偽	真	偽
不定	偽	偽	真

真理値は **表 5.2** に示される「IS ブール演算子真理値表（3 値論理）」で規定される．たとえば，属性に null を許容したリレーションを $R(A,B,C) = \{(1,5,3),(2,3,8),(3,2,\mathrm{null}),(4,\mathrm{null},6),(5,\mathrm{null},\mathrm{null})\}$ とすれば，$\sigma_{B>C}(R) = \{(1,5,3)\}$ であるが，$\sigma_{B>_\omega C}(R) = \{(3,2,\mathrm{null}),(4,\mathrm{null},6),(5,\mathrm{null},\mathrm{null})\}$ となる．なお，推量 θ-結合は推量 θ-選択を用いて，推量 θ-結合は $R \bowtie_{A_i\theta_\omega B_j} S = \sigma_{R.A_i\theta_\omega S.B_j}(R \times S)$ と定義できる．

このように，ビューサポートでは null を導入した 3 値論理に基づいた論理展開が必要となるが，**表 5.1** のリレーショナル代数演算の選択や θ-結合の定義には推量 θ-選択や推量 θ-結合が陽には表れていない．もちろん，それらを許すように**表 5.1** を拡張できるが，**表 5.1** にそれらを明示していないのは，もっぱら 2 値論理のリレーショナル代数演算の下でビューの更新可能性を論じることにより，ビューサポートの議論全体の見通しを良くしようと考えたからである．しかしながら，null を扱わないといけない状況に直面したときには，3 値論理に従って思考する必要がある．たとえば，リレーション $R(A_1, A_2, \ldots, A_n)$ の属性 A_i と A_j 上の θ-選択ビュー V は 3 値論理では $V = \sigma_{A_i\theta A_j}(R) = \{t|R(t) \wedge t[A_i]\ \theta\ [A_j]\ \ \mathrm{IS\,TRUE}\}$ と定義されるが，これは 2 値論理での $V = \sigma_{A_i\theta A_j}(R) = \{t|R(t) \wedge t[A_i]\ \theta\ [A_j]\}$ と同値である．一方，R の属性 A_i と A_j 上の推量 θ-選択ビュー V は $V = \sigma_{A_i\theta_\omega A_j}(R) = \{t|R(t) \wedge t[A_i]\ \theta\ [A_j]\ \ \mathrm{IS\,UNKNOWN}\}$ と定義され，3 値論理に従う．より具体的には，上記のリレーション $R(A,B,C) = \{(1,5,3),(2,3,8),(3,2,\mathrm{null}),(4,\mathrm{null},6),(5,\mathrm{null},\mathrm{null})\}$ の属性 B と C 上の「推量大なり（$>$）選択ビュー V」は $V = \sigma_{B>_\omega C}(R) = \{(3,2,\mathrm{null}),(4,\mathrm{null},6),(5,\mathrm{null},\mathrm{null})\}$ となるが，B 上の「推量以下（$\leqq$）演算」を使った削除 $\boldsymbol{d} = \mathrm{delete}\ \sigma_{B\leqq_\omega 10}(V)\ \mathrm{from}\, V;$ が発行されたとすると，$\boldsymbol{d}$ は $T(\boldsymbol{d}) = \mathrm{delete}\ \sigma_{B\leqq_\omega 10}(R)\ \mathrm{from}\, R;$ と基底リレーション R に変換可能で，R から $\{(4,\mathrm{null},6),(5,\mathrm{null},\mathrm{null})\}$ が削除され，その結果 $V = \{(3,2,\mathrm{null})\}$ となり，所望の削除が実現されていることが分かる．このような拡張はバッグ代数についても同様である．

● リレーショナル代数表現としてのビュー

リレーショナルデータベースに対する質問はリレーショナル代数表現（relational algebra expression）として記述できるが，ビューは質問によって定義される仮想的リレーションなので，ビューはレーショナル代数表現を使って再帰的に定義することができる．それを定義5.3に与える．リレーショナル代数演算の独立性から，和，差，直積，射影，選択の5つの演算を使ってビューを定義している．実リレーションとはデータベースに格納されているリレーションのことをいう．

[定義 5.3]（ビュー）

(1) 実リレーション R はビューである．

(2) V_1 と V_2 を和両立なビューとするとき，それらの和 $V_1 \cup V_2$ はビューである（和ビュー）．

(3) V_1 と V_2 を和両立なビューとするとき，それらの差 $V_1 - V_2$ はビューである（差ビュー）．

(4) V_1 と V_2 をビューとするとき，それらの直積 $V_1 \times V_2$ はビューである（直積ビュー）．

(5) V をビューとするとき，その射影 $\pi_X(V)$ はビューである（射影ビュー）．

(6) V をビューとするとき，その選択 $\sigma_\varphi(V)$ はビューである（選択ビュー）．

(7) (1)〜(6) で定義されるもののみがビューである．

ビューを定義するときに使われる実リレーションをそのビューの**基底リレーション**（underlying relation）というが，基底リレーションを使って(1)〜(6)項の何れかの演算を1度だけ使用して定義されるビューを**基本的ビュー**（basic view），定義5.3の(1)〜(6)項で定義された演算を再帰的に適用して定義されるビューを**一般的ビュー**（general view）ということにする．この定義に従えば，（定義5.3では陽には出現しなかった）共通ビュー，結合ビュー，商ビュー，外結合ビューなどが一般的ビューとして定義されることになる．ちなみに，$R(A, B, C)$，$S(B, D)$ をリレーションとしたとき，連言質問（conjunctive query）として定義されるビュー $V = \pi_{\{R.A, R.B\}}(\sigma_{C=c}(R) \bowtie_{R.B=S.B} \sigma_{D=d}(S))$ は一般的ビューの典型である．なお，テーブルにタップルの重複出現を許しているSQLではavg, count, max, min, sumといった集約（aggregation）が有効であるが，リレーションは重複タップルの出現を許していないのでSQLほどの有効性はないと考えて，リレーショナル代数表現としてビューを定義する際には集約関数は特段に考慮していない．

●ビューとデータベースの一貫性制約

ビューは定義だけが存在していて実体がない．敢えてビューをイメージするのであれば，ビューをマテリアライズ（materialize，実体化する）してマテリアライズドビューを作成するぐらいである．

さて，実体を伴わないビュー定義であるが，その定義は強力であって定義 5.3 で与えたようにあらゆる質問をビューとすることができる．ただ，ここで注意しないといけないことは，たとえば，定義 5.3 の (1) 項より「実リレーション R はビュー V である」と定義できるが，V と R は決して同一ではないということである．SQL の表現を用いれば，SELECT $*$ FROM R という問合せをビュー V と定義したということである．どういうことかというと，$R(A_1, A_2, \ldots, A_n)$ としたときビュー V は $V(A_1, A_2, \ldots, A_n)$ と書けて，V をマテリアライズすればインスタンスとしての R と V は同一ではあるものの，R をインスタンスとするリレーションスキーマ $\boldsymbol{R}(A_1, A_2, \ldots, A_n)$ に定義されている一貫性制約は V では定義されていないということである．実リレーション R とビュー V とのこの差異をどのように解釈するべきかであるが，ビュー更新はビューを更新すると言えども，あくまでそのビューを定義している基底リレーション（群）への更新要求の受付窓口であって，そのビュー更新がデータベースの一貫性制約に抵触するのかしないのかは変換された更新要求がそれに抵触するのかしないのかであると捉えるということである．

以下，実リレーション R がビュー V であることを $V = R$ と表示したり，実リレーション R と S の和ビュー V を $V = R \cup S$ と表示したりするが，「=」（等号）の意味は上記のごとく，単に右辺に記した質問を左辺（= ビュー）としたということであって，決してリレーションスキーマとしての同一性を表現しているものではないことに注意する．この議論はバッグビューに対しても全く同様に成立する．

5.3.2　基本的ビューの更新可能性

表 5.3 に「基本的ビューの更新可能性」を「ビュー定義と更新の両立則」（5.2.2 項）の遵守を前提とし，それをスキーマレベルで検証した結果を示す（ここでは，分

表 5.3　基本的ビューの更新可能性

	和（∪）	差	共通	直積	射影	選択	結合	商
削除	○	×	×	×	○	○	×	×
挿入	×	○	○	×	○ †	○	×	×
書換	×	×	×	×	○ †	○	×	×

○：更新可能，　×：更新不可能，　†：キー保存

かりやすさのために Codd が導入した8つのリレーショナル代数演算で定義されるビューを基本的ビューとしている）．行列値の○は更新可能，×は更新不可能を表す．†はキー保存という条件を表している．

以下，**表 5.3** が得られた論拠を示すが，証明の要点は，「ビュー定義と更新の両立則」の遵守に加えて，ビューの更新可能性をスキーマレベルで論じているので，更新可能であることを示すには全てのインスタンスに対して更新可能であることを示す必要があること，一方で，更新不可能を示すにはそのようなインスタンスと更新の組合せを1例示せばよいということである．

(1)　和ビューは削除可能

R と S を和両立なリレーション，$V = R \cup S$ を和ビューとする．

V に対して削除 $\boldsymbol{d} = \text{delete } \ \sigma_\varphi(V) \ \text{ from } V;$ が発行されたとする．ここに φ は探索条件である．削除の定義は $V \leftarrow V - \sigma_\varphi(V)$ なので，この削除を表す論理式は次の通りである．

$$\forall t(t \in \sigma_\varphi(V) \Rightarrow \neg V(t))$$

つまり，$\varphi(t) =$ 真 となる V のタップル，即ち $\sigma_\varphi(V)$ のタップル，は（削除後は）V のタップルであってはいけないと言っている[†3]．

一方，$V = R \cup S$ なので $t \in \sigma_\varphi(V) \Leftrightarrow t \in \sigma_\varphi(R \cup S) \Leftrightarrow t \in \sigma_\varphi(R) \vee t \in \sigma_\varphi(S)$ である．したがって，$t \notin \sigma_\varphi(V) \Leftrightarrow t \notin \sigma_\varphi(R) \wedge t \notin \sigma_\varphi(S)$ である．

つまり，「$\boldsymbol{d}$ を実現するためには，R から探索条件 φ を満たすタップルを全て削除しかつ S からも探索条件 φ を満たすタップルを全て削除することが必要かつ十分である」と言っている．このとき，$(R - \sigma_\varphi(R)) \cup (S - \sigma_\varphi(S)) = (R \cup S) - (\sigma_\varphi(R) \cup \sigma_\varphi(S)) = V - \sigma_\varphi(R \cup S) = V - \sigma_\varphi(V)$ が成り立つ．したがって，$\boldsymbol{d}$ を実現するための必要かつ十分条件は $\boldsymbol{d}$ を $T(\boldsymbol{d})$ に変換することである．

$$T(\boldsymbol{d}) = \text{begin; delete } \ \sigma_\varphi(R) \ \text{ from } R; \text{delete } \ \sigma_\varphi(S) \ \text{ from } S; \text{end;}$$

このことは，特定の R，S，φ に依存することなく成立するので，「和ビューは削除可能である」という命題がスキーマレベルで成立する．なお，T が定義 5.1 の条件 (1)～(3) を満たしていることはその定義から明らかである．

[†3] 本来，ビューは定義だけであって実体が伴っていないので，V のタップルという言い方をおかしく感じるかもしれないが，これは SQL のビュー表（viewed table）に相当する概念で，ビュー定義が実行されたときに得られるであろうリレーションを想定しての表現である．

［例 **5.1**］ $R(A,B)$，$S(A,B)$，$\mathrm{dom}(A) = \mathrm{dom}(B) = \{\mathrm{integer}\}$，$R = \{(1,1),(2,2)\}$，$S = \{(2,2),(3,3)\}$，$V = R \cup S = \{(1,1),(2,2),(3,3)\}$，$\varphi = (A = 2 \land B = 2)$ とする．このとき，$\sigma_\varphi(V) = \{(2,2)\}$ なので，$V - \sigma_\varphi(V) = \{(1,1),(3,3)\}$ であり，一方，$R - \sigma_\varphi(R) = \{(1,1)\}$，$S - \sigma_\varphi(S) = \{(3,3)\}$ なので $(R - \sigma_\varphi(R)) \cup (S - \sigma_\varphi(S)) = \{(1,1)\} \cup \{(3,3)\} = \{(1,1),(3,3)\}$ となり，$\boldsymbol{d} = \mathrm{delete}\ \sigma_\varphi(V)\ \mathrm{from}\, V;$ が $T(\boldsymbol{d}) = \mathrm{begin; delete}\ \sigma_\varphi(R)\ \mathrm{from}\, R; \mathrm{delete}\ \sigma_\varphi(S)\ \mathrm{from}\, S; \mathrm{end};$ により実現できていることが確認できる．

(2) 和ビューは挿入不可能

和ビューは挿入不可能であるインスタンスレベルの反例を 1 つ示せばよい．たとえば，和両立な 2 つのリレーションを $R(A,B) = \phi$，$S(A,B) = \phi$（ここに ϕ は空集合を表す）とすると，$V = R \cup S = \phi$ である．このとき，V に対する挿入 $\boldsymbol{i} = \mathrm{insert}\ \{(1,1)\}\ \mathrm{into}\, V;$ が発行されたとする．挿入の定義は $V \leftarrow V \cup \{(1,1)\}$ なので，この挿入を表す論理式は次の通りである．

$$\forall t(t \in \{(1,1)\} \Rightarrow V(t))$$

一方，$\forall t(V(t) \Leftrightarrow R(t) \lor S(t))$ なので，$\boldsymbol{i}$ を実現する変換 T は 3 つ存在することが分かる．

$$T_1(\boldsymbol{i}) = \mathrm{insert}\ \{(1,1)\}\ \mathrm{into}\, R;$$

$$T_2(\boldsymbol{i}) = \mathrm{insert}\ \{(1,1)\}\ \mathrm{into}\, S;$$

$$T_3(\boldsymbol{i}) = \mathrm{begin; insert}\ \{(1,1)\}\ \mathrm{into}\, R; \mathrm{insert}\ \{(1,1)\}\ \mathrm{into}\, S; \mathrm{end};$$

しかしながら，これら 3 つの変換の存在は変換の一意性に反するので，定義 5.1 より V への挿入 $\boldsymbol{i}$ は変換不可能である．したがって，「和ビューは挿入不可能である」という命題がスキーマレベルで成立する．

(1)，(2) より，「和ビューは書換不可能である」という命題がスキーマレベルで成立する．

(3) 差ビューは削除不可能

差ビューは削除不可能であるインスタンスレベルの反例を 1 つ示せばよい．たとえば，和両立な 2 つのリレーションを $R(A,B) = \{(1,1),(2,2)\}$，$S(A,B) = \{(1,1),(3,3)\}$ とする．このとき，差ビュー $V = R - S = \{(2,2)\}$ である．

そこで，V に対する削除 $\boldsymbol{d} = \text{delete } \sigma_\varphi(V) \text{ from } V$; ここに $\varphi = (A = 2 \wedge B = 2)$，つまり，$\sigma_\varphi(V) = \{(2,2)\}$ が発行されたとする．

削除の定義は $V \leftarrow V - \sigma_\varphi(V)$ なので，この削除を表す論理式は次の通りである．

$$\forall t(t \in \sigma_\varphi(V) \Rightarrow \neg V(t))$$

一方，$\neg V(t) \Leftrightarrow t \notin V \Leftrightarrow t \notin (R - S) \Leftrightarrow t \notin R \vee t \in S$ である．

したがって，$\boldsymbol{d}$ を実現する変換 T が3つ存在することが分かる．

$$T_1(\boldsymbol{d}) = \text{delete } \{(2,2)\} \text{ from } R;$$

$$T_2(\boldsymbol{d}) = \text{insert } \{(2,2)\} \text{ into } S;$$

$$T_3(\boldsymbol{d}) = \text{begin; delete } \{(2,2)\} \text{ from } R; \text{insert } \{(2,2)\} \text{ into } S; \text{end};$$

この3つの変換の存在は変換の一意性に反するので，定義5.1より V への削除 $\boldsymbol{d}$ は変換不可能である．したがって，「差ビューは削除不可能である」という命題がスキーマレベルで成立する．

(4) 差ビューは挿入可能

R と S を和両立なリレーション，$V = R - S$ を差ビューとする．

V に対して挿入 $\boldsymbol{i} = \text{insert } X \text{ into } V$; ここに $X \subseteq \text{dom}(R)$，が発行されたとする．挿入の定義は $V \leftarrow V \cup X$ なので，この挿入を表す論理式は次の通りである．

$$\forall t(X(t) \Rightarrow V(t))$$

一方，差ビューの定義より，$\forall t(V(t) \Leftrightarrow R(t) \wedge \neg S(t))$ である．

したがって，挿入に関して次に示す論理式を得る．

$$\forall t(X(t) \Rightarrow R(t) \wedge \neg S(t))$$

つまり，「V に X を挿入するためには，R に X を挿入し S から X を削除しなさい」と言っている．このとき，$(R \cup X) - (S - X) = (R - S) \cup X = V \cup X$ が成り立つ．したがって，$\boldsymbol{i}$ を実現するための必要かつ十分条件は $\boldsymbol{i}$ を $T(\boldsymbol{i})$ に変換することである．

$$T(\boldsymbol{i}) = \text{begin; insert } X \text{ into } R; \text{delete } X \text{ from } S; \text{end};$$

このことは，特定の R，S，X に依存することなく成立するので，「差ビューは挿入可能である」という命題がスキーマレベルで成立する．なお，T が定義5.1の条件(1)〜(3)を満たしていることはその定義から明らかである．

(3)，(4)より，「差ビューは書換不可能である」という命題がスキーマレベルで成立する．

(5) 共通ビューは削除不可能

和両立なリレーション R と S の共通は $R \cap S = R - (R - S)$ であるので，一般的ビューとなる．「差ビューは削除不可能である」という命題がスキーマレベルで成立しているので，「共通ビューは削除不可能である」という命題がスキーマレベルで成立する．

(6) 共通ビューは挿入可能

R と S を和両立なリレーション，$V = R \cap S$ を共通ビューとするとき，それは次のように定義される．

$$\forall t(V(t) \Leftrightarrow (R(t) \land S(t)))$$

そこで，V に対して挿入 $\boldsymbol{i} = \text{insert}\, X\, \text{into}\, V$; ここに $X \subseteq \text{dom}(R)$，が発行されたとする．挿入の定義は $V \leftarrow V \cup X$ なので，この挿入を表す論理式は次の通りである．

$$\forall t(X(t) \Rightarrow V(t))$$

したがって，挿入に関して次に示す論理式を得る．

$$\forall t(X(t) \Rightarrow (R(t) \land S(t)))$$

つまり，「V に X を挿入するためには，R に X を挿入し，かつ S に X を挿入しなさい」と言っている．このとき，$(R \cup X) \cap (S \cup X) = (R \cap S) \cup X = V \cup X$ である．したがって，$\boldsymbol{i}$ を実現するための必要かつ十分条件は $\boldsymbol{i}$ を $T(\boldsymbol{i})$ に変換することである．

$$T(\boldsymbol{i}) = \text{begin; insert}\, X\, \text{into}\, R; \text{insert}\, X\, \text{into}\, S; \text{end};$$

このことは，特定の R，S，X に依存することなく成立するので，「共通ビューは挿入可能である」という命題がスキーマレベルで成立する．なお，T が定義 5.1 の条件 (1)〜(3) を満たしていることはその定義から明らかである．

(5)，(6) より，「共通ビューは書換不可能である」という命題がスキーマレベルで成立する．

(7) 直積ビューは削除不可能

インスタンスレベルでの反例を 1 つ示す．2 つのリレーションを $R(A, B) = \{(1,1)\}$，$S(C, D) = \{(1,1)\}$，直積ビューを $V = R \times S = \{(1,1,1,1)\}$ とする．このとき，V に対して削除 $\boldsymbol{d} = \text{delete}\ \sigma_\varphi(V)\ \text{from}\, V$; ここに $\varphi = (A = 1 \land B = 1 \land C = 1 \land D = 1)$，が発行されたとする．

削除の定義は $V \leftarrow V - \sigma_\varphi(V)$ なので，この削除を表す論理式は次の通りである．

$$\forall t(t \in \sigma_\varphi(V) \Rightarrow \neg V(t))$$

$V = R \times S = \{u * v | u \in R \wedge v \in S\}$ なので，$\neg V(t) \Leftrightarrow t \notin (R \times S) \Leftrightarrow u \notin R \vee v \notin S$，ここに $t = u * v$ とする，である．

一方，$\sigma_\varphi(V) \Leftrightarrow \sigma_\varphi(R \times S) \Leftrightarrow \sigma_{\varphi_1}(R) \times \sigma_{\varphi_2}(S)$，ここに，$\varphi$ は $\Omega_{R \times S} = \Omega_R \times \Omega_S$ 上の選択条件で，$\varphi_1 = \varphi|\Omega_R$ と $\varphi_2 = \varphi|\Omega_S$ はそれぞれ φ を Ω_R と Ω_S 上に制限した探索条件を表す．この例では $\varphi_1 = (A = 1 \wedge B = 1)$，$\varphi_2 = (C = 1 \wedge D = 1)$ である．

したがって，$\boldsymbol{d}$ を実現する変換 T が 3 つ存在することが分かる．

$$T_1(\boldsymbol{d}) = \text{delete } \ \sigma_{\varphi_1}(R) \ \text{ from } R; \text{ここに} \varphi_1 = (A = 1 \wedge B = 1)$$

$$T_2(\boldsymbol{d}) = \text{delete } \ \sigma_{\varphi_2}(S) \ \text{ from } S; \text{ここに} \varphi_2 = (C = 1 \wedge D = 1)$$

$$T_3(\boldsymbol{d}) = \text{begin; delete } \ \sigma_{\varphi_1}(R) \ \text{ from } R; \text{delete } \ \sigma_{\varphi_2}(S) \ \text{ from } S; \text{end;}$$

これは，変換の一意性に反するので，定義 5.1 より V への削除 $\boldsymbol{d}$ は変換不可能である．したがって，「直積ビューは削除不可能である」という命題がスキーマレベルで成立する．

(8) 直積ビューは挿入不可能

インスタンスレベルで反例を 1 つ示す．2 つのリレーションを $R(A, B) = \{(1, 1)\}$，$S(C, D) = \{(1, 1)\}$，$V = R \times S = \{(1, 1, 1, 1)\}$ を直積ビューとする．このとき，V に対して挿入 $\boldsymbol{i} = \text{insert } \{(2, 2, 2, 2)\} \text{ into } V;$ が発行されたとする．$\boldsymbol{i}$ を実現するためには R に $(2, 2)$ を挿入し，S にも $(2, 2)$ を挿入しないといけない．しかしながら，それにより $V = \{(1, 1, 1, 1), (2, 2, 2, 2), (1, 1, 2, 2), (2, 2, 1, 1)\}$ となり副作用が生じる．したがって，「直積ビューは挿入不可能である」という命題がスキーマレベルで成立する．

(7)，(8) より，「直積ビューは書換不可能である」という命題がスキーマレベルで成立する．

(9) 射影ビューは削除可能

リレーション R の属性集合 X（$X \subseteq \Omega_R$）上の射影ビューを $V = \pi_X(R)$ とする．V に対して削除 $\boldsymbol{d} = \text{delete } \ \sigma_\varphi(V) \ \text{ from } V;$ が発行されたとする．ここに，選択条件 φ は $\text{dom}(\boldsymbol{V})$（$= \text{dom}(X)$）の元を引数とする述語である．

このとき，$\sigma_\varphi(V) = \sigma_\varphi(\pi_X(R)) = \pi_X(\sigma_\varphi(R))$ である．

$\boldsymbol{d}$ の定義は $V \leftarrow V - \sigma_\varphi(V)$ であるので，$V - \sigma_\varphi(V) = \pi_X(R) - \pi_X(\sigma_\varphi(R)) = \pi_X(R - \sigma_\varphi(R))$ となる．

このとき，$X \subseteq \Omega_R$ なので φ は $\text{dom}(R)$ の元を引数とする述語ともなっているので，$\pi_X(R - \sigma_\varphi(R)) = \pi_X(R) - \pi_X(\sigma_\varphi(R)) = \pi_X(R) - \sigma_\varphi(\pi_X(R)) = V - \sigma_\varphi(V)$ が成立する．つまり，$\boldsymbol{d}$ を実現するためには，「R から $\sigma_\varphi(R)$ を削除して，その結果

を X 上で射影しなさい」と言っている．

したがって，$\boldsymbol{d}$ が変換可能であるための必要かつ十分条件は $\boldsymbol{d}$ を $T(\boldsymbol{d})$ に変換することである．

$$T(\boldsymbol{d}) = \text{delete } \ \sigma_{\varphi}(R) \ \text{ from } R;$$

このことは R と X と φ がどのような場合でも成り立つ．よって，「射影ビューは削除可能である」という命題はスキーマレベルで成立する．なお，T が定義 5.1 の条件 (1)〜(3) を満たしていることはその定義から明らかである．

［例 **5.2**］ $R(A, B) = \{(1, 1), (1, 2), (2, 1)\}$，$V = \pi_{\{B\}}(R) = \{(1), (2)\}$ とし，V に対して削除 $\boldsymbol{d} = \text{delete } \ \sigma_{B=1 \vee B=3}(V) \ \text{ from } V;$ が発行されたとする．$T(\boldsymbol{d}) = \text{delete } \ \sigma_{B=1 \vee B=3}(R) \ \text{ from } R;$ に変換されるが，$T(\boldsymbol{d})$ により $B = 1$ の R のタップル $(1, 1)$ と $(2, 1)$ は R から削除される．$B = 3$ のタップルは R に存在しないので R から削除されるタップルはない．したがって，$R = \{(1, 2)\}$ となるから，$\pi_{\{B\}}(R) = \{(2)\}$ と所望の結果となっている．

(10) 射影ビューはキー保存ならば挿入可能

リレーション R の属性集合 $X \subseteq \Omega_R$ 上の射影ビューを $V = \pi_X(R)$ とするとき，射影ビュー V が**キー保存**（key preservation）であるとは，X がリレーション R の主キー K を含むときをいう．

そこで，リレーション R の属性集合 X 上の射影ビューを $V = \pi_X(R)$ とすると，V の定義から次が成立する．

$$\forall u(V(u) \Leftrightarrow \exists t(R(t) \wedge u = t[X]))$$

V に対して挿入 $\boldsymbol{i} = \text{insert } W \text{ into } V;$ ここに $W \subseteq \text{dom}(V)$，が発行されたとする．この挿入を表す論理式は次の通りである．

$$\forall v(W(v) \Rightarrow V(v))$$

したがって，次が成立する．

$$\forall v(W(v) \Rightarrow \exists t(R(t) \wedge v = t[X]))$$

このとき，挿入 $\boldsymbol{i} = \text{insert } W \text{ into } V;$ の R への変換 T を次のように定義する．

$$T(\boldsymbol{i}) = \text{insert } \widetilde{W} \text{ into } R;$$

ここに $\widetilde{W}$ は W から次のように定義されるタップル $\widetilde{w}$ の集合で，$w \in W$ としたとき，タップル $\widetilde{w}$ は次のように定義される．

$$\widetilde{w}[X] = w \wedge \widetilde{w}[\Omega_R - X] = (\text{null}, \text{null}, \ldots, \text{null})$$

さて，射影ビュー V がキー保存であると，キー制約を遵守しないといけない R の主キー K が X に含まれるので（$K \subseteq X$），W と $\widetilde{W}$ のタップル間には $w \leftrightarrow \widetilde{w}$ という1対1の対応が成立する．

このとき，$\pi_X(R \cup \widetilde{W}) = \pi_X(R) \cup \pi_X(\widetilde{W}) = \pi_X(R) \cup W = V \cup W$ が成立するので，$\boldsymbol{i}$ を $T(\boldsymbol{i})$ に変換することで V に対する W の挿入が実現されてることが分かる．

$$T(\boldsymbol{i}) = \mathrm{insert}\, \widetilde{W}\, \mathrm{into}\, R;$$

したがって,「射影ビューはキー保存であれば挿入可能である」という命題がスキーマレベルで成立する．なお，T が定義5.1の条件(1)〜(3)を満たしていることはその定義から明らかである．また,「キー保存」という条件自体は属性集合Xが主キー K を含んでいるかどうかという判定なのでスキーマレベルの検証でありメタデータをチェックすれば分かる．

(9)，(10)より,「射影ビューはキー保存ならば書換可能である」という命題がスキーマレベルで成立する．

［例 **5.3**］ $R(\underline{A}, B) = \{(1,1), (2,2), (3,3)\}$, $V = \pi_{\{A\}}(R) = \{(1), (2), (3)\}$, $\boldsymbol{i} = \mathrm{insert}\ \{(4)\}\ \mathrm{into}\, V;$ が発行されたとする．$\boldsymbol{i}$ の変換 $T(i) = \mathrm{insert}\ \{(4, \mathrm{null})\}\ \mathrm{into}\, R;$ とする．その結果，$R(\underline{A}, B) = \{(1,1), (2,2), (3,3), (4, \mathrm{null})\}$ となり，したがって $\pi_{\{A\}}(R) = \{(1), (2), (3), (4)\}$ となって，所望の挿入が実現していることが分かる．

(11)　選択ビューは削除可能

リレーション R の選択ビューを $V = \sigma_\varphi(R)$ とする．V に対して削除 $\boldsymbol{d} = \mathrm{delete}\ \sigma_\psi(V)\ \mathrm{from}\, V;$ が発行されたとする．$\boldsymbol{d}$ の定義は $V \leftarrow V - \sigma_\psi(V)$ であるが, $V - \sigma_\psi(V) = \sigma_\varphi(R) - \sigma_\psi(\sigma_\varphi(R)) = \sigma_\varphi(R) - \sigma_\varphi(\sigma_\psi(R)) = \sigma_\varphi(R - \sigma_\psi(R))$ となる．

つまり，$\boldsymbol{d}$ を実現するためには,「R から $\sigma_\psi(R)$ を削除して，その結果に φ を施しなさい」，つまり，$\boldsymbol{d}$ を $T(\boldsymbol{d})$ に変換しなさいと言っている．

$$T(\boldsymbol{d}) = \mathrm{delete}\ \sigma_\psi(R)\ \mathrm{from}\, R;$$

このとき，上記のごとく $\sigma_\varphi(R - \sigma_\psi(R)) = V - \sigma_\psi(V)$ であるので，この変換は $\boldsymbol{d}$ が変換可能であるための必要かつ十分条件になっている．この性質は R と φ と ψ がどのような場合でも成り立つので,「選択ビューは削除可能である」という命題がスキーマレベルで成立する．なお，T が定義5.1の条件(1)〜(3)を満たしていることはその定義から明らかである．

［例 **5.4**］ 社員 (社員番号, 給与) $=\{(1,10),(2,20),(3,30)\}$ を実リレーション，ビューを 貧乏社員 $=\sigma_{給与\leqq 20}$(社員) $=\{(1,10),(2,20)\}$ とし，削除 $\boldsymbol{d}=$ delete $\sigma_{給与>10}$(貧乏社員) from 貧乏社員; が発行されたとする．このとき，$\boldsymbol{d}$ は変換可能で，その変換は次の通りである．

$$T(\boldsymbol{d}) = \text{delete } \sigma_{給与>10 \wedge 給与\leqq 20}(社員) \text{ from } 社員;$$

(12)　選択ビューは挿入可能

リレーション R の選択ビューを $V=\sigma_\varphi(R)$ とする．V に対して挿入 $\boldsymbol{i}=\text{insert}\, X \,\text{into}\, V$; ここに $X \subseteq \text{dom}(V)$，が発行されたとする．$\boldsymbol{i}$ の定義は $V \leftarrow V \cup X$ なので，この挿入を表す論理式は次の通りである．

$$\forall t(X(t) \Rightarrow V(t))$$

一方，選択ビューの定義より，$\forall t(V(t) \Leftrightarrow R(t) \wedge \varphi(t))$ である．したがって，次に示す論理式を得る．

$$\forall t(X(t) \Rightarrow (R(t) \wedge \varphi(t)))$$

ところで，$X \subseteq \text{dom}(V) = \sigma_\varphi(\text{dom}(R))$ なので，X の全ての元 t に対して命題 $\varphi(t)$ は真だから，$\forall t(X(t) \Rightarrow \varphi(t) = 真)$ が成立する．

したがって, $\forall t(X(t) \Rightarrow (R(t) \wedge \varphi(t))) \Leftrightarrow \forall t(t \notin X(t) \vee (R(t) \wedge \varphi(t))) \Leftrightarrow \forall t((t \notin X(t) \vee (R(t)) \wedge (t \notin X(t) \vee \varphi(t))) \Leftrightarrow \forall t(t \notin X(t) \vee (R(t)) \Leftrightarrow \forall t(X(t) \Rightarrow R(t))$ となる．

つまり,「$\boldsymbol{i}$ を実現するためには, R に X を挿入しなさい」と言っている．このとき，$X \subseteq \sigma_\varphi(\text{dom}(R))$ なので $\sigma_\varphi(X)=X$ となり，$\sigma_\varphi(R \cup X) = \sigma_\varphi(R) \cup \sigma_\varphi(X) = V \cup X$ である．したがって，$\boldsymbol{i}$ を実現するための必要かつ十分条件は $\boldsymbol{i}$ を $T(\boldsymbol{i})$ に変換することである．

$$T(\boldsymbol{i}) = \text{insert}\, X \,\text{into}\, R;$$

このことは，特定の R，φ，X に依存することなく成立するので,「選択ビューは挿入可能」であるという命題がスキーマレベルで成立する．なお，T が定義 5.1 の条件 (1)〜(3) を満たしていることはその定義から明らかである．

(11)，(12) より,「選択ビューは書換可能である」という命題がスキーマレベルで成立する．

［例 **5.5**］　社員 (社員番号, 給与) $= \{(1,10),(2,20),(3,30)\}$ を実リレーション，貧乏社員 $= \sigma_{給与\ \leqq 20}$(社員) $= \{(1,10),(2,20)\}$ をビューとし，挿入 $\boldsymbol{i} =$ insert $\{(100,10),(101,15)\}$ into 貧乏社員; が発行されたとする．このとき，$\{(100,10),(101,15)\} \subseteq$ dom(貧乏社員) であるので $\boldsymbol{i}$ は変換可能で，その変換は次の通りである．

$$T(\boldsymbol{i}) = \text{insert } \{(100,10),(101,15)\} \text{ into 社員;}$$

●「ビュー定義と更新の両立則」を遵守しなくてもよいのであれば，選択ビューは削除不可能であり，したがって書換不可能であること

本章では「ビュー定義と更新の両立性」の遵守を前提にビュー更新の変換可能性を論じているが，もし両立性に違反してもよいとするならば，更新可能性の状況は一変する．このことは 5.2.2 項の「ビュー定義と更新の両立性」で論じたことではあるが，大事な論点なので，改めて，例 5.4 ならびに例 5.5 に沿って示す．まず，削除についてであるが，ビューの更新変換が両立則に違反してよいのであれば，例 5.4 の削除 $\boldsymbol{d}$ の対象となった社員番号 2 のタップル $(2,20)$ を削除するのではなく，たとえば，それを $(2,50)$ に書き換えても $\boldsymbol{d}$ を実現できる．要点は，書換は削除と挿入の系列と定義しているので，この書換を実現するには，まず $(2,20)$ を削除して，続いてビュー 貧乏社員 に $(2,50)$ を挿入する要求を発行しないといけないが，$(2,50)$ は dom(貧乏社員) $=$ dom(社員番号) $\times\ \sigma_{給与\ \leqq 20}$(給与) の元ではないので，両立則を遵守せよと言われればそれはできないが，もし違反してもよいと言われれば，（挿入の結果，ビュー 貧乏社員 に $(2,50)$ というタップルは現れないものの）ビュー 貧乏社員への $(2,50)$ の挿入は許され，それは基底リレーションである社員への $(2,50)$ の挿入に変換可能である．つまり，両立則に違反してもよいとすれば，$\boldsymbol{d}$ は例 5.4 に示した変換に加えて上記の変換も許されて一意ではなくなり，選択ビューへの削除は変換不可能となる．次に，挿入についてであるが，例 5.5 では両立則に違反することなく挿入が発行されていて，それは基底リレーション 社員 に変換可能であったが，たとえば，ビュー 貧乏社員 に $\boldsymbol{i} =$ insert $\{(4,40)\}$ into 貧乏社員 といった両立則に違反した挿入が発行された場合，両立則を課していればこの要求をそれを理由に拒否できるが，それを課していなければ $\boldsymbol{i}$ はビューの更新可能性の定義 5.1 の条件 (1)，(2)，(3) を満たしているので変換可能とされ，$T(\boldsymbol{i}) =$ insert $(4,40)$ into 社員 に変換される（$(4,40)$ が貧乏社員に現れることはないが）．つまり，両立則の遵守を謳（うた）わなければ，選択ビューは削除不可能，挿入可能，書換不可能と **表 5.3** を書き改めねばならない．

(13) 結合ビューや商ビューは削除不可能，挿入不可能，書換不可能

これらを定義するためには直積演算が使われるので，それらの更新可能性に則して，共にスキーマレベルで削除不可能，挿入不可能，書換不可能である．

5.3.3 一般的ビューの更新可能性

一般にビューはリレーショナル代数演算を「再帰的」に適用して定義されている．このようなビューを**一般的ビュー**というが，そのようなビューの更新可能性はそのビュー定義に使われたリレーショナル代数演算で定義される**中間ビュー**（intermediate view）の更新可能性に依存する（このことは，後述する一般的バッグビューについても同様である）．

ここではリレーショナルデータベースで最も典型的であると言われている連言質問（conjunctive query）で定義されるビューを例として説明する．

［例 **5.6**］（**一般的ビューの更新可能性判定**） $R(\underline{A}, B, C)$, $S(\underline{B}, D)$ をリレーション (アンダーバーは主キーを表す), $V = \pi_{\{R.A,R.B\}}(\sigma_{C=c}(R) \bowtie_{R.B=S.B} \sigma_{D=d}(S))$ を連言質問ビューとする．このビュー定義木（= 構文解析木）を図 **5.2** に示す．

このとき，V へ更新 $\boldsymbol{u}$ が発行されると，$V = \pi_{\{R.A,R.B\}}$中間ビュー$_1$ なので，まず，射影ビューに対する $\boldsymbol{u}$ の変換可能性をチェックする．**表 5.3** を参照すると（table lookup），$\boldsymbol{u}$ が削除ならば変換可能，$\boldsymbol{u}$ が挿入ならばキー保存という条件付きで変換可能であることを知る．共に変換可能なので（挿入には条件が付くが），V への更新 $\boldsymbol{u}$ の変換可能性は，中間ビュー$_1$ $= \sigma_{C=c}(R) \bowtie_{R.B=S.B} \sigma_{D=d}(S)$ に対する更新の変換可能性のチェック結果によることとなる．ところが，中間ビュー$_1$ は結合ビューである．そこで，再び**表 5.3** を参照すると，結合ビューは削除不可能，挿入不可能，書換不可能であることを知る．したがって，この時点でビュー V への更新 $\boldsymbol{u}$ が変換不可能であると判定される．

このように，一般的ビューの更新可能性はそのビューの定義木をトップダウンに，たとえば幅優先探索（breadth first）で走査しながら，ノード毎でその更新可能性を**表 5.3**「基本的ビューの更新可能性」に参照していけば，その更新可能性をスキーマレベルで検証することができる．

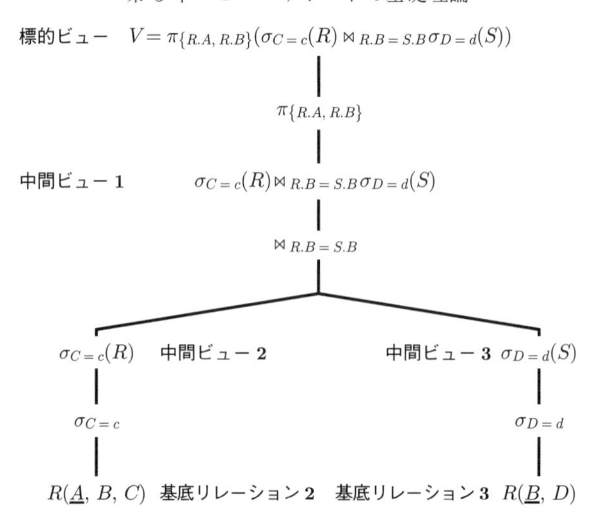

図 5.2 連言質問ビュー V の定義木

5.4 バッグビューの更新可能性

5.4.1 バッグとバッグ代数

●バ ッ グ

SQL のテーブルはリレーションと異なりタップルの重複出現を許している．タップルの重複出現を許すことで質問の結果から重複タップルを削除する手間が省けるので（つまりソートや突合せなどの処理を省ける）質問処理がリレーションの場合に比べて高速になり，タップルの重複出現を許容することで集約関数を駆使できるという利点もある．反面，SQL のテーブルを格納しておくためにはリレーションに比べて余計に記憶領域を必要とすることは明らかである．

さて，一般に元（element）の重複出現を許す元の集まりを**バッグ**（bag）あるいは**マルチ集合**（multiset）という．SQL ではバッグを用いることが多いのでバッグを採用する．タップルの重複出現を許さないリレーションとそれを許すバッグではデータの表現・操作・管理などで違いを生じるが，それはリレーショナルデータモデルは**集合意味論**（set semantics）に立脚し，SQL は**バッグ意味論**（bag semantics）に立脚しているからである．リレーショナルデータモデルでリレーショナル代数（relational algebra）が定義されたと同様に，バッグに対しては**バッグ代数**（bag algebra）が定義される[9]．リレーショナル代数表現と同様に**バッグ代数表現**（bag algebra expression）を定義でき，ビューがリレーショナル代数表現で定義されたのと同様に，**バッグビュー**（bag view）はバッグ代数表現として定義される．まずはバッグを定義することから始める．

> ［**定義 5.4**］（バッグ）　バッグ $R(A_1, A_2, \ldots, A_n)$ は**潜在リレーション**（concealed relation）$\underline{R}(A_1, A_2, \ldots, A_n)$ と重複度関数 $m : \mathrm{dom}(\underline{R}) \to \boldsymbol{Z}^+$（$\boldsymbol{Z}^+$ は正の整数全体のなす集合）の組である．ここに $\mathrm{dom}(\underline{R}) = \mathrm{dom}(A_1) \times \mathrm{dom}(A_2) \times \cdots \times \mathrm{dom}(A_n)$ とする．

つまり，バッグは $R(A_1, A_2, \ldots, A_n) = (\underline{R}(A_1, A_2, \ldots, A_n), m)$ と定義されるということである．たとえば，バッグ $R(A_1, A_2, \ldots, A_n)$ の潜在リレーションを $\underline{R}(A_1, A_2, \ldots, A_n) = \{t_1, t_2, \ldots, t_p\}$，重複度関数を $m(t_i) = k_i$（$k_i \geqq 1$）とするとき，バッグ $R(A_1, A_2, \ldots, A_n) = \{t_1(k_1), t_2(k_2), \ldots, t_p(k_p)\}$ となる．ここに $t_i(k_i)$ はタップル t_i が丁度 k_i 本あることを表すための記法で，k_i はバッグ R 中に生起するタップル t_i の**重複度**（multiplicity）である．$t(k) \in R$ で重複度 k のタップル t がバッグ R の元であることを表すことにすると，$t(k) \in R \Leftrightarrow t \in \underline{R} \wedge k = m(t)$ ということである．バッグ $R(A_1, A_2, \ldots, A_n) = \{t_1(k_1), t_2(k_2), \ldots, t_p(k_p)\}$ は $(\forall i = 1, \ldots, p)(k_i = 1)$ のときリレーション（＝集合）である．$k_i = 1$ のとき，$t_i(1)$ と書かずに，単に t_i と書くことも多い．また $t_i(0)$ は t_i が存在していないことを意味する．

バッグ $R(A_1, A_2, \ldots, A_n)$ のドメイン $\mathrm{dom}(R)$ は次のように定義される．$\mathrm{dom}(R) = \mathrm{dom}(\underline{R}) \times \{k | \mathrm{PositiveInteger}(k)\} = \mathrm{dom}(A_1) \times \mathrm{dom}(A_2) \times \cdots \times \mathrm{dom}(A_n) \times \{k | \mathrm{PositiveInteger}(k)\}$，ここに $\mathrm{PositiveInteger}(k)$ は k が正の整数であるとき真となる述語である．ちなみに，$(a_1, a_2, \ldots, a_n, k) \in \mathrm{dom}(R) \Leftrightarrow (a_1, a_2, \ldots, a_n)(k) \in R$ と解釈する．

● 潜在キーと潜在キー制約

バッグはリレーションと違って重複タップルの出現を許すので，バッグの全属性の組をとってきてもタップルの一意識別能力はなく，したがって，バッグにリレーションのキー（key）に相当する概念は存在し得ない．しかしながら，バッグ $R(A_1, A_2, \ldots, A_n)$ を定義するために潜在リレーション $\underline{R}(A_1, A_2, \ldots, A_n)$ を導入したが，$\underline{R}$ は正真正銘のリレーションなので，$\underline{R}$ にはキーが必ず存在する．そこで，$\underline{R}$ のキーを K とし，K をバッグ R の**潜在キー**（concealed key）と呼ぶことにする．そうすると，リレーションの主キーと候補キーに対応してバッグの潜在主キーと潜在候補キーが定義できることとなる．

潜在キーは一見無秩序に重複タップルの出現を許しているように見えるバッグ

に秩序をもたらしていることになる．換言すれば，潜在キーが K であるバッグ $R=\{t_1(k_1), t_2(k_2), \ldots, t_p(k_p)\}$ に重複行除去（δ）を施して得られるリレーション $\delta(R)=\{t_1, t_2, \ldots, t_p\}$ のキーは K なので次が成り立つ．

$$(\forall t, t')(t \in \delta(R) \wedge t' \in \delta(R) \wedge (t[K]=t'[K] \Rightarrow t=t'))$$

つまり，バッグで重複して出現しているタップル同士の潜在キー値が等しいならばタップルとしては同一だということを表している．マルチ集合論では「重複元の識別不可能性」という原理が知られているが[10]，上記はその原理のデータベース的解釈と言える．

したがって，たとえば，潜在リレーションを 社員(社員番号, 氏名, 所属, 給与)，ここに社員番号が主キー，とするバッグ 社員 (社員番号, 氏名, 所属, 給与) に (007, 山田太郎, K55, 50) というタップルは何本出現しても構わないが，たとえば，(007, 佐藤一郎, K41, 50) というタップルがバッグ 社員 に (007, 山田太郎, K55, 50) と共に出現するということはないということである．また，社員番号が null（空）のタップルも存在してはいけないということである．この制約を**潜在キー制約**（concealed key constraint）と呼ぶことにするが，これはリレーションでのキー制約に相当する概念で，バッグあるいはバッグビュー更新時の一貫性制約の1つとなる．

●バッグ代数

バッグのデータ操作言語であるバッグ代数を定義するが，以下に示す演算からなる．

［定義 5.5］（バッグ代数） 一般に，$R(A_1, A_2, \ldots, A_n)=\{t_1(k_1), t_2(k_2), \ldots, t_p(k_p)\}$ と $S(B_1, B_2, \ldots, B_m)=\{u_1(\ell_1), u_2(\ell_2), \ldots, u_q(\ell_q)\}$ をバッグとするとき，バッグ代数は次に示す演算子からなる．加法和 (additive union)，モーナス（monus），共通を定義するにあたり R と S は和両立とする．

- 重複行除去（δ）
- 加法和（$\uplus$），モーナス（$\dot{-}$），共通（$\cap$）
- 直積（$\times$）
- 射影（$\pi_X(R)$，ここに $X \subseteq \Omega_R$）
- 選択（$\sigma_\varphi(R)$，ここに φ は dom(R) 上の選択条件）
- θ-結合（$R \bowtie_{A_i \theta B_j} S$，ここに $R.A_i$ と $S.B_j$ は θ-比較可能）

これらの演算子の定義を **表 5.4** で与える

表 5.4 バッグ代数演算

演算	定義
重複行除去（δ）	$\delta(R) = \{t_1, t_2, \ldots, t_p\}$，ここに $R = \{t_1(k_1), t_2(k_2), \ldots, t_p(k_p)\}$
加法和（$\uplus$）	$R \uplus S = \{t(k) \mid \exists t(k_i) \in R \wedge \exists t(\ell_j) \in S \wedge k = k_i + \ell_j\}$
モーナス（$\dot{-}$）	$R \dot{-} S = \{t(k) \mid \exists t(k_i) \in R \wedge \exists t(\ell_j) \in S \wedge k = \max((k_i - \ell_j), 0)\}$
共通（$\cap$）	$R \cap S = \{t(k) \mid \exists t(k_i) \in R \wedge \exists t(\ell_j) \in S \wedge k = \min(k_i, \ell_j)\}$
直積（$\times$）	$R \times S = \{t_i * u_j(k_i \times \ell_j) \mid t_i(k_i) \in R \wedge u_j(\ell_j) \in S\}$
射影（$\pi_X(R)$）	$\pi_X(R) = \{s(k)\}$，ここに $s = t[X]$ となる $\underline{R}$ のタップルの全てを $t_{1'}, t_{2'}, \ldots, t_{q'}$ としたとき，$k = k_{1'} + k_{2'} + \cdots + k_{q'}$ である．
選択（$\sigma_\varphi(R)$）	$\sigma_\varphi(R) = \{t_{1'}(k_{1'}), t_{2'}(k_{2'}), \ldots, t_{q'}(k_{q'})\}$，ここに $\sigma_\varphi(\underline{R}) = \{t_{1'}, t_{2'}, \ldots, t_{q'}\}$ で $1 \leqq 1' < 2' < \cdots < q' \leqq p$．$\varphi$ は選択条件．$\underline{R}(A_1, A_2, \ldots, A_n) = \{t_1, t_2, \ldots, t_p\}$ は $R(A_1, A_2, \ldots, A_n) = \{t_1(k_1), t_2(k_2), \ldots, t_p(k_p)\}$ の潜在リレーションである．
θ-結合（$R \bowtie_{A_i \theta B_j} S$）	$R \bowtie_{A_i \theta B_j} S = \{(a_1, a_2, \ldots, a_n) * (b_1, b_2, \ldots, b_m)(k \times \ell) \mid (a_1, a_2, \ldots, a_n)(k) \in R \wedge (b_1, b_2, \ldots, b_m)(\ell) \in S \wedge a_i\ \theta\ b_j\}$．ここに，$A_i \in \Omega_R$，$B_j \in \Omega_S$ で A_i と B_j は θ-比較可能とする．$R \bowtie_{A_i \theta B_j} S = \sigma_{R.A_i \theta S.B_j}(R \times S)$

補足すれば，バッグ代数に特有な演算として，**重複行除去**（δ），**加法和**（$\uplus$），**モーナス**（$\dot{-}$）をあげられる．マルチ集合論では和には加法和とは別に**最大和**（maximum union，$\cup$）を定義することもできる．その定義は $R \cup S = \{t(k) \mid \exists t(k_i) \in R \wedge \exists t(\ell_j) \in S \wedge k = \max(k_i, \ell_j)\}$ で，リレーショナル代数の和（$\cup$）はバッグ代数の最大和と両立する演算である．しかしながら，一般にタップルの重複出現を許す SQL のテーブルの UNION ALL を念頭においている和は加法和であるので，通常こちらを採用する．モーナス（$\dot{-}$）はリレーショナル代数演算の差（$-$）に対応した演算であるが，タップルの重複度を考慮している．

SQL との対応付けをすると，重複行除去は SQL の SELECT DISTINCT * FROM R に相当する．加法和，モーナス，共通はそれぞれ SQL の UNION ALL, EXCEPT ALL，INTERSECT ALL に相当する．直積，選択，射影，θ-結合の演算結果から重複行は除去されず SQL の SELECT ALL の意味を持っている．上記の演算はお互いに独立ではなく，たとえば，重複行除去，加法和，モーナス，直積，射影，選択の 6 つの演算は互いに独立である．独立でない演算子を許容しているのはその有用性による．

なお，R，S をバッグ，φ，ψ を選択条件を表す述語としたとき，次の性質が成り立つ[9]．このような性質はバッグ代数で成り立つのでリレーショナル代数でも成り立った（5.3.1 項）．

- $\sigma_{\varphi \vee \psi}(R) = \sigma_{\varphi}(R) \uplus \sigma_{\psi}(R)$
- $\sigma_{\varphi \wedge \psi}(R) = \sigma_{\varphi}(R) \cap \sigma_{\psi}(R)$
- $\sigma_{\neg \varphi}(R) = R \dot{-} \sigma_{\varphi}(R)$
- $\delta(\sigma_{\varphi}(R)) = \sigma_{\varphi}(\delta(R))$

バッグ代数でもバッグのタップルの属性が null をとることがあり得るので，バッグ代数演算もリレーショナル代数のときと同じように（5.3.1 項），3 値論理に拡張されて推量 θ-選択や推量 θ-結合が定義できる．

5.4.2　バッグビューの定義

リレーショナルデータベースに対する質問がリレーショナル代数表現として記述できたのと同様に，バッグデータベースに対する質問はバッグ代数表現として記述できる．したがって，定義 5.3 でビューを定義したのと同様に，バッグビューはバッグ代数表現として次のように定義できる．データベースに格納されているバッグを**実バッグ**という．

［定義 5.6］（バッグビュー）

(1) 実バッグはバッグビューである．

(2) V をバッグビューとし，δ を重複行除去とするとき，$\delta(V)$ はバッグビューである（重複行除去ビュー）．

(3) V_1 と V_2 を和両立なバッグビューとするとき，それらの加法和 $V_1 \uplus V_2$ はバッグビューである（加法和ビュー）．

(4) V_1 と V_2 を和両立なバッグビューとするとき，それらのモーナス $V_1 \dot{-} V_2$ はバッグビューである（モーナスビュー）．

(5) V_1 と V_2 をバッグビューとするとき，それらの直積 $V_1 \times V_2$ はバッグビューである（バッグ直積ビュー）．

(6) V をバッグビューとするとき，その射影 $\pi_X(V)$ はバッグビューである（バッグ射影ビュー）．

(7) V をバッグビューとするとき，その選択 $\sigma_{\varphi}(V)$ はバッグビューである（バッグ選択ビュー）．

(8) (1)〜(7) で定義されるもののみがバッグビューである．

基本的バッグビューと一般的バッグビューという用語も基本的ビューと一般的

ビュー（5.3.3 項）に準じて使用する．

5.4.3　バッグビューの更新

バッグビュー V に対する削除や挿入に対する形式や考え方はリレーショナルビューに対する削除や挿入と基本的には同一であるが，重複行除去や，削除では差に代わりモーナスが，挿入では和に代わり加法和がその定義に用いられるところが異なる．書換を削除と挿入の系列と定義することや注意点はビューに対する場合（5.2.2 項）に準じている．

削除（$\boldsymbol{d}$）：delete $\sigma_{\varphi}(V)$ from V; ここに φ は $\mathrm{dom}(V)$ の元を引数とする述語である．

挿入（$\boldsymbol{i}$）：insert X into V; ここに $X \subseteq \mathrm{dom}(V)$ とする．

削除の定義は $V \leftarrow V \dot{-} \sigma_{\varphi}(V)$ である．モーナスが使われていることに注意する．また，挿入の定義は $V \leftarrow V \uplus X$ である．加法和が使われているとことに注意する．

書換は削除と挿入の系列なので，次のように定義される．

書換（$\boldsymbol{r}$）：begin; delete $\sigma_{\varphi}(V)$ from V;　insert $\sigma_{\psi}(\mathrm{dom}(V))$ into V; end; ここに，ψ は $\sigma_{\varphi}(V)$ の削除後に書換 $\boldsymbol{r}$ の意図を反映して $V \dot{-} \sigma_{\varphi}(V)$ に加法和（$\uplus$）で挿入されるべきタップル集合を $\mathrm{dom}(V)$ から選択する演算を表している．

バッグビュー定義と更新の両立則はビューの場合と同様に遵守されねばならない．バッグビューのドメインについて補足すると次の通りである．

● バッグビューのドメイン

5.4.1 項で，バッグ $R(A_1, A_2, \ldots, A_n)$ のドメインは $\mathrm{dom}(R) = \mathrm{dom}(A_1) \times \mathrm{dom}(A_2) \times \cdots \times \mathrm{dom}(A_n) \times \{k | \, \mathrm{PositiveInteger}(k)\}$ と定義された．バッグビューのドメインもその延長線上にあるが，（リレーショナルビューのときと同様に）ビュー定義が組み込まれる．つまり，バッグビューを $V(A_{1'}, A_{2'}, \ldots, A_{r'})$ としたとき，V のドメインは一般には $\mathrm{dom}(V) = \mathrm{dom}(A_{1'}) \times \mathrm{dom}(A_{2'}) \times \cdots \times \mathrm{dom}(A_{r'}) \times \{k | \, \mathrm{PositiveInteger}(k)\}$ とはならず，ビュー定義を満たすその部分集合となる．幾つか例で見ていくと次の通りである．

- バッグ $R(A_1, A_2, \ldots, A_n)$ の重複行除去ビュー $V = \delta(R)$ のドメインは $\mathrm{dom}(V) = \mathrm{dom}(A_1) \times \mathrm{dom}(A_2) \times \cdots \times \mathrm{dom}(A_n) \times \{1\}$ である．
- R と S を和両立とするとき，加法和ビュー $V = R \uplus S$ やモーナスビュー $V = R \dot{-} S$ のドメインは $\mathrm{dom}(V) = \mathrm{dom}(R) \times \{k | \, \mathrm{PositiveInteger}(k)\}$ である．
- バッグ R と S の直積ビュー $V = R \times S$ のドメインは $\mathrm{dom}(V) = \mathrm{dom}(R) \times \mathrm{dom}(S) \times \{k | \, \mathrm{PositiveInteger}(k)\}$ である．

- バッグ $R(A_1, A_2, \ldots, A_n)$ の属性集合 X（$\subseteq \Omega_R$），ここに $\Omega_R = \{A_1, A_2, \ldots, A_n\}$，上の射影ビュー $V = \pi_X(R)$ のドメインは，$X = \{A_{1'}, A_{2'}, \ldots, A_{r'}\}$，ここに $1 \leqq 1' \leqq 2' \leqq \cdots \leqq r' \leqq n$，として $\mathrm{dom}(V) = \mathrm{dom}(A_{1'}) \times \mathrm{dom}(A_{2'}) \times \cdots \times \mathrm{dom}(A_{r'}) \times \{k | \mathrm{PositiveInteger}(k)\}$ となる．
- バッグ $R(A, B)$ のバッグ θ-選択ビューを $V = \sigma_{B\theta b}(R)$ としたとき，$\mathrm{dom}(V) = \mathrm{dom}(A) \times \sigma_{B\theta b}(\mathrm{dom}(B)) \times \{k | \mathrm{PositiveInteger}(k)\}$ となる．
- バッグ $R(A, B)$ と $S(B, C)$ のバッグ θ-結合ビュー $V(A, R.B, S.B, C) = R \bowtie_{R.B\theta S.B} S$ のドメインは $\mathrm{dom}(V) = \sigma_{R.B\theta S.B}(\mathrm{dom}(A) \times \mathrm{dom}(R.B) \times \mathrm{dom}(S.B) \times \mathrm{dom}(C)) \times \{k | \mathrm{PositiveInteger}(k)\}$ となる．

このようにバッグビューのドメインは何れもバッグビュー定義が組み込まれて定義される．

5.4.4　基本的バッグビューの更新可能性

リレーショナルビューが集合意味論に立脚し，バッグビューはバッグ意味論に立脚している点は異なるが，ビューの更新可能性は定義 5.1 で与えた通りである．つまり，バッグビュー V への更新 $\boldsymbol{u}$ は，(1) 一意で，(2) 副作用がなく，(3) 余計な更新がない変換 T が存在するとき更新可能であること定義される．ただ，上記のように，重複行除去が導入され，削除にはモーナスが，挿入には加法和が用いられるところが異なる．また，バッグにはそれを定義するための潜在リレーションが存在する点もバッグビューの更新可能性に影響を与える．

さて，基本的バッグビューの更新可能性をリレーショナル代数の場合と同様なアプローチで解明していくが，ここで大事なことは次の命題が成立することである．

> 「リレーション（= 集合）はバッグの特殊な場合なので，バッグで成り立つ性質はリレーションでも成り立つが，リレーションで成り立つ性質が必ずしもバッグで成り立つとは限らない」

したがって，**表 5.3** で○（更新可能）となっている場合でも，それはリレーショナルビューに対する結果なので，それに対応するバッグビューの更新可能性がまた○になるかどうかは分からない．また，**表 5.3** で×（更新不可能）となっている性質がバッグビューで○となることはないので（もし○となれば**表 5.3** でも○とならねばならないから），バッグビューの更新可能性はビューのそれに比べて限定的となる．なお．上記「対応」の意味であるが，リレーショナル代数の和はバッグ代数の最大和に対応するが加法和には対応していないことに注意する．一方，リレーショナル代数の差はバッグ代数のモーナスに対応する．キー保存の概念は潜在キー保存の概念に対応している．

表 5.5 に「基本的バッグビューの更新可能性」を「バッグビュー定義と更新の両立則」の遵守を前提とし，それをスキーマレベルで検証した結果を示すと共に，以下にその論拠を示す．

表 5.5　基本的バッグビューの更新可能性

	重複行除去	加法和	モーナス	共通	直積	射影	選択	結合
削除	○	○	×	×	×	○	○	×
挿入	×	×	×	×	×	○ †	○	×
書換	×	×	×	×	×	○ †	○	×

○：更新可能，　×：更新不可能，　†：潜在キー保存

(1)　重複行除去ビューは削除可能

バッグ $R = \{t_1(k_1), t_2(k_2), \ldots, t_p(k_p)\}$ の重複行除去ビュー $\delta(R) = \{t_1, t_2, \ldots, t_p\}$ に対して，削除 $\boldsymbol{d} = \text{delete } \sigma_\varphi(\delta(R)) \text{ from } \delta(R);$ が発行されたとする．

そこで，$\sigma_\varphi(\delta(R)) = \{t_{1'}, t_{2'}, \ldots, t_{q'}\}$，$1 \leqq 1' < 2' < \cdots < q' \leqq p$ とするとき，削除 $\boldsymbol{d}$ を R への削除 $T(\boldsymbol{d}) = \text{delete } \{t_{1'}(k_{1'}), t_{2'}(k_{2'}), \ldots, t_{q'}(k_{q'})\} \text{ from } R;$ に変換する．このとき，$\delta(R \dot{-} \{t_{1'}(k_{1'}), t_{2'}(k_{2'}), \ldots, t_{q'}(k_{q'})\}) = \delta(R) \dot{-} \{t_{1'}, t_{2'}, \ldots, t_{q'}\} = \delta(R) \dot{-} \sigma_\varphi(\delta(R))$ である．これは全てのバッグ R と任意の削除 $\boldsymbol{d}$ に対して成立するので，「重複行除去ビューは削除可能である」という命題がスキーマレベルで成立する．なお，T が定義 5.1 の条件 (1)〜(3) を満たしていることはその定義から明らかである．

(2)　重複行除去ビューは挿入不可能

挿入不可能な重複行除去ビューの例を示す．たとえば，バッグ $R = \{(1)(3)\}$ の重複行除去ビュー $\delta(R) = \{(1)\}$ に対して，挿入 $\boldsymbol{i} = \text{insert } \{(2)\} \text{ into } \delta(R)$ が発行されたとする．すると，$\boldsymbol{i}$ の R への変換は次のように無数に存在して一意ではない．したがって，「重複行除去ビューは挿入不可能である」という命題がスキーマレベルで成立する．

$$T_k(\boldsymbol{i}) = \text{insert } \{(2)(k)\} \text{ into } R;\ ここに\ k = 1, 2, 3, \ldots$$

(1)，(2) より，「重複行除去ビューは書換不可能である」という命題がスキーマレベルで成立する．

(3) 加法和 (⊎) ビューは削除可能

加法和ビューを $V = R \uplus S$ とし，削除 $\boldsymbol{d} = \text{delete } \sigma_\varphi(V) \text{ from } V;$ が発行されたとき，削除の定義から次が成り立つ．

$$V \dot{-} \sigma_\varphi(V) = (R \uplus S) \dot{-} \sigma_\varphi(R \uplus S) = \sigma_{\neg\varphi}(R \uplus S)$$
$$= \sigma_{\neg\varphi}(R) \uplus \sigma_{\neg\varphi}(S) = (R \dot{-} \sigma_\varphi(R)) \uplus (S \dot{-} \sigma_\varphi(S))$$

したがって，削除 $\boldsymbol{d} = \text{delete } \sigma_\varphi(V) \text{ from } V;$ を実現するための必要かつ十分条件は $\boldsymbol{d}$ を $T(\boldsymbol{d})$ に変換することである．

$$T(\boldsymbol{d}) = \text{begin; delete } \sigma_\varphi(R) \text{ from } R; \text{delete } \sigma_\varphi(S) \text{ from } S; \text{end};$$

このことは全てのバッグ R, S, φ と任意の削除 $\boldsymbol{d}$ に対して成立するので，「加法和ビューは削除可能である」という命題がスキーマレベルで成立する．なお，T が定義 5.1 の条件 (1)〜(3) を満たしていることはその定義から明らかである．

なお，$\sigma_\varphi(R \uplus S) = \sigma_\varphi(R) \uplus \sigma_\varphi(S)$ の証明は次の通りである．

［**命題 5.1**］ $\sigma_\varphi(R \uplus S) = \sigma_\varphi(R) \uplus \sigma_\varphi(S)$ が成立する．

証明 $t(k) \in \sigma_\varphi(R \uplus S)$ とすると，論理式 $\exists t(k_i) \in R \wedge \exists t(\ell_j) \in S \wedge k = k_i + \ell_j \wedge \varphi(t)$ が成り立つ．$\varphi(t) = \varphi(t) \wedge \varphi(t)$ なので，$(\exists t(k_i) \in R \wedge \varphi(t)) \wedge (\exists t(\ell_j) \in S \wedge \varphi(t)) \wedge k = k_i + \ell_j$ が成り立つ．即ち，$\exists t(k_i) \in \sigma_\varphi(R) \wedge \exists t(\ell_j) \in \sigma_\varphi(S) \wedge k = k_i + \ell_j$ が成り立つ．したがって，⊎ の定義により，$t(k) \in \sigma_\varphi(R) \uplus \sigma_\varphi(S)$ が成り立つ．逆に $t(k) \in \sigma_\varphi(R) \uplus \sigma_\varphi(S)$ とすると，上記の逆の推論を辿(たど)ることで $t(k) \in \sigma_\varphi(R \uplus S)$ であることを示せる． □

(4) 加法和 (⊎) ビューは挿入不可能

加法和ビューとそれに対して発行された挿入が変換不可能な一例を示す．

たとえば，和両立なバッグ R と S を $R = \{(1)(3)\}$, $S = \{(1)(2)\}$ とするとき，加法和ビュー $V = R \uplus S$ は $V = \{(1)(5)\}$ である．このとき，V に対して挿入 $\boldsymbol{i} = \text{insert } \{(2)(1)\} \text{ into } V;$ が発行されたとする．すると，$\boldsymbol{i}$ の変換は次の 2 通り考えられる．

$$T_1(\boldsymbol{i}) = \text{insert } \{(2)(1)\} \text{ into } R;$$

$$T_2(\boldsymbol{i}) = \text{insert } \{(2)(1)\} \text{ into } S;$$

このように変換に一意性がないので，「加法和ビューは挿入不可能である」という命題がスキーマレベルで成立する．

(3), (4) より，「加法和 (⊎) ビューは書換不可能である」という命題がスキーマレベルで成立する．

(5)　モーナス（$\dot{-}$）ビューは削除不可能

モーナスビューの特殊な場合がリレーショナル代数演算で定義される差ビューであるが，それは削除不可能であるので（**表 5.3**），モーナスビューは削除不可能である．

(6)　モーナス（$\dot{-}$）ビューは挿入不可能

モーナスビューとそれに対して発行された挿入が変換不可能な一例を示す．

和両立なバッグ R と S を，たとえば $R = \{(1)(3)\}$，$S = \{(1)(2)\}$ とするとき，モーナスビュー $V = R \dot{-} S$ は $V = \{(1)(1)\}$ である．このとき，V に対して挿入 $\boldsymbol{i} = \text{insert}\ \{(1)(2)\}\ \text{into}\, V;$ が発行されたとする．すると，$\boldsymbol{i}$ の変換は次のように無数にあり一意ではない．

$$T_k(\boldsymbol{i}) = \text{begin}; \text{insert}\ \{(1)(2+k)\}\ \text{into}\, R; \text{insert}\ \{(1)(k)\}\ \text{into}\, S; \text{end};$$

$$\text{ここに}\ k = 0, 1, 2, 3, \ldots$$

したがって，$\boldsymbol{i}$ は変換可能ではない．このように反例を示せるので，「モーナスビューは挿入不可能である」という命題がスキーマレベルで成立する．

(5)，(6) より，「モーナスビューは書換不可能である」という命題がスキーマレベルで成立する．

(7)　バッグ共通ビューは削除不可能

バッグ共通ビューの特殊な場合がリレーショナル代数演算で定義される共通ビューであるが，それは削除不可能であるので（**表 5.3**），バッグ共通ビューは削除不可能である．

(8)　バッグ共通ビューは挿入不可能

バッグ共通ビューとそれに対して発行された挿入が変換不可能な一例を示す．

和両立なバッグ R と S を, たとえば $R = \{(1)(3)\}, S = \{(1)(2)\}$ とするとき, $V = R \cap S = \{(1)(2)\}$ である．このとき，V に対して挿入 $\boldsymbol{i} = \text{insert}\ \{(1)(1)\}\ \text{into}\, V;$ が発行されたとすると，$\boldsymbol{i}$ の変換は次のように無数にあり一意ではない．

$$T_k(\boldsymbol{i}) = \text{begin}; \text{insert}\ \{(1)(1+k)\}\ \text{into}\, R; \text{insert}\ \{(1)(1)\}\ \text{into}\, S; \text{end};$$

$$\text{ここに}\ k = 0, 1, 2, 3 \ldots$$

したがって，$\boldsymbol{i}$ は変換可能ではない．このように反例を示せるので，「バッグ共通ビューは挿入不可能である」という命題がスキーマレベルで成立する．

(7)，(8) より，「バッグ共通ビューは書換不可能である」という命題がスキーマレベルで成立する．

(9)　バッグ直積ビューは削除不可能

バッグ直積ビューの特殊な場合がリレーショナル代数演算で定義される直積ビューであるが，それは削除不可能であるので（**表 5.3**），バッグ直積ビューは削除不可能である．

(10) バッグ直積ビューは挿入不可能

バッグ直積ビューの特殊な場合がリレーショナル代数演算で定義される直積ビューであるが，それは挿入不可能であるので（**表 5.3**），バッグ直積ビューは挿入不可能である

(9)，(10) より，「バッグ直積ビューは書換不可能である」という命題がスキーマレベルで成立する．

(11) バッグ射影ビューは削除可能

バッグ R の属性集合 X 上のバッグ射影ビューを $V = \pi_X(R)$ とし，V へ削除 $\boldsymbol{d} = \text{delete}\ \ \sigma_\varphi(V)\ \ \text{from}\, V;$ が発行されたとする．このとき $\sigma_\varphi(V) = \sigma_\varphi(\pi_X(R))$ である．

ところで，$\sigma_\varphi(\pi_X(R)) = \pi_X(\sigma_\varphi(R))$ が成立する．

$\boldsymbol{d} : V \leftarrow V \dot{-} \sigma_\varphi(V)$ であるから，$V = V \dot{-} \sigma_\varphi(V) = \pi_X(R) \dot{-} \pi_X(\sigma_\varphi(R)) = \pi_X(R \dot{-} \sigma_\varphi(R))$ が成立する．したがって，$\boldsymbol{d}$ を実現するための必要かつ十分条件はそれを $T(\boldsymbol{d})$ に変換することである．

$$T(\boldsymbol{d}) = \text{delete}\ \ \sigma_\varphi(R)\ \ \text{from}\, R;$$

このことは全てのバッグ R，S，φ と任意の削除 $\boldsymbol{d}$ に対して成立するので，「バッグ射影ビューは削除可能である」という命題がスキーマレベルで成立する．なお，T が定義 5.1 の条件 (1)〜(3) を満たしていることはその定義から明らかである．

バッグ射影ビューとそれに対して発行された削除が変換可能な一例を示す．

［例 **5.7**］ バッグ $R(A, B) = \{(1,1), (1,2), (1,3), (2,1), (2,2)\}$ とし，$V = \pi_{\{A\}}(R) = \{(1)(3), (2)(2)\}$ を R の $\{A\}$ 上のバッグ射影ビューとする．このとき，V へ削除 $\boldsymbol{d} = \text{delete}\ \ \sigma_{A=1}(V)\ \ \text{from}\, V;$ が発行されたとき，一意で副作用がなく余分な更新をしない $\boldsymbol{d}$ の変換は次の通りである．

$$T(\boldsymbol{d}) = \text{delete}\ \ \sigma_{A=1}(R)\ \ \text{from}\, R;$$

(12) バッグ射影ビューは潜在キー保存ならば挿入可能

バッグ R の属性集合 X 上のバッグ射影ビューを $V = \pi_X(R)$ とするとき，バッグ射影ビュー V が**潜在キー保存**（concealed key preservation）であるとは，X がバッグ R の潜在主キー K を含むときをいう．

バッグ R の属性集合 X 上のバッグ射影ビューを $V = \pi_X(R)$ とする．V への挿入 $\boldsymbol{i} = \text{insert}\, W\, \text{into}\, V;$ ここに $W = \{w_1(k_1), w_2(k_2), \ldots, w_m(k_m)\}$，

$\forall i((w_i, k_i) \in \mathrm{dom}(V))$ が発行されたとする．

このとき，W からバッグ $\widetilde{W}$ を次のように生成する．ここに null は空を表す．

$\widetilde{W} = \{\widetilde{w}_1(k_1), \widetilde{w}_2(k_2), \ldots, \widetilde{w}_m(k_m)\}$，ここに $\widetilde{w}_i[X] = w_i$ かつ $\widetilde{w}_i[\Omega_R - X] = (\mathrm{null}, \mathrm{null}, \ldots, \mathrm{null})$ とする．

このとき，V が潜在キー保存であるとすると，X は R の潜在主キー K を含み，潜在主キー属性が null をとることはないから，W と $\widetilde{W}$ の間には $w(k)$ と $\widetilde{w}(k)$ が 1 対 1 で対応するという関係性が成立する．

また，$\pi_X(R \uplus \widetilde{W}) = \pi_X(R) \uplus \pi_X(\widetilde{W}) = \pi_X(R) \uplus W = V \uplus W$ が成立するので，$\boldsymbol{i}$ を実現するための必要かつ十分条件は $\boldsymbol{i}$ を $T(\boldsymbol{i})$ に変換することであることが分かる．

$$T(\boldsymbol{i}) = \mathrm{insert}\, \widetilde{W}\, \mathrm{into}\, R;$$

これは全てのバッグ射影ビュー V と挿入 $\boldsymbol{i}$ に対して成立するので，「バッグ射影ビューは潜在キー保存であれば挿入可能である」という命題がスキーマレベルで成立する．なお，T が定義 5.1 の条件 (1)〜(3) を満たしていることはその定義から明らかである．

なお，「潜在キー保存」という条件自体は X がバッグ R の潜在主キー K を含んでいるかどうかという判定なのでスキーマレベルの検証でありメタデータをチェックすれば分かる．これは，5.3.2(10) 項「射影ビューはキー保存ならば更新可能」のところで指摘したことと同様である．

(11)，(12) より，「バッグ射影ビューは潜在キー保存ならば書換可能である」という命題がスキーマレベルで成立する．

(13) バッグ選択ビューは削除可能

バッグ R のバッグ選択ビューを $V = \sigma_\varphi(R)$ とし，V への削除 $\boldsymbol{d} = \mathrm{delete}\ \sigma_\psi(V)\ \mathrm{from}\, V;$ が発行されたとする．ここに ψ は探索条件である．$X = \sigma_\psi(V)$ とすると，$V = \sigma_\varphi(R)$ なので，$X = \sigma_\psi(V) = \sigma_\psi(\sigma_\varphi(R)) = \sigma_{\psi \wedge \varphi}(R)$ となる．

そこで，$\boldsymbol{d}$ を次に示す $T(\boldsymbol{d})$ に変換する．

$$T(\boldsymbol{d}) = \mathrm{delete}\ \ \sigma_{\psi \wedge \varphi}(R)\ \ \mathrm{from}\, R;$$

このとき，$\sigma_\varphi(R \dot{-} \sigma_{\psi \wedge \varphi}(R)) = \sigma_\varphi(R) \dot{-} \sigma_\varphi(\sigma_{\psi \wedge \varphi}(R)) = \sigma_\varphi(R) \dot{-} \sigma_{\psi \wedge \varphi}(R) = \sigma_\varphi(R) \dot{-} \sigma_\psi(\sigma_\varphi(R)) = V \dot{-} \sigma_\psi(V)$ が成立する．

この性質は全てのバッグ選択ビュー V と削除 $\boldsymbol{d}$ に対して成立するので，「バッグ選択ビューは削除可能である」という命題がスキーマレベルで成立する．なお，T が定義 5.1 の条件 (1)〜(3) を満たしていることはその定義から明らかである．

(14) バッグ選択ビューは挿入可能

バッグ R のバッグ選択ビューを $V = \sigma_\varphi(R)$ とし，V への挿入 $\boldsymbol{i} = \mathrm{insert}\, X\, \mathrm{into}\, V$; ここに $X \subseteq \mathrm{dom}(V)$，が発行されたとする．$\mathrm{dom}(V) = \mathrm{dom}(\sigma_\varphi(R)) = \sigma_\varphi(\mathrm{dom}(R))$ なので，$X \subseteq \sigma_\varphi(\mathrm{dom}(R))$ である．一方，$(\forall Y \subseteq \sigma_\varphi(\mathrm{dom}(R)))(\sigma_\varphi(Y) = Y)$ なので，$\sigma_\varphi(X) = X$ である．

そこで，$\boldsymbol{i}$ を $T(\boldsymbol{i})$ に変換する．

$$T(\boldsymbol{i}) = \mathrm{insert}\, X\, \mathrm{into}\, R;$$

このとき，$\sigma_\varphi(R \uplus X) = \sigma_\varphi(R) \uplus \sigma_\varphi(X) = V \uplus X$ が成立する．

この性質は全てのバッグ選択ビュー V と挿入 $\boldsymbol{i}$ に対して成立するので，「バッグ選択ビューは挿入可能である」という命題がスキーマレベルで成立する．なお，T が定義5.1の条件(1)〜(3)を満たしていることはその定義から明らかである．

(13)，(14)より，「バッグ選択ビューは書換可能である」という命題がスキーマレベルで成立する．

(15) バッグ θ-結合ビューは削除・挿入・書換不可能

バッグ θ-結合ビューの更新可能性については，リレーショナル代数での θ-結合ビューの更新可能性がスキーマレベルで削除，挿入，何れも不可能なので，バッグビューのそれについても不可能となる．

5.4.5 一般的バッグビューの更新可能性

一般的バッグビューの更新可能性の判定は，5.3.3項で論じた一般的ビューの更新判定と全く同じように，作成した一般的バッグビューの定義木をトップダウンに，たとえば幅優先探索走査しながら，ノード毎でその更新可能性を **表5.5** に参照していけば，その更新可能性をスキーマレベルで検証することができる．

5.5 SQLのビューサポート

国際標準リレーショナルデータベース言語SQLは「バッグ意味論」に基づいているので，本来ならばSQLで定義されているビューの更新可能性は **表5.5** に示したバッグビューの更新可能性と両立していて然(しか)るべきである．しかしながら，現実にはそうなっていない．理論とSQLのビューサポートは乖離(かいり)している．理論も実践（=SQL）もビューの更新可能性についての概念に相違はないが，その概念達成に至る道筋に大きな隔たりがあったということであろう．

ビューサポートの理論は1980年頃には研究者の関心を集め多くの研究成果が報告されるようになった．その中には1984年にVLBD国際会議で発表された拙著論文[11] もある．当時はリレーショナルビューの更新可能性の研究が全盛であったが，バッグビューの更新可能性が研究されだしたのは 1990 年代に入ってからのことである．

一方，ISO（国際標準化機構）は 1987 年にリレーショナルデータベース言語の初めての国際標準規格である **SQL-87** を制定した．当初よりビューとその更新可能性の重要性を認識していたようで，SQL-87 ではビュー定義とその更新可能性を次のように規定している[12]．

【SQL-87 でのビュー定義とその更新可能性】

```
＜ビュー定義＞ :: =
  CREATE VIEW ＜表名＞ [(＜ビュー列リスト＞)]
        AS ＜問合せ指定＞
        [WITH CHECK OPTION]
```

ビューの更新可能性：V が更新可能ならば，＜問合せ指定＞の最初の＜ FROM 句＞で指定された＜表名＞によって識別される表を T とする．V の各行に対して，V のその行が導出される T の対応行が T に存在する．V の各列に対して，V のその列が導出される T の対応列が T に存在する．V への行の挿入は，T への対応行の挿入とする．V からの行の削除は，T への対応行の削除とする．V のある行のある列の更新は，T 中の対応行の対応列の更新とする．

つまり，＜ビュー定義＞が実行されたときに得られるであろう表，これを**ビュー表**（viewed table）という，とビュー定義に使われている表，これを**基表**（underlying table）という，の行と列の間に 1 対 1 の対応関係があれば更新可能としようということで，大変実践的な規格であった（この規格をどう実装するかはベンダに任されている）．SQL-87 はその後 SQL-92，SQL:1999，SQL:2003，SQL:2008，SQL:2011，SQL:2016 などを経て SQL:2023 に至っている．改正に伴ってビュー定義やその更新可能性も改正され続けてきたが，この「1 対 1 対応」という基本路線に変わりは見られない．

このように，ビューサポートについては，理論は理論，実践は実践という言わばボタンの掛け違い状況が続いてきたやに感じないわけではないが，今後の改正で SQL のビューサポートに理論的研究成果がうまく取り込まれていくことを期待したい．

なお，SQL のビューサポートについては，「SQL のビューサポート—その標準化の経緯と現状—」と題した筆者と小寺孝氏（日立製作所）共著のサーベイ論文[13] が日本データベース学会和文論文誌に掲載されている．論題について詳細に調査しており，

また下記文献 [13] に記載した URL は誰でもアクセス可能なので，SQL のビューサポートに関心のある読者には，クライアント，ベンダを問わず一読を勧めたい．

5.6 おわりに

本章ではビュー (= リレーショナルビュー) とバッグビューの更新可能性を「ビュー定義と更新の両立則」の遵守を前提とし，それをスキーマレベルで論じて，その全貌を明らかにした．集合であればバッグであるが，その逆は成立しないので，バッグビューの更新可能性はビューのそれに比較して制約的となる．バッグビューの更新可能性について，本章で示せた新しい結果の1つとして，バッグを定義するにあたり「潜在リレーション」や「潜在キー」という新規概念を導入することで，「バッグ射影ビューは潜在キー保存ならば挿入可能である」というこれまで知られていなかった結果を示すことができた点を挙げられる．基本的ビューと基本的バッグビューの更新可能性はそれぞれ **表 5.3** と **表 5.5** にまとめられているので参照されたい．

なお，本章ではビューの更新可能性を「スキーマレベル」で論じたが，その対極にある「インスタンスレベルアプローチ」については拙著論文[6],[7] を参照されたい．インスタンスレベルでビューの更新可能性を論じると，予想通りスキーマアプローチに比べて更新可能なビューの世界が広がる．

文献

[1] Edgar F. Codd. A Relational Model of Data for Large Shared Data Banks. *Communications of the ACM*, Vol.13, No.6, pp.377-387, 1970.

[2] Edgar F. Codd. Recent Investigations in Relational Database Systems. *Information Processing 74*, pp.1017-1021, North-Holland, 1974.

[3] Michael Stonebraker, Eugene Wong, Peter Kreps, and Gerald Held. The Design and Implementation of INGRES. *ACM Transactions on Database Systems*, Vol.1, No.3, pp.189-222, September 1976.

[4] Umeshwar Dayal and Philip A. Bernstein. On the Updatability of Relational Views. *Proceeding of Very Large Data Bases 1978*, pp.368-377, 1978.

[5] 増永良文．リレーショナルデータベース入門 [第3版]—データモデル・SQL・管理システム・NoSQL—，サイエンス社，2017．

[6] 増永良文，長田悠吾，石井達夫．更新意図の外形的推測に基づいたビューの更新可能性とその PostgreSQL 上での実現可能性検証．日本データベース学会和文論文誌 Vol.18-J, Article No.1, 2020 年 3 月．
https://dbsj.org/wp-content/uploads/2019/09/DBSJ_18_01_masunaga.pdf

[7] 増永良文，長田悠吾，石井達夫．整合ラベリング問題としてのクロス結合ビューの更新可能性．日本データベース学会和文論文誌 Vol.19-J, Article No.1, 2021 年 3 月．

https://dbsj.org/wp-content/uploads/2020/12/DBSJ_19_1_masunaga.pdf

[8] Edgar F. Codd. Extending the Database Relational Model to Capture More Meaning. *ACM Transactions on Database Systems*, Vol.4, No.4, pp.397-434, 1979.

[9] Joseph Albert. Algebraic Properties of Bag Data Types. *Proceedings of the 17th International Conference on Very Large Databases*, pp.211-219, 1991.

[10] Wayne D. Blizard. Multiset Thoery. *Notre Dame Journal of Formal Logic*, Vol.30, No.1. pp.36-66, Winter 1989.

[11] Yoshifumi Masunaga. Relational Database View Update Translation Mechanism. *Proceedings of the 10th International Conference on Very large Data Bases*, pp.309-320, 1984.

[12] ISO 9075 First Edition, Information processing systems – Database Language SQL, 1987-06-15.

[13] 増永良文，小寺孝．SQL のビューサポート―その標準化の経緯と現状―．日本データベース学会和文論文誌，サーベイ論文，Vol.22-J, Article No.1, 2024 年 3 月．
https://dbsj.org/wp-content/uploads/2023/08/DBSJ_22_1_masunaga.pdf

第2部　SQL

SQLはリレーショナルDBMSがサポートする国際標準リレーショナルデータベース言語である．それは1987年にISO/IECにより制定されて以来，改正に改正を重ねて最新のSQL:2023（2023年6月公表）に至っている．その結果，当初は単なるデータ操作言語にしかすぎなかったSQLが，計算完備なプログラミング言語の様相を呈してきた．しかしながら，SQLはリレーショナル完備な言語ではあるが，果たして本当に計算完備なのであろうか？ この疑問に肯定的な解答を示す論考が第6章の「SQLの計算完備性」である．その結果，理論的には，現行のSQLのみでリレーショナルデータベースの処理を含んだあらゆる計算を書き表せることが示される．

SQLのテーブルはリレーショナルデータモデルのリレーションに相当するが，リレーションと違ってタップルの重複出現を許すマルチ集合，これをSQLではバッグ（bag）という，である．その結果，SQLでは重複タップルの扱いが，マルチ集合論でいう重複元の識別性不可能原理と絡んで，大変悩ましい問題となる．そこで第7章で「SQLとバッグ意味論—重複タップルの部分削除—」と題してこの問題を論じ，何が悩ましいのかを明らかにする．

さて，Web時代の到来でDBMSが管理・運用するべきデータはビッグデータへと変貌をとげている．SQLはリレーショナルデータベースの問合せ言語であるとは言え，ビッグデータ対応を余儀なくされ改正されることとなった．それがSQL:2016で，そこでは行パターン認識（row pattern recognition，RPR）が規格化されて，たとえばV字回復した株価を見つけるとか，そのような要求をSQLの問合せで記述することができるようになった．その機能を第8章で「SQLのビッグデータ対応」と題して詳しく説明する．

第6章 SQLの計算完備性

6.1 はじめに

SQL:1999で再帰問合せが導入された．これによりSQL（本章ではSQL:1999及びそれ以降のSQLを総じてSQLということにする）はSQL自体で計算完備になったと言われている．しかしながら，それを証明してみよと言われると頭を抱えることになるかもしれない．そこで，本章では幾つかの文献を参照しながら，その証明の道筋を示してみたいと思う．

ご存じのように，一般にプログラミング言語は計算完備だと言われている．なぜならば，プログラミング言語はあらゆるアルゴリズムを書き表すことができるとされているからである．一方，SQLはリレーショナル代数演算を全て書き表すことができるので**リレーショナル完備**（relationally complete）と言われている．したがって，これら2つの性質を併せ持つSQLはリレーショナル完備かつ計算完備なデータベース言語となり，SQLの再帰問合せを駆使することによりあらゆるデータベースアプリケーション開発が行えるという枠組みが与えられたことになる．以下，SQLの計算完備性の証明をフォローしてみたい．

6.2 SQLが計算完備であることを証明する道筋

SQLが計算完備であることを証明する筋道は次の通りである．

(1) 計算可能性理論（computability theory）において，計算完備はどのように定義されているのかを見てみると，それは次の通りである．ある計算のメカニズムが**万能チューリングマシン**（universal Turing machine）と同じ計算能力を持つ，即ち，いかなるチューリングマシンもシミュレートできるとき，それは**チューリング完全**（Turing complete）あるいは**計算完備**（computationally complete）であるという．ここに，**チューリングマシン**[1]とはイギリスの数学者A. M. Turingが1936年に考案した計算モデルで，モデルの単純さにもかかわらず，アルゴリズムが与えられると，そのアルゴリズムのロジックをシミュレートできるチューリングマシンを構築できる．

(2) あるチューリングマシン T について，T をシミュレートする**タグシステム** (tag system)[2] が必ず存在する．ここに，タグシステムとは 1943 年に E. L. Post が考案した計算モデルで，その後，Wang（1963 年）と Cocke & Minsky（1964 年）が 2-タグシステムで万能チューリングマシンのシミュレートが可能であることを示した．したがって，タグシステムはチューリング完全である．

(3) タグシステムを**巡回タグシステム**（cyclic tag system）[2],[3] でシミュレートできる．したがって，巡回タグシステムはチューリング完全である．ちなみに，巡回タグシステムは 2004 年に M. Cook が考案した計算モデルである．

(4) 巡回タグシステムを**再帰問合せ**（recursive query）を使って **SQL** でシミュレートできる[4]．したがって，SQL はチューリング完全，即ち計算完備である．

これが，SQL が計算完備を示すための 1 つの道筋であるが，これをきちんと示そうとすれば，チューリングマシン，タグシステム，巡回タグシステムをそれぞれに理解し，更にタグシステムがチューリングマシンをシミュレートできること，巡回タグシステムがタグシステムをシミュレートできることを理解した上で，巡回タグシステムを SQL でシミュレートできることを示さなければならない．しかしながら，そのためにはオートマトンと形式言語の理論のバックグラウンドが必須となる．そこで，本章では上記 (1)～(3) 項には踏み込まず，(4) 項の「巡回タグシステムを SQL でシミュレートできるが故（ゆえ）に，SQL は計算完備である」に絞って議論することにしたい．

以下，巡回タグシステム，SQL の計算完備性，おわりに，と続く．

6.3 巡回タグシステム

巡回タグシステム（cyclic tag system, CTS）[2] はタグシステムをシミュレートでき，したがって，計算完備であることが証明されるわけであるが，ここではそこには深入りせず，まず，CTS とはどのようなシステムなのかを見ていく．

［**定義 6.1**］（**CTS**） CTS は 3 項組 (A, P, I) である．ここに，A はアルファベット，P は生成規則群，I は初期単語を表す．

A 記号 0 と 1 からなるアルファベット，即ち $A = \{0,1\}$．A で構成される（空も含む）有限の文字列を**単語**（words）と呼ぶ．

P 生成規則群．生成規則は単語の**巡回リスト**になっている．

I 初期単語を表す．

CTS の動作は次の通りである．

動作 初期単語 I が与えられる．生成規則は単語の巡回リストになっているので，まず初期単語 I に巡回リストの先頭の単語から順次適用して初期単語を変換して新たな単語を生成していく．生成規則については，巡回リストの最後の単語を適用したら，次は先頭に戻る．アルファベットは 0 か 1 からなるので，変換の対象となる単語の左端の記号は 0 か 1 の何(いず)れかである．もし左端の記号が 1 であれば，そのときの生成規則に示された単語を右端に追加し（この動作を「タグ付けする」という），0 であれば何も追加しない．どちらの場合も左端の記号を 1 つだけ削除する．

理解を深めるために CTS の簡単な計算例を見てみる．

［例 6.1］（CTS の計算例）

$$A = \{0, 1\}$$

$$P = (1 \to 11, 1 \to 10, 1 \to \varepsilon)$$

CTS では (上記のごとく)「0 であれば何も追加しない」ので，「1 →」は自明と見なしてよいから，$P = (1 \to 11, 1 \to 10, 1 \to \varepsilon)$ を単に $P = (11, 10, \varepsilon)$ と書いてよい．なお，リスト $P = (11, 10, \varepsilon)$ の要素は CTS の計算において，先頭から末尾の順に繰り返して適用されるので，それらに順に，1, 2, 3 と生成規則番号を付与することにする．

そこで，初期単語 I をそれぞれ (a) 00001，(b) 10101，(c) 01100，(d) 11111 とした時の巡回タグシステムの動作を示す[3]．なお，生成関係を $\vdash_i$ $(i \in \{1, 2, 3\})$ で表すこととする．このとき，単語の先頭が 0 の場合には生成後の単語はその先頭の 0 が削除されるだけなので，スペースを省略するために生成後の単語は書かないこととする．なお，CTS を提案した Cook はその停止条件を明示しなかったとのことであるが（タグシステムが停止するときに CTS も停止するように作られたということ），CTS の計算例を見てみると，その停止条件は，単語が消滅してしまうか (halt disappeared，消滅停止)，あるところから単語の出現が周期的になってしまうか (halt periodic，周期的停止)，の何(いず)れかになるようである．

(a) $00001 \vdash_1 \vdash_2 \vdash_3 \vdash_1 \vdash_2 10 \vdash_3 \vdash_1$（消滅停止）

(b) $10101 \vdash_1 010111 \vdash_2 \vdash_3 \vdash_1 \vdash_2 1110 \vdash_3 \vdash_1 1011 \vdash_2 01110 \vdash_3 \vdash_1 11011 \vdash_2 101110 \vdash_3 \vdash_1 \vdash_2 11010 \vdash_3 \vdash_1 01011 \vdash_2 \vdash_3 \vdash_1 \vdash_2 110 \vdash_3 \vdash_1 011 \vdash_2 \vdash_3 \vdash_1 11 \vdash_2 110 \vdash_3 \vdash_1 011$（周期的停止）

(c) $01100 \vdash_1 \vdash_2 10010 \vdash_3 \vdash_1 \vdash_2 \vdash_3 \vdash_1$（消滅停止）

(d) $11111 \vdash_1 111111 \vdash_2 1111110 \vdash_3\vdash_1 1111011 \vdash_2 11101110 \vdash_3\vdash_1$ $10111011 \vdash_2 011101110 \vdash_3\vdash_1 110111011 \vdash_2 1011101110 \vdash_3\vdash_1\vdash_2$ $1101110 \vdash_3\vdash_1 0111011 \vdash_2\vdash_3\vdash_1 101111 \vdash_2 0111110 \vdash_3\vdash_1 1111011 \vdash_2$ $11101110 \vdash_3\vdash_1 10111011 \vdash_2 011101110 \vdash_3\vdash_1 110111011 \vdash_2$ $1011101110 \vdash_3\vdash_1\vdash_2 110111010 \vdash_3\vdash_1 011101011 \vdash_2\vdash_3\vdash_1$ $10101111 \vdash_2 010111110 \vdash_3\vdash_1 0111110 \vdash_2\vdash_3\vdash_1 111011 \vdash_2$ $1101110 \vdash_3\vdash_1 0111011 \vdash_2\vdash_3\vdash_1 1011 \vdash_2 01110 \vdash_3\vdash_1 11011 \vdash_2$ $101110 \vdash_3\vdash_1\vdash_2 11010 \vdash_3\vdash_1 01011 \vdash_2\vdash_3\vdash_1\vdash_2 110 \vdash_3\vdash_1 011 \vdash_2\vdash_3\vdash_1$ $11 \vdash_2 110 \vdash_3\vdash_1 011$（周期的停止）

6.4 SQL の計算完備性

さて，巡回タグシステム（CTS）を SQL でシミュレートできれば，SQL はチューリング完全，即ち計算完備であることが示せたことになる．このために，SQL-92 で規格化された**CASE 文**，そして SQL:1999 で規格化された**再帰問合せ**の機能を用いる．以下に示すように，SQL 文で CTS をシミュレートできるので[4]，SQL がチューリング完全であることが示される．シミュレーションは PostgreSQL 14 で実行した．

● CTS をシミュレートする再帰問合せと実行結果

CTS $= (A, P, I)$，ここに $A = \{0, 1\}$, $P = (110, 01, 0000)$, $I = 1$ としてそれをシミュレートする SQL の再帰問合せと実行結果を以下に示す．

(1) CTS の生成規則群 P をテーブル $p(\mathrm{iter}, \mathrm{rnum}, \mathrm{tag})$ と符号化する．ここに，iter は生成規則番号，rnum はビットのインデックス，tag はビット値を表す．ちなみに，CTS の生成規則リストを $P = (110, 01, 0000)$ とすれば $p(\mathrm{iter}, \mathrm{rnum}, \mathrm{tag}) = \{(0,0,1), (0,1,1), (0,2,0), (1,0,0), (1,1,1), (2,0,0), (2,1,0), (2,2,0), (2,3,0)\}$ であるが，$(0,0,1)$, $(0,1,1)$, $(0,2,0)$ で第 1 番目の生成規則 110 を，$(1,0,0)$, $(1,1,1)$ で第 2 番目の生成規則 01 を，$(2,0,0)$, $(2,1,0)$, $(2,2,0)$, $(2,3,0)$ で第 3 番目の生成規則 0000 を表している．mod 関数が用いられているので，生成規則には順に 0, 1, 2 と番号が付けられている（モードは 3）．

(2) CTS の初期単語 I を非再帰的 UNION 表現（non-recursive union term）に符号化する，この例では CTS で $I = 1$ なので $(0,0,1)$ とする．

(3) $\mathrm{mod}(\mathrm{r.iter}, n)$ 部分式は，生成規則の数を符号化している．これは，空の生成規則（$1 \to \varepsilon$）がテーブル p に含まれていないため，テーブル p のサイズよりも大きくなる可能性がある．この例では（上記のように）$n = 3$ である．

(4) CTS の動作で規定したように，各反復で，単語の先頭ビット 0 が削除され，残りのビットが 1 つ上にシフトされる．先頭ビットが 1 の場合にのみ，(先頭ビット 1 が削除され) そのときの生成規則の内容が単語の最後に追加される．

【CTS をシミュレートする SQL の再帰問合せ[4]】

```
postgres=# WITH RECURSIVE
postgres-# p(iter, rnum, tag) AS (
postgres(#    VALUES (0,0,1), (0,1,1), (0,2,0), (1,0,0), (1,1,1), (2,0,0), (2,1,0), (2,2,0), (2,3,0)
postgres(# ),
postgres-# r(iter,rnum,tag) AS (
postgres(#    VALUES (0,0,1)
postgres(# UNION ALL
postgres(#     SELECT r.iter+1,
postgres(#         CASE
postgres(#             WHEN r.rnum=0 THEN p.rnum + max(r.rnum) OVER ()
postgres(#             ELSE r.rnum-1
postgres(#         END,
postgres(#         CASE
postgres(#             WHEN r.rnum=0 THEN p.tag
postgres(#             ELSE r.tag
postgres(#         END
postgres(# FROM
postgres(#     r
postgres(# LEFT JOIN p
postgres(#     ON (r.rnum=0 and r.tag=1 and p.iter=mod(r.iter, 3))
postgres(# WHERE
postgres(#     r.rnum>0
postgres(# OR p.iter IS NOT NULL
postgres(# )
postgres-# SELECT iter, rnum, tag
postgres-# FROM r
postgres-# ORDER BY iter, rnum;
```

【PostgreSQL14 での実行結果】

```
iter | rnum | tag
------+------+-----
   0 |    0 |   1      ── 初期値
   1 |    0 |   1   ┐
   1 |    1 |   1   ├ 単語 1 への生成規則 110 の適用をシミュレート
   1 |    2 |   0   ┘
   2 |    0 |   1   ┐
   2 |    1 |   0   │
   2 |    2 |   0   ├ 単語 110 への生成規則 01 の適用をシミュレート
   2 |    3 |   1   ┘
   3 |    0 |   0   ┐
   3 |    1 |   0   │
   3 |    2 |   1   │
   3 |    3 |   0   ├ 単語 1001 への生成規則 0000 の適用をシミュレート
   3 |    4 |   0   │
   3 |    5 |   0   │
   3 |    6 |   0   ┘
```

```
  4 |  0 | 0  ┐
  4 |  1 | 1  │
  4 |  2 | 0  │ 単語 0010000 への生成規則 110 の適用をシミュレート
  4 |  3 | 0  │
  4 |  4 | 0  │
  4 |  5 | 0  ┘
  5 |  0 | 1  ┐
  5 |  1 | 0  │
  5 |  2 | 0  │ 単語 010000 への生成規則 01 の適用をシミュレート
  5 |  3 | 0  │
  5 |  4 | 0  ┘
  6 |  0 | 0  ┐
  6 |  1 | 0  │
  6 |  2 | 0  │
  6 |  3 | 0  │ 単語 10000 への生成規則 0000 の適用をシミュレート
  6 |  4 | 0  │
  6 |  5 | 0  │
  6 |  6 | 0  │
  6 |  7 | 0  ┘
  7 |  0 | 0  ┐
  7 |  1 | 0  │
  7 |  2 | 0  │
  7 |  3 | 0  │ 単語 00000000 への生成規則 110 の適用をシミュレート
  7 |  4 | 0  │
  7 |  5 | 0  │
  7 |  6 | 0  ┘
  8 |  0 | 0  ┐
  8 |  1 | 0  │
  8 |  2 | 0  │ 単語 0000000 への生成規則 01 の適用をシミュレート
  8 |  3 | 0  │
  8 |  4 | 0  │
  8 |  5 | 0  ┘
  9 |  0 | 0  ┐
  9 |  1 | 0  │
  9 |  2 | 0  │ 単語 000000 への生成規則 0000 の適用をシミュレート
  9 |  3 | 0  │
  9 |  4 | 0  ┘
 10 |  0 | 0  ┐
 10 |  1 | 0  │ 単語 00000 への生成規則 110 の適用をシミュレート
 10 |  2 | 0  │
 10 |  3 | 0  ┘
 11 |  0 | 0  ┐
 11 |  1 | 0  │ 単語 0000 への生成規則 01 の適用をシミュレート
 11 |  2 | 0  ┘
 12 |  0 | 0  ┐ 単語 000 への生成規則 0000 の適用をシミュレート
 12 |  1 | 0  ┘
 13 |  0 | 0  ── 単語 00 への生成規則 110 の適用（CTS の消滅停止へ）
(62 行)
```

ちなみに，このSQL文がシミュレートしたCTSの動作は次の通りである．

$$1 \vdash_1 110 \vdash_2 1001 \vdash_3 0010000 \vdash_1 \vdash_2$$

$$10000 \vdash_3 00000000 \vdash_1 \vdash_2 \vdash_3 \vdash_1 \vdash_2 \vdash_3 \vdash_1 \vdash_2 \varepsilon$$

このようにCTSを作動させると14ステップで消滅停止することになるが，それを上記SQL文でシミュレートすると62行からなるテーブルrとして結果を出力している．このとき，rの最終行は$(13, 0, 0)$となっており，CTSの14ステップでの消滅停止と符合している．

なお，本題から逸（そ）れるが，CTSの動作をPythonで114文字（スペースを含める）でシミュレートできるというインターネット投稿がある[5]．

```
while len(word) > S : pIndex, word = (pIndex + 1) % len(C),
word[1:] + C[pIndex] if (word[0] == ‘‘1’’) else word[1:]
```

そもそもプログラミング言語自体は計算完備になるように設計されていると考えられるが，投稿通りであるならば，（本章で証明されたSQLの計算完備性と同様な手法で）Pythonの計算完備性が証明されたことになる．他のプログラミング言語でもその計算完備性について同様な報告が可能であろう．

6.5 お わ り に

以上の議論で，SQLが計算完備であることを示すことができた．したがって，SQLはリレーショナル完備でかつ計算完備という強力なプログラミング言語であると主張することに吝（やぶさ）かではないと言える．

しかしながら，では，全てのデータベースアプリケーションをSQLの再帰問合せを駆使して書き上げるのか？と問われればそれは別の話となろう．この件に関して，長年にわたりISO/IEC JTC1/SC32 WG3（SQL）の日本代表を務められSQLに精通している小寺孝氏（日立製作所）に意見を求めたことがあるが，氏は次のような認識を示して下さった（小寺孝氏との私信[6]による）．

> 『まず，再帰問合せによって計算完備性を実現できると思いますが，再帰問合せは計算完備性のための機能ではないと思います．現状，再帰問合せの向きは部品展開や経路探索のような問題にあると思います．個人的には再帰問合せはもっと可能性があるし，もっと用途が拡大して欲しいと思っていますが，通常のプログラム言語のように手法が開発されないと難しいと思います．
> ―中略―
> 再帰問合せによって計算完備が実現できること自体は正しいと思いますが，そのような使い方が想定されているわけではないので，少なくとも標準SQLでは再帰問合せが計算完備とは謳（うた）ってはいません．』

筆者も小寺孝氏の認識に大いに賛同するところである．

ここで，SQL の計算完備性について補足をすると，SQL 自体がリレーショナル完備ではあるが計算完備ではないことは当初から認識されていたようで，それを補うために SQL の最初の規格である SQL-87 で**埋込み SQL**（embedded SQL）が規格化されている．埋込み SQL 親プログラムを書き下すことでリレーショナル完備かつ計算完備なデータベースアプリケーションを開発できる．ただ，埋込み SQL は当時のホストコンピューティングパラダイムでの発想であり，1990 年代から盛んになってきたクライアント／サーバコンピューティングパラダイムには適していなかった．ネットワーク負荷を避けることができないからである．

それならば，サーバにクライアント（= アプリケーションプログラム）がよく使うであろうアプリケーションロジック，これをルーティンという，を格納して永続化し，クライアントはそれを SQL の CALL 文で呼び出すことでネットワーク負荷の問題を軽減し，さらにルーティンを書き下すために通常のプログラミング言語が有する制御文，たとえば< CASE 文>，< IF 文>，< LOOP 文>，< WHILE 文>，< REPEAT 文>，< FOR 文>などを導入して計算完備性を実現するという手続型言語 **SQL/PSM**（SQL/Persistent Stored Module，SQL 永続格納モジュール）が SQL:1999–Part 4（第 4 部）として規格化され現在に至っている．

したがって，我々は計算完備な SQL のプログラミング環境として，「再帰問合せ」，「埋込み SQL」，「SQL/PSM」という 3 つ選択肢を持ち合わせていることになるが，的確な選択に心がけることが肝要ということであろう．

謝辞

SQL の計算完備性とデータベースアプリケーション開発について正鵠（せいこく）を射た認識を披露してくださり，またそれを本章に転載することを承諾してくださった小寺孝氏（日立製作所）に深謝する．

文　献

[1] Turing machine. https://en.wikipedia.org/wiki/Turing_machine

[2] Tag System. https://en.wikipedia.org/wiki/Tag_system

[3] Genaro J. Martınez, Harold V. McIntosh, Juan C. Seck Tuoh Mora, and Sergio V. Chapa Vergara. Reproducing the cyclic tag system developed by Matthew Cook with Rule 110 using the phases $f_{i-}1$.
https://core.ac.uk/download/pdf/323897802.pdf

[4] Cyclic Tag System. 2015/02/20.
https://wiki.postgresql.org/wiki/Cyclic_Tag_System

[5] Bar Vinograd. Cyclic Tag System: 1 Line of Turing-Complete Code. Feb 25, 2018.

https://medium.com/@barvinograd1/
cyclic-tag-system-1-line-of-turing-complete-code-cebe8e18658f
[6] 小寺孝氏との私信（personal communication）．April 2, 2021.

第7章

SQLとバッグ意味論
—重複タップルの部分削除—

7.1 はじめに

リレーショナルデータモデルの始祖 E.F. Codd はリレーション（relation）とは**集合**（set）であると定義した．ここに，集合とは数学における「集合」を意味し，集合論の始祖 G. Cantor は「集合とは異なる元（element）の集まり」と定義した．したがって，リレーションに重複したタップル（tuple）は出現しない．また，それが故（ゆえ）にリレーションには必ず「キー」が定義できる．

一方，国際標準リレーショナルデータベース言語 SQL（以下，SQL）で定義されるテーブル（table，表）は集合ではない．テーブルでは重複したタップルの出現が許されるからである．したがって，テーブルでは必ずしもキーを定義できるわけではない[†1]．

テーブルは SQL では**バッグ**（bag）と呼ばれ，数学では**マルチ集合**（multiset）と呼ばれることが多い．リレーションとテーブルの違いは，フォーマルには，リレーショナルデータモデルは**集合意味論**（set semantics）に則り，SQL は**バッグ意味論**（bag semantics）に則った体系であると説明できる．意味論が違うので，当然のことながらリレーショナルデータモデルと実践のための SQL ではいろいろと違いが出てくる．本章では，リレーションに対するデータ操作では起こり得ないが，テーブルのデータ操作では発生する「重複タップルの部分削除」（partial delete of duplicate tuples）に焦点を当てて，少しく蘊蓄（うんちく）を傾けてみたいと思う．

7.2 重複タップルの部分削除問題

まず，バッグ（= テーブル）をフォーマルに定義しておく．ここに，リレーションスキーマ $\boldsymbol{R}$ はリレーション名 R と属性集合 $\Omega_{\boldsymbol{R}} = \{A_1, A_2, \ldots, A_n\}$ からなり，$\boldsymbol{R}(A_1, A_2, \ldots, A_n)$ と定義される．

[†1] バッグでは潜在キーと潜在候補キーを定義できることを第5章「ビューサポートの基礎理論」5.4.1項で示している．

［**定義 7.1**］（バッグ） $\boldsymbol{R}(A_1, A_2, \ldots, A_n)$ をリレーションスキーマ，dom をドメイン関数，$\mathrm{dom}(\boldsymbol{R}) = \mathrm{dom}(A_1) \times \mathrm{dom}(A_2) \times \cdots \times \mathrm{dom}(A_n)$ とする．このとき，$\boldsymbol{R}(A_1, A_2, \ldots, A_n)$ のバッグ $R(A_1, A_2, \ldots, A_n)$ は次のように定義される[†2]．

$$R(A_1, A_2, \ldots, A_n) = \{t_1(k_1), t_2(k_2), \ldots, t_p(k_p)\}$$

ここに，$(\forall i, j)(i \neq j \Rightarrow t_i \neq t_j)$ であり，$(\forall i = 1, \ldots, p)(t_i \in \mathrm{dom}(\boldsymbol{R}) \wedge k_i \geqq 1)$ とし，$t_i(k_i)$ はバッグ R にタップル t_i が丁度 k_i 本あることを表すための記法である．k_i を t_i の重複度（multiplicity）という．$\Rightarrow$ は含意（if ... then）を表す．

R の濃度（cardinality）を $|R| = \sum_{i=1,\ldots,p} k_i$ と定義する．なお，$k_i = 1$ のとき，$t_i(1)$ と書かずに単に t_i と書くこともある．また $t_i(0)$ は t_i が存在していないことを表す．定義 7.1 から明らかなように，バッグ R は $(\forall i = 1, \ldots, p)(k_i = 1)$ のときリレーションである．

さて，集合と違ってバッグ（= マルチ集合）の特徴を表す大事な原理がある．それを次に示す．

【重複元の識別不可能性原理】

バッグがリレーションと根本的に異なる点は，バッグには重複した元が存在し得ることである．たとえば，バッグ $R(A_1, A_2, \ldots, A_n) = \{t_1(k_1), t_2(k_2), \ldots, t_p(k_p)\}$ の要素 $t_i(k_i)$ は R にタップル t_i が k_i 本存在していることを表しているが，注意するべき点は，これら k_i 本のタップル t_i を識別することは不可能なことである．このことは，$t_1(k_1), t_2(k_2), \ldots, t_p(k_p)$ の全てに対して成立する．この性質を**重複元の識別不可能性原理**（principle of indistinguishability of duplicate elements）という[1]．

この原理はバッグの本質を突くものでとても大事である．たとえば，バッグ $R(A) = \{1(3), 2\}$ があったとき，タップル 1 は R に 3 本あるわけだが，それら 3 つの 1 に，たとえば色付けをして，赤の 1 とか青の 1 とか言うことはできないということである．したがって，3 本あるタップル 1 を 1 本だけ削除したいと要求しようとしたとき，3 つの 1 の内のどの 1 を削除してくれとは指定できないということである．これを

[†2] バッグの厳密な定義は第 5 章「ビューサポートの基礎理論」5.4.1 項の定義 5.4 で与えたが，ここではバッグの構造（たとえばバッグの分解）ではなく単にタップルの重複出現にのみ着目しているので，潜在リレーションを陽には出さず，このような定義とした．テーブルがバッグであることの本質は変わらない．

DBMS側から言えば，たとえ「3つの1の内どれでもよいから1本だけを削除してくれ」と要求されたとしても，どの1を削除したらよいのか，本当に1を1つ適当に選択して削除してよいのか，重複元は識別不可能とは言えども，ひょっとすると何らかの違いのようなもの（たとえば，タップルの出自とか...）が付随していて，本当にサイコロを振ってランダムに1つを選択して削除してしまってよいのか，このような意味での曖昧性が気になり，それを解消できない以上，尻込みしてしまうということである．

● 重複タップルの部分削除

重複元の識別不可能性原理に忠実であると，重複タップルの全部削除は認めるが部分削除は認められないということになってしまう．しかしながら，SQLの現場では重複タップルの部分削除を必要とする状況は確実にあり得るようだ．たとえば，ビューやマテリアライズドビューでは重複タップルの発生はごく自然に起こるし，何らかのエラーでテーブルに重複したタップルが発生してしまうこともあり得る．そのような場合に重複したタップルの一部を削除したいという要求は当然のこととして発生するであろう．

そこで，重複タップルの部分削除を何とか実現できないものかがSQLの現場では重要な課題となってくる．選択肢として次の2つのアプローチ(a)と(b)が考えられる．ここに，テーブルR中には$t(n)$，即ち，タップルtが重複してn本存在していて，Rからm（$1 \leqq m < n$）本のタップルtを削除したいということである．

(a) まず，n本のタップルtを全て削除し，続いて，$n-m$本のタップルt，即ち$t(n-m)$を挿入する．

(b) n本のタップルtの中から「適当」にm本を選択して削除する．

さて，(a)は，Rから$t(n)$全てを削除することは重複元の識別不可能性原理には抵触せずに可能である．また，$t(n-m)$を挿入することも問題なくできる．ただ，この総入れ替えの考え方は，現行のDELETE文を使いつつも何とか部分削除を実現する手法を検討しようという本章の趣旨にそぐわないので，このアプローチは割愛することとしたい．

そこで(b)であるが，(b)を実現するにあたっては，「適当」とはどういうことか，そこが大事な論点となる．重複したタップルはみな同一であって識別不可能とは言いながらも，何らかの手段でそこに一意識別性を持ち込めないか？ もちろん，あくまで「便法」ではあるが...

本来であれば，「識別不可能な重複タップルに便宜的に一意性を付与」する役割があったのは行（row）のobject identifier（oid）である．ただ，現行のPostgreSQLでは行のoidはデフォルトでは排除されているので，oidを一意識別不可能な重複タップルに便宜的に一意性を付与する目的で使用することは事実上できなくなっている.

そこで，次の 2 つのアプローチを検討してみることにした.

(i) ctid を用いて重複タップルの部分削除を実現する.

(ii) ctid を使わないで，ORDER BY 句と LIMIT 句を用いて重複タップルの部分削除を実現する.

一体，何が起こるのか？ PostgreSQL 14 で実行してみると，(i) では見かけ上「部分削除」を実現できるが，(ii) では問題含みの展開となる. (i) を次節で，(ii) を 7.4 節で論じよう.

7.3　ctid を用いた重複タップルの部分削除

ctid とは “current tuple identifier”[2] の頭文字語（initialism）である. Current とは「現時点の」という意味であるが，PostgreSQL はテーブルをヒープファイルに格納して，同時実行制御法 MVCC のもと追記型アーキテクチャでタップルを更新するので，tid（tuple identifier）がタップルの更新や VACUUM FULL などによってその都度変化することにちなんだ命名である. ctid は，たとえば $(0,3)$ というような対として定義されるが，第 1 成分，この場合は 0，がそのタップルが格納されているページを，第 2 成分である 3 はそのページ内でのオフセットを指している. ctid は「隠しカラム」なので，ctid を用いて重複タップルを部分削除するという発想に至るのはエンドユーザには少々ハードルの高さを感じるが，PostgreSQL の内部構造に明るい人には理解可能な自然な発想と映るかもしれない.

では，例を交えて，ctid を用いた重複タップルの部分削除の様子を見ていくことにする.

まず，テーブル $r(a) = \{1(3), 2\}$ を作成する（以下，全て PostgreSQL 14 で実行）.

```
postgres=# create table r(a int);
CREATE TABLE
postgres=# insert into r values (1),(1),(1),(2);
INSERT 0 4
```

続いて，これら 4 本のタップルの格納状況を見てみる.

```
postgres=# select ctid, a from r;
ctid   | a
-------+---
(0,1)  | 1
(0,2)  | 1
(0,3)  | 1
```

```
(0,4)  | 2
(4 行)
```

ちなみに，このSELECT文がどのように処理されるのか，QUERY PLANを見てみると次の通りである．見ての通り，“Seq Scan on r”が実行されている．tidは使われていない．

```
postgres=# explain select ctid, a from r;
                     QUERY PLAN
-------------------------------------------------------
Seq Scan on r (cost=0.00..35.50 rows=2550 width=10)
(1 行)
```

次に，rからタップル1を1本だけ削除するべく**LIMIT句**を用いることにする．PostgreSQL 14.0文書に『LIMIT句を使用する時は，結果の行を一意な順序に制御するORDER BY句を使用することが重要です．ORDER BYを使わなければ，問い合わせの行について予測不能な部分集合を得ることになるでしょう．10番目から20番目の行を問い合わせることもあるでしょうが，どういう並び順での10番目から20番目の行でしょうか？ ORDER BYを指定しなければ，並び順はわかりません』[3] と注意書きがあるので，ORDER BY句を併用する．そのためのDELETE文はctidと副問合せ（subquery）を用いて次のように作成され，その実行計画と実行結果は以下の通りとなる．

```
postgres=# explain delete from r where ctid in (select ctid from r where a=1 order by
a asc limit 1);
                                 QUERY PLAN
-----------------------------------------------------------------------------------------
Delete on r (cost=3.24..7.27 rows=0 width=0)
  -> Nested Loop (cost=3.24..7.27 rows=1 width=36)
       -> HashAggregate (cost=3.23..3.24 rows=1 width=36)
            Group Key: "ANY_subquery".ctid
            -> Subquery Scan on "ANY_subquery" (cost=0.00..3.23 rows=1 width=36)
                 -> Limit (cost=0.00..3.22 rows=1 width=10)
                      -> Seq Scan on r r_1 (cost=0.00..41.88 rows=13 width=10)
                           Filter: (a = 1)
       -> Tid Scan on r (cost=0.00..4.01 rows=1 width=6)
            TID Cond: (ctid = "ANY_subquery".ctid)
(10 行)
```

```
postgres=# delete from r where ctid in (select ctid from r where a=1 order by a asc
limit 1);
DELETE 1
postgres=# select ctid, a from r;
ctid   | a
-------+---
```

```
(0,2)  | 1
(0,3)  | 1
(0,4)  | 2
(3 行)
```

この場合，WHERE 句の citd を処理するために，“Tid Scan on r” が実行されて，削除されたタップル 1 の ctid はこの時点で一番小さい $(0,1)$ であると説明できる．

なお，これは本題とは関係ないが，ctid を理解するために，タップル 1 が削除された上記のテーブル r に，改めてタップル 1 を挿入した場合の ctid の挙動を確認しておくと，新しく挿入されたタップル 1 の ctid は $(0,5)$ となった．PostgreSQL のテーブルはヒープファイルとして格納され，この例ではテーブル r も小さくてそれを格納しているページ 0 に新たにタップル 1 を格納する余裕もあり，vacuuming もされていないので，この結果は明白であろう．

```
postgres=# insert into r values (1);
INSERT 0 1
postgres=# select ctid, a from r;
ctid   | a
-------+---
(0,2)  | 1
(0,3)  | 1
(0,4)  | 2
(0,5)  | 1
(4 行)
```

念のために，**OFFSET 句**を指定して新しく挿入された ctid $= (0,5)$ のタップル 1 を削除してみる．そのための DELETE 文は以下の通りで，実行してみると，確かに，OFFSET 2 が効いて，3 番目のタップル 1，つまり，ctid $= (0,5)$ のタップル 1 が削除されている．QUERY PLAN からも分かるように，この場合も WHERE 句の citd を処理するために，“Tid Scan on r” が実施されて，削除されたタップル 1 の ctid はこの時点で 3 番目に大きい $(0,5)$ であることが分かる．

```
postgres=# explain delete from r where ctid in (select ctid from r where a=1 order by
a asc limit 1 offset 2);
                                    QUERY PLAN
-----------------------------------------------------------------------------------
Delete on r (cost=9.68..13.71 rows=0 width=0)
  -> Nested Loop (cost=9.68..13.71 rows=1 width=36)
       -> HashAggregate (cost=9.68..9.69 rows=1 width=36)
            Group Key: "ANY_subquery".ctid
              -> Subquery Scan on "ANY_subquery" (cost=6.44..9.67 rows=1 width=36)
                   -> Limit (cost=6.44..9.66 rows=1 width=10)
                        -> Seq Scan on r r_1 (cost=0.00..41.88 rows=13 width=10)
                             Filter: (a = 1)
```

```
        -> Tid Scan on r  (cost=0.00..4.01 rows=1 width=6)
              TID Cond: (ctid = "ANY_subquery".ctid)
(10 行)
```

```
postgres=# delete from r where ctid in (select ctid from r where a=1 order by a asc
limit 1 offset 2);
DELETE 1
postgres=# select ctid, a from r;
ctid   | a
-------+---
(0,2)  | 1
(0,3)  | 1
(0,4)  | 2
(3 行)
```

このように，ctid と副問合せを用いると，n 本ある同一タップルから $m(1 \leqq m < n)$ 本だけ削除することができることが分かる．また，OFFSET 句を使うと削除されるタップルの先頭位置をずらせる．つまり，本来はマルチ集合の重複元の識別不可能性原理により重複タップルの部分削除は削除するべきタップルを指定できないので行えないはずなのだが，ctid と副問合せを併用することにより，その時点での重複したタップルのどれを，つまり，どういう ctid を持ったタップルを削除したのかを説明できるというわけである．

では，話を一歩進めて，ctid と副問合せを使わないで重複タップルの部分削除は行えないのであろうか？ 次節で，それに挑むことにする．

7.4 ORDER BY 句と LIMIT 句を併用した重複タップルの部分削除

ORDER BY 句と LIMIT 句を併用すれば重複した n 本のタップルから m $(1 \leqq m < n)$ 本だけ削除することを指定できるのではないかと考えた．その論拠は，それらを併用して重複した n 本のタップルの内，m $(1 \leqq m < n)$ 本だけを「問い合わせる」ことができるからである．以下に示す SELECT 文の通りである．

● ORDER BY 句と LIMIT 句を併用した問合せ

テーブル r に 3 本重複出現しているタップル 1 の内の 1 本だけを検索する SELECT 文を発行してみる．ORDER BY 句と LIMIT 句を併用している点に注意する（どのタップル 1 が検索されたのかも知るために ctid も一緒に検索する）．

```
postgres=# create table r(a int);
CREATE TABLE
postgres=# insert into r values (1), (1), (1), (2);
INSERT 0 4
postgres=# explain select ctid, a from r where a=1 order by
```

```
a asc limit 1;
                          QUERY PLAN
------------------------------------------------------------
Limit (cost=0.00..3.22 rows=1 width=10)
  -> Seq Scan on r (cost=0.00..41.88 rows=13 width=10)
       Filter: (a = 1)
(3 行)
```

```
postgres=# select ctid, a from r where a=1 order by a asc
limit 1;
ctid   | a
-------+---
(0,1)  | 1
(1 行)
```

この結果を見ると，テーブル r のタップル 1 の中で ctid の一番小さな ctid $= (0, 1)$ のタップルが選択されているが，QUERY PLAN では r は sequential scan されていることが分かる（Seq Scan on r の実行）．ということは，上記の結果は「たまたま」ctid $= (0, 1)$ のタップル 1 が選択されただけ，という解釈になる．sequential scan と tid scan の関係性であるが，syncronize seq scan 機能が使われた場合や，parallel seq scan が使われた場合には，タップルが格納順に返ってくる保証はないとのことである．

さて，ここからが，本題である．

● ORDER BY 句と LIMIT 句を併用した部分削除

上記のごとく，ORDER BY 句と LIMIT 句を併用した問合せは問題なく実行されたので，重複タップルの部分削除について筆者は次のように考えた．

「ORDER BY 句と LIMIT 句を併用した SELECT 文はうまくいった！
だったら，その WHERE 句を使って DELETE 文も処理してくれるかな？」

そこで，次の DELETE 文を発行してチェックした．この DELETE 文の WHERE 句は上記の SELECT 文の WHERE 句と全く同じであることに注意してほしい．

```
postgres=# explain delete from r where a=1 order by a asc
limit 1;
ERROR: syntax error at or near "order"
行 1: explain delete from r where a=1 order by a asc limit 1;
```

「エッ！ 撃沈だ！」

SELECT 文や DELETE 文の定義構文（の基本）は下に示される通りで，SELECT

文が通ったのだからDELETE文も問題なく実行されるだろうと思い込んでいた筆者にとっては理解不可能なエラーメッセージであった.

SELECT文とDELETE文の基本的な構造は次の通りである.

```
SELECT <列リスト> FROM <対象表リスト>
[ WHERE <探索条件>]

DELETE FROM <対象表>
[ WHERE <探索条件>]
```

実は, このことについて, SELECT文とDELETE文では, 厳密にはそのWHERE句の定義構文が異なり筆者が思い込んでいた世界とは異なることを, SRA OSS, Inc.日本支社（現SRA OSS合同会社）の石井達夫氏と長田悠吾氏から教唆された. 実際, SQL:2016文書[4]にあたってみると, 以下に示したように, それらは異なっている.

【1】<query expression>の定義

```
<query expression> ::=
  [ <with clause> ] <query expression body>
      [ <order by clause> ] [ <result offset clause> ]
      [ <fetch first clause> ]
・・・(中略)・・・
<result offset clause> ::=
  OFFSET <offset row count> { ROW | ROWS }
<offset row count> ::=
  <simple value specification>
<simple value specification> ::=
    <literal>
  | <host parameter name>
  | <SQL parameter reference>
  | <embedded variable name>
・・・(中略)・・・
<fetch first clause> ::=
  FETCH { FIRST | NEXT } [ <fetch first quantity> ] { ROW | ROWS }
    { ONLY | WITH TIES }
<fetch first quantity> ::=
    <fetch first row count>
  | <fetch first percentage>
<offset row count> ::=
  <simple value specification>
<fetch first row count> ::=
  <simple value specification>
<fetch first percentage> ::=
  <simple value specification> PERCENT
```

【2】<delete statement: searched>の定義

```
<delete statement: searched> ::=
  DELETE FROM <target table>
      [ FOR PORTION OF <application time period name>
          FROM <point in time 1> TO <point in time 2> ]
      [ [ AS ] <correlation name> ]
      [ WHERE <search condition> ]
<search condition> ::=
  <boolean value expression>
<boolean value expression> ::=
    <boolean term>
  | <boolean value expression> OR <boolean term>
<boolean term> ::=
    <boolean factor>
  | <boolean term> AND <boolean factor>
<boolean factor> ::=
  [ NOT ] <boolean test>
<boolean test> ::=
<boolean primary> [ IS [ NOT ] <truth value> ]
  <truth value> ::=
    TRUE
  | FALSE
  | UNKNOWN
<boolean primary> ::=
    <predicate>
  | <boolean predicand>
<boolean predicand> ::=
    <parenthesized boolean value expression>
  | <nonparenthesized value expression primary>
<parenthesized boolean value expression> ::=
  <left paren> <boolean value expression> <right paren>
```

要点を掻い摘んで示すと，まず，SELECT 文の<探索条件>である<query expression>の最上位の定義は次の通りである．

```
<query expression> ::=
  [<with clause>] <query expression body>
      [<order by clause>] [<result offset clause>]
      [<fetch first clause>]
```

一方，<delete statement: searched>の最上位の定義は次の通りである．

```
<delete statement: searched> ::=
  DELETE FROM <target table>
      [FOR PORTION OF <application time period name>
         FROM <point in time 1> TO <point in time 2>]
      [[AS] <correlation name>]
      [WHERE <search condition>]
```

注意するべき点は，この DELETE 文の<探索条件>である<search condition>であるが，【2】にその詳細が展開されているように，そこには SELECT 文の<探索条件>である<query expression>で出現が許されている<order by clause>，<result offset clause>，<fetch first clause>は許されていない．

そもそも，PostgreSQL の OFFSET 句や LIMIT 句は標準 SQL の拡張であって，それらは<result offset clause>や<fetch first clause>に対応しているとのことであるが，PostgreSQL が標準 SQL に忠実な実装を行っていれば，DELETE 文に OFFSET 句や LIMIT 句の使用は許されないということになる．つまり，先述の DELETE 文 delete from r where a=1 order by a asc limit 1; が ERROR となったのは，それが原因だったと理解すべきということになる．ただ，典型的なエンドユーザである筆者にとっては（繰り返しになるが）「SELECT 文の WHERE 句で同定されたタップルを r から削除すればよいだけのことなのに ...」と，もう 1 つ腑（ふ）に落ちないところではあった．

7.5 「ORDER BY 句と LIMIT 句を併用した重複タップルの部分削除」の後日談

7.4 節の話には，後日談がある．筆者の腑に落ちなさを尤もと思ってくださった SRA OSS 日本支社（現 SRA OSS 合同会社）OSS 事業本部技術開発室主任研究員である長田悠吾氏が，「試しにパッチを書いて PostgreSQL 開発コミュニティの意見を聞いてみた」ということで，“Allow DELETE to use ORDER BY and LIMIT/OFFSET” と題して pgsql-hackers@postgresql.org へ投稿してくださった[5]．そうしたところ，即座に Tom Lane（同コミュニティのコアメンバー）から「確かに，これは技術的には可能ですが，私たちは以前にそのアイディアを却下したことがあり，私は考えを変える理由を知りません．問題は，部分的な DELETE は，どの行が削除されるかについてあまり決定論的ではなく，データ更新コマンドの優れたプロパティとは思えないことです」と反対意見が投稿されてきた[6]．長田主任研究員と Lane のやり取りはここまでであるが，Lane の反対意見は「どの行が削除されるかについてあまり決定論的ではなく」ということで，それはマルチ集合論の「重複元の識別不可能性原理」と符合する理由付けではある．ただ，それが理由であるのなら，やはり前節で蘊蓄を傾けたように SELECT 文に準じて DELETE 文を受け付けてくれてもよいように思ってしまうから，一層のこと，そのような DELETE 文は SQL で許されていない syntax error だ！と切り捨ててくれた方がすっきりする．これについては次節で補足と提案を行う．

7.6 お わ り に

以上が重複タップルの部分削除の議論であるが，ここでは，上で書ききれなかったことを1つだけ補足する．7.3節で示したように，ctidと副問合せを使うと，それなりの説得性を持って重複タップルの部分削除を実現することができた．だったら，「テーブル r から $a = 1$ のタップルをオフセット s で m 行削除したい」という要求を次のように書くことを許したらどうか？

delete from r where a=1 limit m offset s;

PostgreSQLはこのDELETE文を粛々（しゅくしゅく）と次のDELETE文に変換すればよいだけのことだから．

delete from r where ctid in (select ctid from r where a=1 order by a asc limit m offset s);

実際，このDELETE文は次に示すようにPostgreSQLで問題なく実行できる（$m = 1$，$s = 2$）．

```
postgres=# explain delete from r where ctid in (select ctid from r where a=1 order by
a asc limit 1 offset 2);
                                        QUERY PLAN
---------------------------------------------------------------------------------------
Delete on r (cost=9.68..13.71 rows=0 width=0)
  -> Nested Loop (cost=9.68..13.71 rows=1 width=36)
       -> HashAggregate (cost=9.68..9.69 rows=1 width=36)
            Group Key: "ANY_subquery".ctid
            -> Subquery Scan on "ANY_subquery" (cost=6.44..9.67 rows=1 width=36)
                 -> Limit (cost=6.44..9.66 rows=1 width=10)
                      -> Seq Scan on r r_1 (cost=0.00..41.88 rows=13 width=10)
                           Filter: (a = 1)
       -> Tid Scan on r (cost=0.00..4.01 rows=1 width=6)
            TID Cond: (ctid = "ANY_subquery".ctid)
(10 行)
```

```
postgres=# delete from r where ctid in (select ctid from r where a=1 order by a asc
limit 1 offset 2);
DELETE 1
postgres=# select ctid, a from r;
ctid  | a
-------+---
(0,1)  | 1
(0,2)  | 1
(0,4)  | 2
(3 行)
```

明らかに，上で提案したDELETE文をサポートしようとすると，DELETE文の構文に変更を加える必要があり，これはSQLの標準化委員会であるISO/IEC

JTC1/SC 32 WG 3（SQL）マターとなるのであろう．これでは大ごとになるから，上記の機能をPostgreSQLの“extension”としてサポートしてくれれば大変有り難いのかなとも期待してしまう．このような機能の必要性は，SQLが集合意味論ではなく「バッグ意味論」に立脚しているからこそ出てくる本質的で切実な要望だと考えるからである．

謝辞

本章を認（したた）めるにあたり，SRA OSS, Inc. 日本支社支社長（現SRA OSS合同会社顧問）の石井達夫氏，ならびに同社OSS事業本部技術開発室主任研究員の長田悠吾氏から有益なご助言を多々いただいた．また，長田氏は，7.5節の後日談で記したように，7.4節で提起した筆者の疑問を尤もと捉えて，早速にpgsql-hackers@postgresql.orgへパッチを投稿してくださり，その結果，Laneの見解を聞くこともできた．この場を借りて石井達夫，長田悠吾両氏に改めて深く感謝の意を表する．

文　献

[1] Wayne D. Blizard. Multiset theory. *Notre Dame Journal of Formal Logic*, Vol.30(1), pp.36-66, 1988.

[2] Bruce Momjian. PostgreSQL: Re: Tuple identifier (tid) – object identifiers. 2002. https://www.postgresql.org/message-id/200208281654.g7SGsJB20339@candle.pha.pa.us

[3] PostgreSQLグローバル開発グループ．PostgreSQL 14.0文書，7.6. LIMITとOFFSET. https://pgsql-jp.github.io/current/postgres-A4.pdf

[4] SQL:2016 Document.
http://jakewheat.github.io/sql-overview/sql-2016-foundation-grammar.html

[5] Yugo Nagata. Allow DELETE to use ORDER BY and LIMIT/OFFSET. 2021-12-17 00:47:18.
https://www.postgresql.org/message-id/20211217094718.0d4d1c9eea684d09d8111c5d%40sraoss.co.jp

[6] Tom Lane. Re: Allow DELETE to use ORDER BY and LIMIT/OFFSET. 2021-12-17 03:17:58.
https://www.postgresql.org/message-id/1272732.1639711078%40sss.pgh.pa.us

第8章

SQLのビッグデータ対応

8.1 はじめに

SQL のビッグデータ対応が取りざたされて久しいが，その現状を調査した結果を報告する．よく知られているように，SQL は SQL-87 の登場以来，SQL-92, SQL:1999，SQL:2003，SQL:2006，SQL:2008，SQL:2011，SQL:2016 などを経て SQL:2023 へと改正されて現在に至っている．

SQL:2016（ISO / IEC 9075：2016）は ISO / IEC が 2016 年 12 月にリリースした SQL のバージョンで，そこでは，44 の新しいオプション機能が導入され，その内の 22 個は JSON 連携機能に属し，10 個は多態表関数（polymorphic table functions）に関連し，加えて listtag（集計関数）機能と**行パターン認識**（row pattern recognition，**RPR**）機能が規格化されている．これらの機能はそれぞれの理由でビッグデータ処理に関連していると言えるが，中でも「行パターン認識」はテーブルの行を整列しておいて，このデータストリームからパターンマッチングで所望の出力を得るための機能であり，機械学習によらない人工知能の取組みの一種とも考えられ，大変興味深い機能である．

さて，行パターン認識は，Oracle 社が提案して標準化されたと言われているが，この機能は更に**行パターン認識：FROM 句**と**行パターン認識：WINDOW 句**の 2 つの機能に分かれる．前者は Oracle Database で実装されており，Oracle Database にはこの機能を必要とするユースケースがあったということであろう．

以下，「行パターン認識：FROM 句」を例を交えて説明する．

8.2 行パターン認識：FROM 句とは

「行パターン認識：FROM 句」は，識別したいパターンを記述するために **MATCH_RECOGNIZE 句**を問合せ（query）の FROM 句で指定する機能である．問合せの入力は表または表式で，出力は仮想テーブル（virtual table．物理的には存在しないが，必要な場合にのみマテリアライズされるテーブル）である．まず，この機能を使用した問合せ構文を示すことから始める．

【行パターン認識：FROM 句を用いた問合せ構文】

```
SELECT <select list>
  FROM <source table>
  MATCH_RECOGNIZE
  (
    [ PARTITION BY <partition list> ]
    [ ORDER BY <order by list> ]
    [ MEASURES <measure list> ]
    [ <row pattern rows per match> ::= ONE ROW PER MATCH | ALL
      ROWS PER MATCH ]
    [ AFTER MATCH <skip to option>]
    PATTERN ( <row pattern> )
    [ SUBSET <subset list> ]
    DEFINE <definition list>
  ) AS <table alias>;
```

MATCH_RECOGNIZE 句，PARTITION BY 句，ORDER BY 句，MEASURES 句，<row pattern rows per match>オプション，AFTER MATCH 句，PATTERN 句，SUBSET 句，DEFINE 句の説明は，以下，例を交えて与える．

8.3 行パターン認識：FROM 句 の例による説明

さて，ISO/IEC の技術報告書（ISO/IEC TR 19075-5）に与えられた例に基づき「行パターン認識：FROM 句」を説明する．具体的には，下に示すコードを使用してテーブルを作成し，サンプルデータを入力し，それに問合せを発行することとする．ここに，Ticker は，symbol, tradedate, price を列とするテーブルで，ticker は（株式）相場表示機，symbol は銘柄，tradedate は取引年月日，price は株価を表している．この例の解説は文献 [1] に詳しく，それを参考にしている．

● Ticker テーブルの生成とサンプルデータの入力

まず，Ticker テーブルの生成とサンプルデータの入力を PostgreSQL 14 で行うと，次の通りである．この Ticker テーブルは 40 行とタップル数は少ないものの，行パターン認識：FROM 句が識別の対象とするテーブルがどのような外形を有するのか，その姿を具体的にイメージするのに役立とう．

【例 8.1】Ticker テーブルの生成とサンプルデータの入力

```
postgres=# CREATE TABLE Ticker
postgres-# (
postgres(#    symbol   VARCHAR(10)    NOT NULL,
postgres(# tradedate   DATE           NOT NULL,
postgres(# price    NUMERIC(12, 2) NOT NULL,
postgres(# CONSTRAINT PK_Ticker
postgres(#   PRIMARY KEY (symbol, tradedate)
postgres(# );
CREATE TABLE
postgres=#
postgres=# INSERT INTO Ticker(symbol, tradedate, price) VALUES
postgres-# ('STOCK1', '20190212', 150.00), ('STOCK1', '20190213', 151.00), ('STOCK1', '20190214', 148.00),
postgres-# ('STOCK1', '20190215', 146.00), ('STOCK1', '20190218', 142.00), ('STOCK1', '20190219', 144.00),
postgres-# ('STOCK1', '20190220', 152.00), ('STOCK1', '20190221', 152.00), ('STOCK1', '20190222', 153.00),
postgres-# ('STOCK1', '20190225', 154.00), ('STOCK1', '20190226', 154.00), ('STOCK1', '20190227', 154.00),
postgres-# ('STOCK1', '20190228', 153.00), ('STOCK1', '20190301', 145.00), ('STOCK1', '20190304', 140.00),
postgres-# ('STOCK1', '20190305', 142.00), ('STOCK1', '20190306', 143.00), ('STOCK1', '20190307', 142.00),
postgres-# ('STOCK1', '20190308', 140.00), ('STOCK1', '20190311', 138.00), ('STOCK2', '20190212', 330.00),
postgres-# ('STOCK2', '20190213', 329.00), ('STOCK2', '20190214', 329.00), ('STOCK2', '20190215', 326.00),
postgres-# ('STOCK2', '20190218', 325.00), ('STOCK2', '20190219', 326.00), ('STOCK2', '20190220', 328.00),
postgres-# ('STOCK2', '20190221', 326.00), ('STOCK2', '20190222', 320.00), ('STOCK2', '20190225', 317.00),
postgres-# ('STOCK2', '20190226', 319.00), ('STOCK2', '20190227', 325.00), ('STOCK2', '20190228', 322.00),
postgres-# ('STOCK2', '20190301', 324.00), ('STOCK2', '20190304', 321.00), ('STOCK2', '20190305', 319.00),
postgres-# ('STOCK2', '20190306', 322.00), ('STOCK2', '20190307', 326.00), ('STOCK2', '20190308', 326.00),
postgres-# ('STOCK2', '20190311', 324.00);
INSERT 0 40
postgres=#
postgres=# SELECT symbol, tradedate, price FROM Ticker;
symbol          | tradedate         | price
----------------+-------------------+--------
STOCK1          | 2019-02-12        | 150.00
STOCK1          | 2019-02-13        | 151.00
STOCK1          | 2019-02-14        | 148.00
STOCK1          | 2019-02-15        | 146.00
STOCK1          | 2019-02-18        | 142.00
STOCK1          | 2019-02-19        | 144.00
STOCK1          | 2019-02-20        | 152.00
STOCK1          | 2019-02-21        | 152.00
STOCK1          | 2019-02-22        | 153.00
STOCK1          | 2019-02-25        | 154.00
STOCK1          | 2019-02-26        | 154.00
STOCK1          | 2019-02-27        | 154.00
STOCK1          | 2019-02-28        | 153.00
STOCK1          | 2019-03-01        | 145.00
STOCK1          | 2019-03-04        | 140.00
STOCK1          | 2019-03-05        | 142.00
STOCK1          | 2019-03-06        | 143.00
STOCK1          | 2019-03-07        | 142.00
STOCK1          | 2019-03-08        | 140.00
STOCK1          | 2019-03-11        | 138.00
STOCK2          | 2019-02-12        | 330.00
STOCK2          | 2019-02-13        | 329.00
STOCK2          | 2019-02-14        | 329.00
STOCK2          | 2019-02-15        | 326.00
STOCK2          | 2019-02-18        | 325.00
STOCK2          | 2019-02-19        | 326.00
STOCK2          | 2019-02-20        | 328.00
STOCK2          | 2019-02-21        | 326.00
STOCK2          | 2019-02-22        | 320.00
STOCK2          | 2019-02-25        | 317.00
STOCK2          | 2019-02-26        | 319.00
STOCK2          | 2019-02-27        | 325.00
STOCK2          | 2019-02-28        | 322.00
STOCK2          | 2019-03-01        | 324.00
STOCK2          | 2019-03-04        | 321.00
```

```
STOCK2          | 2019-03-05       | 319.00
STOCK2          | 2019-03-06       | 322.00
STOCK2          | 2019-03-07       | 326.00
STOCK2          | 2019-03-08       | 326.00
STOCK2          | 2019-03-11       | 324.00
(40 行)
```

● 株価がV字型を表すパターンの識別

「行パターン認識：FROM 句」を用いたパターンの識別（= 一致）は MATCH_RECOGNIZE 句で記述する．<row pattern rows per match> オプションとして ONE ROW PER MATCH を使用して，株価が V 字型を表すパターン（厳密に株価が下がる期間とそれに続く厳密に株価が上がる期間）を識別する問合せを書きくだしてみると次のようになる．

【例 8.2】株価が V 字型を表すパターンを識別する問合せ

```
SELECT
  MR.symbol, MR.matchnum, MR.startdate, MR.startprice,
  MR.bottomdate, MR.bottomprice, MR.enddate, MR.endprice, MR.maxprice
FROM Ticker
  MATCH_RECOGNIZE
  (
    PARTITION BY symbol
    ORDER BY tradedate
    MEASURES
    MATCH_NUMBER() AS matchnum,
      A.tradedate AS startdate,
      A.price AS startprice,
      LAST(B.tradedate) AS bottomdate,
      LAST(B.price) AS bottomprice,
      LAST(C.tradedate) AS enddate, -- same as LAST(tradedate)
      LAST(C.price) AS endprice,
      MAX(U.price) AS maxprice -- same as MAX(price)
    ONE ROW PER MATCH -- default
    AFTER MATCH SKIP PAST LAST ROW -- default
    PATTERN (A B+ C+)
    SUBSET U = (A, B, C)
    DEFINE
      -- A defaults to True, matches any row, same as explicitly defining A AS 1 = 1
      B AS B.price < PREV(B.price),
      C AS C.price > PREV(C.price)
  ) AS MR;
```

例 8.2 の補足説明を行う．

- PARTITION BY 句は，各銘柄記号を個別に処理することを定義している．
- ORDER BY 句は，取引日に基づく順番を定義している．
- MEASURES 句は，パターンに関連する尺度を定義している．
- MATCH_NUMBER( ) 関数は，パーティション内の一致に 1 から始まる連続した整数を割り当てる．集計計算のみならず FIRST，LAST，PREV，NEXT

などの操作を使用できる．

- PATTERN 句は，行パターン変数とパターン限定子を用いて次節で示されるような規則にしたがって定義される正規表現を使用してパターンを記述している．例 8.2 のパターンの正規表現は $(A\ B+\ C+)$ であるが，これは下記 DEFINE 句の定義に照合すると「株価が下落している 1 つ以上の行が続き，その後に株価が上昇している 1 つ以上の行が続く，任意の行」を示している．
- SUBSET 句を使用することで，変数の名前付きサブセットリストを定義できる．
- DEFINE 句は，パターン内の行の様々なサブシーケンスを表す**行パターン変数**（row pattern variable）を定義している．例 8.2 では，行パターン変数 A は開始点として任意の行を表し，B は値下がりのサブシーケンス（B.price < PREV(B.price)）を表し，C は値上がりのサブシーケンス（C AS C.price > PREV(C.price)）を表している．

例 8.2 は，<row pattern rows per match> オプションとして ONE ROW PER MATCH を使用しているが，これは，グループ化の結果と同様に，結果テーブルにパターンマッチ毎に 1 つの集約行があることを意味している．これとは別に，パターンマッチ毎に詳細行，つまりマッチした全ての行を返す ALL ROWS PER MATCH がある．

また，例 8.2 は，AFTER MATCH <skip to option>として AFTER MATCH SKIP PAST LAST ROW を使用しているが，これは，一致が見つかったら，現在の一致の最後の行の後に次の試行を開始することを意味している．現在の一致の最初の行に続く行で次の一致を探す（SKIP TO NEXT ROW），あるいは行パターン変数に相対的な位置にスキップするなど，他の選択肢がある．

以上，例 8.2 に示した問合せの出力は次の通りとなる．

symbol	matchnum	startdate	startprice	bottomdat	bottomprice	enddate	endprice	maxprice
STOCK1	1	2019-02-13	151.00	2019-02-18	142.00	2019-02-20	152.00	152.00
STOCK1	2	2019-02-27	154.00	2019-03-04	140.00	2019-03-06	143.00	154.00
STOCK2	1	2019-02-14	329.00	2019-02-18	325.00	2019-02-20	328.00	329.00
STOCK2	2	2019-02-21	326.00	2019-02-25	317.00	2019-02-27	325.00	326.00
STOCK2	3	2019-03-01	324.00	2019-03-05	319.00	2019-03-07	326.00	326.00

つまり，株価が V 字型を表すパターンが 5 つ見つかっている．1 つ目は，銘柄 STOCK1 で，2019-02-13 に株価が 151.00 であったが，2019-02-18 に株価が 142.00 と下落し，それを底値にして 2019-02-20 に株価が 152.00 に上昇した．この 1 つ目のパターンの株価の最高値は 152.00 である．他の 4 つについても同様な説明がなされる．

なお，例 8.2 は「行パターン認識：FROM 句」を用いた行パターンマッチング機能のサポートを謳う Oracle Database を用いた実行結果であろうと推察される文献 [1] の説明に依っている.

8.4 正則表現とパターン限定子

行パターン認識の肝はパターンを記述する「正規表現」にあるので，正則表現とそのためのパターン限定子（pattern quantifier）について少し詳しく説明する.

まず，**正則表現**（regular expression，regexp）の定義構文を**図 8.1** に示す．ここに，| は，たとえば $A \mid B$ のように代替（alternative）を示し，（と）は，たとえば $(A \mid B)$ というようにグループ化を示す.

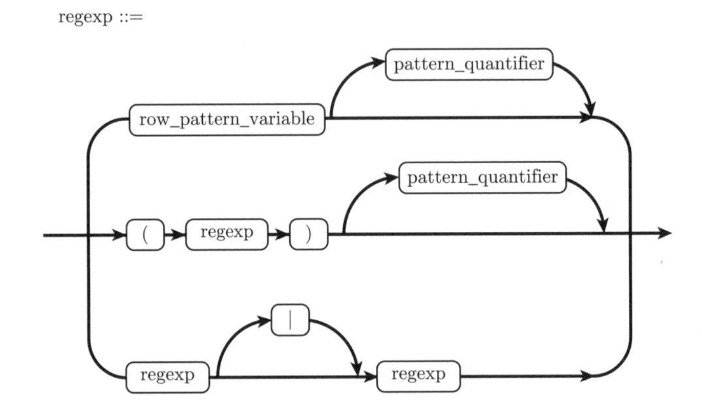

図 8.1　正則表現の定義

続いて，指定できる正規表現のためのパターン限定子を **表 8.1** に示す.

ここで，行パターンの簡単な例を幾つか挙げておく[2].

- $(A+\ B+)$：A が 1 回以上，その後に B が 1 回以上，が続く.
- $(A+\ (C+\ B+)*)$：A が 1 回以上，その後に C が 1 回以上とその後に B が 1 回以上，が 0 回以上発生する.
- $(A+ \mid B+)$：A が 1 回以上，または B が 1 回以上，何れかが先に起こる.
- $(A+\ (C+ \mid B+))$：A が 1 回以上，その後に C が 1 回以上，または B が 1 回以上，の何れか先に起こる.
- $((A\ B) \mid (B\ A))$：A の後に B，または B の後に A，の何れかが先に起こる.

なお，たとえば A のように，限定子が付いていない行パターン変数には，正確に 1 つの一致を必要とする限定子があると見なされる.

表 8.1 正則表現のためのパターン限定子

限定子	機能
*	ゼロ（0）以上の一致
+	1 つ以上の一致
?	一致しない，または 1 つ一致，オプション
$\{ n \}$	正確に n 個一致
$\{ n, \}$	n 個以上の一致
$\{ n, m \}$	n と m の間（両端を含む）の一致
$\{ , m \}$	ゼロ（0）と m（両端を含む）の一致
{ - 変数 - }	例：$\{ \text{-}\ A\ \text{-} \}$．一致する行が出力から除外されることを示す（ALL ROWS PER MATCH が指定されている場合にのみ役立つ）
^	例：$\hat{}A\{1, 3\}$．行パターンパーティションの開始
$	例：$A\{1, 3\}\ \$$．行パターンパーティションの終わり

例 8.2 では，V 字型（下，上）を識別する問合せを書き表したが，W 字型（下，上，下，上）を表すパターンを識別する行パターンは次のように書けるであろう．

【例 8.3】株価が W 字型を表すパターンを識別する行パターン

```
ONE ROW PER MATCH -- default
AFTER MATCH SKIP PAST LAST ROW -- default
PATTERN (A B+ C+ D+ E+)
SUBSET U = (A, B, C, D, E)
DEFINE
-- A defaults to True, matches any row, same as explicitly defining A AS 1 = 1
B AS B.price < PREV(B.price),
C AS C.price > PREV(C.price)
D AS D.price < PREV(D.price),
E AS E.price > PREV(E.price)
```

様々な状況において，行パターンを適切に定義することによって，たとえば，大量の株取引，疑わしい資金移動や異常な金融取引，アクセスログなどを対象にした異常検出など，行パターン認識：FROM 句が活躍しそうなユースケースは多々ありそうである．

8.5 お わ り に

改めて SQL:2016 で規格化された行パターン認識機能の意義について述べておく．行パターン認識：FROM 句 は Oracle Database でサポートされているようだが，行パターン認識：WINDOW 句 の実装はまだのようである．とはいえ，Oracle

Database以外に行パターン認識機能のサポートを謳っているリレーショナルDBMSが現時点で見当たらず，その重要性に鑑みるとき，その他のディベロッパーの動向が気になるところであったが，最近，石井達夫ら[3]によりこの機能をPostgreSQLに実装する取組みが報告された．言うまでもなく，この機能はPostgreSQLに限らず，多くのリレーショナルDBMSで一刻も早くに実装されるべきである．なぜならば，**データサイエンス**が興隆し，データ分析やデータ分析基盤の構築が組織体の意思決定に欠かせないと認識されている昨今，いわゆる機械学習とは一線を画し，本来のリレーショナルデータベース（=SQL）の枠組みの中にこの機能を組み込むことで，それまでは機械学習やデータマイニングの領分とされてきたようなデータ分析が可能となるので，リレーショナルデータベースのアプリケーション開発の現場やSQLに精通したデータサイエンティストにとっては新たな武器が1つ加わることになるからである．今後の展開に期待したい．

文　献

[1] Itzik Ben-Gan. Row Pattern Recognition in SQL, April 10, 2019.
https://sqlperformance.com/2019/04/t-sql-queries/row-pattern-recognition-in-sql

[2] Chapter 21 Pattern Recognition With MATCH_RECOGNIZE, Fusion Middleware CQL Language Reference for Oracle Event Processing. Oracle Help Center,
https://docs.oracle.com/cd/E29542_01/apirefs.1111/e12048/pattern_recog.htm#CQLLR1531

[3] 石井達夫，陳寧イ．正規表現で行パターンを検索する「行パターン認識」をPostgreSQLに実装しよう！．PostgreSQL Conference Japan 2023（日本語略称：PostgreSQLカンファレンス2023），日本PostgreSQLユーザ会（JPUG），2023年11月24日．

第3部　データベース管理システム

データベース管理システム（DBMS）はデータモデリングの結果構築されたデータベースを管理するミドルウェアであるが，大別して次の 3 つの機能を遂行する．

- メタデータ管理
- 質問処理
- トランザクション管理

リレーショナル DBMS において，その設計者が最も腐心するところが質問処理の最適化器の設計である．これはリレーショナル DBMS がサポートする SQL が非手続的言語なので，SQL で記述された質問（query，問合せ）を DBMS での内部処理が可能となるように手続的なプログラムに変換しないといけないから避けて通れない．手を抜くとパフォーマンスが出ずシステムの評価は芳しくなくなる．質問処理の最適化は IBM San Jose研究所で開発されたリレーショナル DBMS のプロトタイプである System R が実装したコストベースのアルゴリズムで，それは広く受け入れられ，現在多くのプロプライエタリあるいはオープンソースソフトウェア（OSS）のリレーショナル DBMS で実装されている．

一方で，人工知能（artificial intelligence，AI）はこれまでの長い浮き沈みの歴史を経て現在様々な分野への適用がなされているが，AI を質問処理の最適化に組み込むことができないかという挑戦もなされてきた．その中でも，遺伝的アルゴリズムを既存のリレーショナル DBMS に組込み性能を向上させている例が，OSS のリレーショナル DBMS として流布している PostgreSQL に見られる．それが GEQO である．これは一顧の価値があると考えて，第 9 章で「GEQO—遺伝的アルゴリズムを用いた質問処理最適化—」と題してそれを検証する．

質問処理と並ぶ DBMS の大きな機能がトランザクション管理である．歴史的に見て，これまで 2 相ロッキングプロトコル（2PL）が実装されてきたが，でき得る限りトランザクションの同時実行性を高めることができるとして，多版同時実行制御

(MVCC) が現在幾つかの有力なプロプライエタリあるいはOSSのリレーショナルDBMSで実装されている．MVCCはこれまでの2PLとは全く発想が異なる同時実行制御法であり，それを理解しておくことはデータベースの理論派にとっても実践派にとっても必須と考えられるので，それを第10章で「MVCC—多版同時実行制御—」と題して徹底的に解説する．

Web時代の到来でDBMSが管理・運用するべきデータは，いわゆる3V (volume, velocity, variety) の特性を有するビッグデータへと変貌している．ビッグデータはこれまでのビジネスデータと異なり，時々刻々と大量に発生する多様なデータ，たとえばXML文書やJSON文書などの半構造化データや画像・映像・ストリーミングデータなどいわゆる非構造化データも管理しないといけないということで，NoSQLと総称される大規模な分散型データストアが構築されることとなった．その結果，これまで金科玉条(きんかぎょくじょう)のごとく守られてきてACID特性ではなく，結果整合性 (eventual consistency) を前提としたBASE特性のもとでトランザクション管理が執り行われることとなった．このことはこれまでのトランザクション管理の概念を根底から変えるもので，それはどういうことなのか，第11章で「CAP定理と結果整合性」と題して解説する．

第9章

GEQO
—遺伝的アルゴリズムを用いた質問処理最適化—

9.1 はじめに

リレーショナル DBMS において質問処理の最適化は，その開発が始まって以来，設計者が最も腐心するところである．その嚆矢（こうし）は 1970 年代に IBM San Jose（サンホゼ）研究所で開発された System R で提案・実装された**コストベース**（cost based）の最適化手法である[1]．System R は PostgreSQL の前身である INGRES と共にリレーショナル DBMS のプロトタイプとして名高いシステムであるが，そこで開発されたこの手法はプロプライエタリや OSS のリレーショナル DBMS の質問処理最適化技法の基本となっている．

この手法は質問（query，問合せ）の実行プランを策定するにあたり，質問（処理）最適化器（query optimizer, 単にオプティマイザ，あるいはプランナ）は，まず単一のリレーションについてコスト最小のアクセスプランを推定し，次に，その結果を使って 2 つのリレーションを結合する場合のコスト最小プランを推定し，更に，3 つのリレーションの結合コストをコスト最小と推定された 2 つのリレーションの結合を使って推定していくので，動的計画法（dynamic programming，DP）の 1 つとも位置付けられている．

さて，人工知能の一分野である機械学習は様々な分野で取り入れられているが，データベース分野も例外ではない．データベース分野での機械学習の適用を考えてみると，まずはデータ分析への機械学習の適用がある．これに対しては，Oracle Database に一日の長の感があり，「Oracle Database で高性能の機械学習モデルを構築する」といった Web ページが立ち上がっている．データサイエンティストへの支援である†1．

もう 1 つは機械学習をオプティマイザに適用する研究・開発であろう．PostgreSQL には早くからその動きがあり，PostgreSQL 6.1（1997 年 6 月リリース）で **GEQO** のサポートが始まり現在に至っている．GEQO は M. Utesch[2] の考案により実装さ

---

†1 https://www.oracle.com/jp/artificial-intelligence/database-machine-learning/

れたが，GEQO はその名前の由来が GEnetic Query Optimization にあることから分かるように，遺伝的アルゴリズム（GA）を用いた結合質問処理最適化のための手法である．PostgreSQL に対する質問処理最適化への機械学習の適用を見てみると，PostgreSQL の世界会議である PGCon 2007 で T. Kovarik ら[3] が機械学習と質問処理最適化を論じている．PGCon2010 では J. Urbański[4] が結合質問処理の最適化について GEQO に代わる手法として「焼きなまし法」(simulated annealing) を用いた提案をしている．また，PGCon 2017 では O. Ivanov[5] が Postgres Pro Enterprise の拡張機能として AQO（adaptive query optimization）を報告している．AQO はコストベースの問合せ最適化のために，機械学習の手法として知られている「k-近傍法」を使用してカーディナリティ推定を改善することで実行計画を最適化しているとのことで，PostgreSQL 9.6（2016 年 9 月リリース）以降で稼働するとのことである．ここに，カーディナリティ推定とはサブプラン作成のために中間結果のリレーションのサイズを推定することをいい，強力なオプティマイザ設計のために欠かせない技術である．PGCon 以外では，オートマトン理論を基にして結合質問処理の最適化を行い GEQO と比較検証した結果が M. Rodríguez らにより報告されている[6]．また，機械学習で注目を集めている深層学習（deep learning）を質問処理の最適化に適用しようとする研究も R. Marcus らにより報告されており，そこでは PostgreSQL が性能評価のために使用されている[7]．

本章では GA をいち早く質問処理の最適化に導入した GEQO に着目をして，その基本的考え方やその効果を見てみる．

9.2　遺伝的アルゴリズム（GA）とは

GEQO を理解するにあたって，**遺伝的アルゴリズム**（genetic algorithm，**GA**）を理解しておくことが大前提となるので，その説明から始める．

GA は 1975 年にミシガン大学の J. H. Holland により提案された[8]．GA をフローチャートで**図 9.1** に示す[9]．このアルゴリズムの概略は次の通りである．

【GA のアルゴリズム】

ステップ 1　初期集団（= 初期個体群）を用意する（第 0 世代）．

ステップ 2　各個体について「適応度」(fitness)，つまり，個体が環境に適応して子孫を残すことのできる能力の度合い，を計算する．

ステップ 3　選択をする．選択とは「両親」(parents）の選択を意味する．

ステップ 4　遺伝子の交叉（crossover）を起こさせる．

ステップ 5　遺伝子の突然異変（mutation）を起こさせる．

ステップ 6　各個体について適応度を計算する．

ステップ 7　停止条件を満たすか否(いな)かを検証する．もし満たしていなければ，ステップ 3 にいく．満たしていれば，最も高い適応値を持つ個体を選択して終了する．

幾つか補足すると次の通りである．

- 初期集団（= 初期個体群）は遺伝子（gene）の集まりで，ランダムに何体か生成する．
- 適応度とは，淘汰(とうた)の度合いを示す因子で，適応度の高い遺伝子は生き残り，そうでない遺伝子は淘汰される．適応度は GA が適用される分野に合わせて設定される．
- 両親の選択であるが，最も受け入れられている方法が，個体は適応度に比例した確率で親になれるという選択法で，それを実装した**ルーレット盤選択**（roulette wheel selection）が良いとされている．これは，ルーレット盤を個体の適応度の大きさ順にその割合で分割しておき，回転したルーレット盤が停止したときに針の指している個体を第 1 の親，続けて第 2 の親を決めるという手法である．
- 停止条件であるが，世代の最大数を決めておきそれに到達したら停止する，適応度の改善が見られなくなったので停止する，予(あらかじ)め決めておいた時間をオーバーしたり資源（CPU やメモリ）を一定量消費したら停止するなど，様々である．

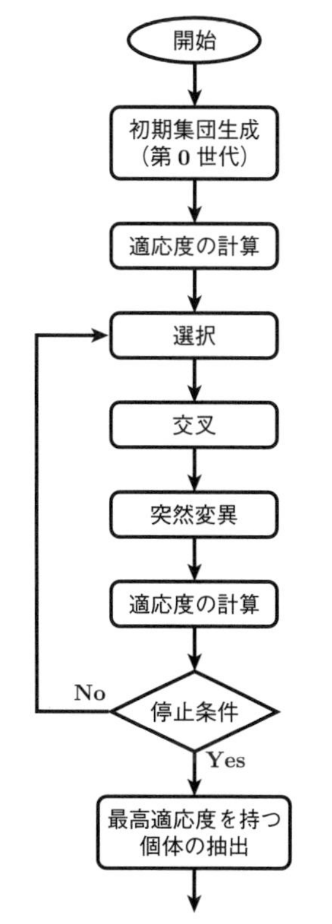

図 9.1　GA のフローチャート

まず，交叉と突然異変について補足する．

● 交叉

交叉（crossover）とは親個体の遺伝子を掛け合わせてより良い個体を生成する操作をいう．たとえば，1, 2, 3, 4, 5, 6 はリレーション $R_1, R_2, \ldots, R_6$ を表すとする．このとき，親個体 $A =$ 1-2-3-4-5-6，親個体 $B =$ 2-4-6-1-3-5 としたとき（数字の並び順は対応するリレーションの結合順を表している），「1 点交叉」により，子個体 $C_1 =$ 1-2-3-1-3-5，子個体 $C_2 =$ 2-4-6-4-5-6 が生まれる（この例では，交叉は中央で起こるとした）．しかしながら，子個体の遺伝子もリレーション $R_1, R_2, \ldots, R_6$ の結合順を表しているとするならば，C_1 には 1 と 3 が 2 度出現し 4 と 6 が出現していないので，$R_1, R_2, \ldots, R_6$ の結合プランとはなり得ない．このような遺伝子を**致死遺伝子**という．C_2 も同じである．このような場合，「適応度は 0」ということになる．

●突　然　異　変

通常の GA では，交叉と並び**突然変異**（mutation）を利用して進化する．しかしながら，突然変異はそれだけでも最適解を探索し得る強力な操作であり，GA の挙動に大きく影響を与えるため，状況によっては提案手法の有用性ないしは問題点を確認しにくくすると考えられる．したがって，そのような場合は突然変異は利用しないという選択肢があり得る．実際，GEQO では突然異変は考慮しないこととしている．

続いて，GEQO の実装で採用されたエッジ再結合交叉を例と共に示す．

●エッジ再結合交叉

エッジ再結合交叉（edge recombination crossover，**ERC**）とは，頂点ではなくエッジを見ることで，既存のパス（path，経路）のセットに類似したパスを作成する演算子で，1989 年に D. Whitley ら[10] によって導入され，それに基づく GA が **GENITOR** アルゴリズムと名付けられた．ちなみに，GENITOR とは GENetic ImplemenTOR の略称である．**巡回セールスマン問題**（travelling salesman problem，**TSP**）に対して他の手法よりも優れた手法であるとされている[11]．

さて，ERC は子個体生成のために現在の要素の次の要素を決める際，2 つの親個体においてその要素の両側に隣接した 4 つの要素を候補とする手法である．それを例で説明する．

［例 **9.1**］（**ERC**）　ERC を，たとえば上述の「交叉」と同じ例を用いて説明すると次のようになる．1, 2, 3, 4, 5, 6 はリレーション $R_1, R_2, \ldots, R_6$ を表すとする．同様に，親個体 $A =$ 1-2-3-4-5-6，親個体 $B =$ 2-4-6-1-3-5 とする．このとき，A では 6-1 と繋（つな）がり，B では 5-2 と繋がり巡回するとする．そこで，A と B の**隣接行列**（adjacency matrix）を作ると次のようである．

A	B
1: 2, 6	1: 3, 6
2: 3, 1	2: 4, 5
3: 4, 2	3: 5, 1
4: 5, 3	4: 6, 2
5: 6, 4	5: 2, 3
6: 1, 5	6: 1, 4

続いて，A と B の隣接行列の和（union）をとる（重複は除去）と次のようである．

$A \cup B$
1: $2, 3, 6$
2: $1, 3, 4, 5$
3: $1, 2, 4, 5$
4: $2, 3, 5, 6$
5: $2, 3, 4, 6$
6: $1, 4, 5$

このとき，交叉による新しい個体（＝遺伝子）を次のように生成する．

(1) 1〜6 の数字をランダムに 1 つ選ぶ．ここでは，1 を選んだとする．

(2) 隣接集合から 1 を削除する．その結果，次の隣接行列を得る．

$A \cup B$
2: $3, 4, 5$
3: $2, 4, 5$
4: $2, 3, 5, 6$
5: $2, 3, 4, 6$
6: $4, 5$

(3) 1: $2, 3, 6$ であったから，$2, 3, 6$ の内，最も小さい集合を持つ 6: $4, 5$ を選択する．1-6 となる．

(4) 隣接集合から 6 を削除する．その結果，次の隣接行列を得る．

$A \cup B$
2: $3, 4, 5$
3: $2, 4, 5$
4: $2, 3, 5$
5: $2, 3, 4$

(5) 6: $4, 5$ であったが，4 と 5，どちらの隣接点の数も同じなので，ランダムにどちらかを選択する．ここでは，4 を選んだとする．1-6-4 となる．

(6) 隣接集合から 4 を削除する．その結果，次の隣接行列を得る．

$A \cup B$
2: $3, 5$
3: $2, 5$
5: $2, 3$

(7) 4: $2, 3, 5$ であったが，何(いず)れも隣接点の数が 2 と同じなので，ランダムにどれかを選択する．ここでは，3 を選んだとする．1-6-4-3 となる．

(8) 隣接集合から3を削除する．その結果，次の隣接行列を得る．
$A \cup B$
2: 5
5: 2
(9) 3: 2,5であったが，何れも隣接点の数が1と同じなので，ランダムにどれかを選択する．ここでは，5を選んだとする．1-6-4-3-5となる．
(10) 隣接集合から5を削除する．その結果，次の隣接行列を得る．
$A \cup B$
2: ϕ
(11) したがって，1-6-4-3-5-2が親個体 A と B のエッジ再結合交叉により作成された子個体となる．

上記のアルゴリズムから「交叉」の項の説明で見られたような致死遺伝子は子個体として発生しないことが分かる．

9.3 GEQO

9.3.1 結合質問処理の最適化とGA

Uteschが GEQO を発想した根底には，結合質問処理の最適化は，それを忠実に行えば，そのための処理に指数時間かかる扱いづらい問題であるとの認識があったと考えられる．このことは，多くのことを語らなくても，すぐに実感できる．一般に，n 個のリレーションの自然結合 $R_1 \bowtie R_2 \bowtie \cdots \bowtie R_n$ をとろうとしたとき，それらの結合を，たとえば $(\cdots((R_1 \bowtie R_2) \bowtie R_3) \bowtie \cdots \bowtie R_{n-1}) \bowtie R_n)$ という具合に左から右へ順番にとっていくとしただけでもリレーションの並び順は $n!$（n の階乗）通りある．$n!$ が n の増加と共に，どれほど大きくなるかは**表9.1**に示される通りであるが，見ての通り n が大きくなるにつれて $n!$ は爆発的に大きくなる．たとえば $n = 10$ では360万通りを越え，$n = 15$ では1兆3千万通りを超えている．多数のリレーションの結合質問処理の最適プランを馬鹿正直に見つけようとすると，大変なことになるだろうとは容易に想像がつく．

表9.1　$n!$ の大きさ

0!	1
1!	1
2!	2
3!	6
4!	24
5!	120
6!	720
7!	5040
8!	40320
9!	362880
10!	3628800
11!	39916800
12!	479001600
13!	6227020800
14!	87178291200
15!	1307674368000
16!	20922789888000
17!	355687428096000
18!	6402373705728000
19!	121645100408832000
20!	2432902008176640000

次に指摘しておきたいことは，Utesch は最適なリレーションの結合順を見つける問題と巡回セールスマン問題（TSP）とが同根であることに着眼したことである．GA は TSP のような NP 困難な「組合せ最適化問題の準最適解を与える」ために大変有効な手法であることが知られている．最適解ではなく準最適解になることは，得られる解が初期集団（= 初期個体群）をどう選ぶかによるということである．上述のエッジ再結合交叉（ERC）は TSP の準最適解を求めるのに特に適していることが知られているが，Utesch が GA を PostgreSQL に実装するにあたって ERC を採用したことは十分に理解できることである．

9.3.2 左 深 層 木

結合質問処理の最適化に GA を適用しようと考えると，結合質問の処理に 1 つ大きな制約が課せられる．それが，リレーションの結合は左深層木で示される順番で行われなくてはならないということである．

これはどういうことかを例で見てみる．そこで，リレーションを $R_1(\mathrm{A,B})$, $R_2(\mathrm{B,C,D})$, $R_3(\mathrm{C,E})$, $R_4(\mathrm{D,F})$, $R_5(\mathrm{E,G})$ とし，それらの内部結合 (inner join) をとる問合せを考えてみる．

```
SELECT *
FROM R1
INNER JOIN R2 ON R1.B=R2.B
INNER JOIN R3 ON R2.C=R3.C                    (1)
INNER JOIN R4 ON R2.D=R4.D
INNER JOIN R5 ON R3.E=R5.E
```

この結合質問 (1) の**結合グラフ**（join graph）は図 **9.2** に示される通りである．

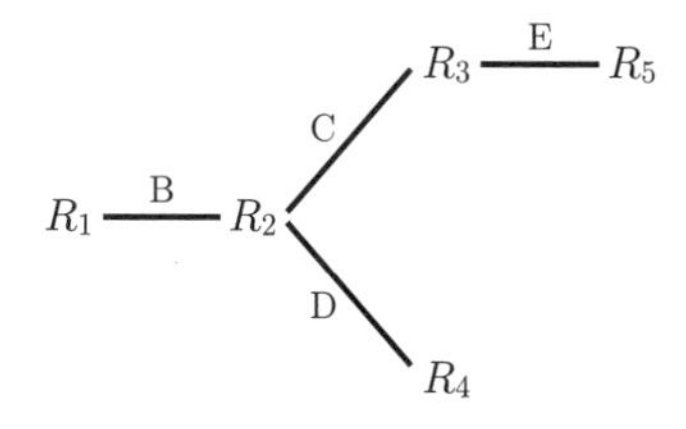

図 **9.2** 結合質問 (1) の結合グラフ

さて，この結合質問 (1) を処理するための $\{R_1, R_2, R_3, R_4, R_5\}$ の結合順は様々である．たとえば，$R_1 \bowtie ((R_2 \bowtie R_4) \bowtie (R_3 \bowtie R_5))$ という結合順で結合をとるこ

ともできるが，$(((R_1 \bowtie R_2) \bowtie R_3) \bowtie R_4) \bowtie R_5$ という結合順で結合をとることもできる（結合順を示すことが目的なので自然結合演算 $\bowtie$ で表記した）．それらを木（tree）で表現してみると，前者は**図 9.3** (a) のように，後者は同図 (b) に示されるようになる．このとき，**図 9.3** (a) のように表される木を**低木**（bushy tree）といい，同図 (b) のように表される木を**左深層木**（left-deep tree）という．GEQO は結合質問処理の最適化問題をあたかもよく知られている TSP のように扱うので，結合の順番をエッジ再結合交叉（ERC）という操作で組み替えていく GA の概念を適用することとなり，リレーションの結合順は左深層木で表されるような線形順であることが前提となったということである．

ただ，左深層木に限った結果，最適プランは低木で表される結合順であったかもしれないが，GEQO ではそれは仕方がないこととする，ということになる．

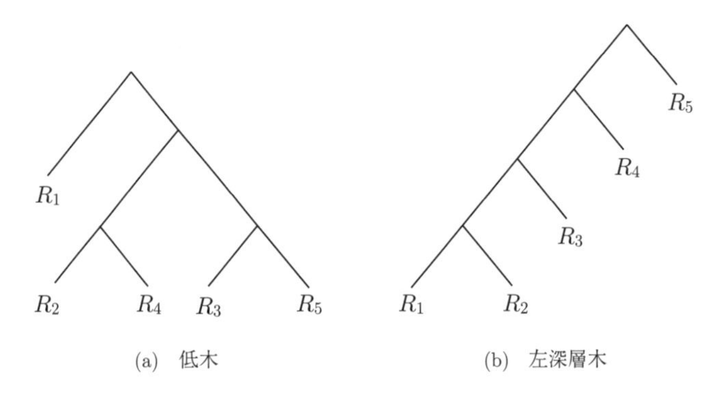

(a)　低木　　(b)　左深層木

図 9.3　低木と左深層木

9.3.3　GEQO の実装

GA に基づく GEQO 実装の基本方針は次のようである．

(1)　世代全体を置換するのではなく，母集団に最も適応しない個体を置換して世代を進める．その結果，問合せプランの改善に向けた迅速な収束が可能になる．これは，妥当な時間で問合せを処理するために不可欠である．

(2)　GA による TSP の解決のためのエッジ再結合交叉（ERC）を使用する．

(3)　正当な TSP ツアーを生成するための修復メカニズムが必要ないように，遺伝子演算子としての突然変異は非推奨とする．ここにツアー（tour）とは一筆書きの閉路をいう．

少しばかり補うと，(1) は 9.2 節で述べた一般的な GA の適応度の概念に同じである．(2) は実装に「TSP 用に設計された GA アルゴリズム」として知られる

GENITOR アルゴリズムを使用しているので，交叉を「エッジ再結合交叉（ERC)」を用いて行うということである．(3) は「突然異変」の項で述べたことに通じる判断と考えられるが，GEQO では突然異変は考えないということである．

この基本方針の下での，GEQO の実装は，基本的に**図 9.1** に示した GA のアルゴリズムの流れに沿ってなされているが，より細かくは次の通りである．

(a) GEQO は各リレーションのスキャンをするときのコードは標準のプランナコードを使用する．

(b) 結合プランは遺伝的アプローチで作成される．

(c) 各結合プランは実リレーションの結合順で表現される．

(d) 最初のステージでは，GEQO は結合順を幾つかランダムに与える．

(e) 各結合シーケンスのコストを PostgreSQL の標準プランナで推定する（このとき，入れ子型ループ結合法，マージ結合法，ハッシュ結合法という 3 つの結合ストラテジ全て，ならびに全ての予(あらかじ)め決められていたリレーションスキャンのプランが勘案され，その中で最安のコストが推定コストとなる）．

(f) 推定コストの低い方が「より適している」．

(g) GEQO は「最も適していない候補」(the least fit candidates)，即ち最も適応度の低い候補，を捨てる．

(h) 残った候補の遺伝子を組み合わせて新しい候補を作る．即ち，既知の低コストの結合シーケンスからエッジ再結合交叉を使用して新しいシーケンスを検討のために作成する．

(i) このプロセスを結合シーケンスが予め設定された数になるまで繰り返し，続いて，最良の結合シーケンスを見つけてそれを最終プランとする．

9.3.4 GEQO のパラメタ

GEQO のパラメタは PostgreSQL 16（2023 年 9 月リリース）の PostgreSQL 16.1 文書[12] によれば，**表 9.2** の通りである．

なお，この文書に「GEQO は，ヒューリスティック検索を使用して問合せプランニングを行うアルゴリズムです．これにより，複雑な問合せ（多くのリレーションを結合する問合せ）のプランニング時間（planning time）が短縮されますが，作成されるプランは，通常の網羅的検索アルゴリズムによって検出されるプランよりも劣ることがあります」との記載がある．これは（突然異変は考えていないので）geqo_seed パラメタの値の設定によっては，GEQO を使わない通常の場合より悪いプランを出力してしまう可能性のあることを言っているのだと考えられる．

表 9.2　GEQO のパラメタ

パラメタ	説明
geqo（boolean）	GEQO の有効／無効
geqo_threshold（int）	GEQO を発動する結合の数．デフォルトは 12.
geqo_effort（int）	GEQO でのプランニングに要する時間と問合せプランの品質の間のトレードオフを制御．この変数は 1〜10 の範囲，デフォルト値は 5．値が大きいほどプランニングにかかる時間は長くなるが効率的な問合せプランが選択される可能性も高くなる．
geqo_pool_size（int）	母集団内の個体の数．少なくとも 2．通常，有用な値は 100〜1000．0 に設定されている場合（デフォルト設定），geqo_effort と問合せ内のテーブル数に基づいて適切な値が選択される．
geqo_generations（int）	GEQO アルゴリズムの反復の数．少なくとも 1 である必要があり，有用な値はプールサイズと同じ範囲．0（デフォルト設定）の場合，geqo_pool_size に基づいて適切な値が選択される．
geqo_selection_bias（floating point）	GEQO で使用される選択バイアスを制御．値は 1.50〜2.00．2.00 がデフォルト．
geqo_seed（floating point）	GEQO が結合順序検索空間を介してランダムな結合パスを選択するために使用する乱数ジェネレータの初期値を制御．値の範囲は 0（デフォルト）から 1．値を変更すると，探索される結合パスの集合が変更され，より良いまたはより悪い最適パスが検出される可能性がある．

9.4　GEQO の評価

9.4.1　GEQO の評価の観点

GEQO は PostgreSQL 6.1 以降，現在に至るまでサポートされているが，上記の geqo パラメタを見るとき，GEQO の性能評価について，様々な観点が浮かび上がってくる．たとえば，次の通りである．

(1) geqo_threshold については，geqo_threshold = 12 がデフォルトと設定されているが，その妥当性の検証．

(2) geqo_generations の数はどれほどに設定すればよいのか，その数の検証．

(3) geqo_seed の値の設定．「様々な検索パスを試すには，geqo_seed を変更してみてください」とあるが，一体どれぐらい試せばよいのか？ これは最初に与えるランダムな結合シーケンスを何個に指定するかということであるが，この数は結合するリレーションの数や各リレーションのアクセスパスなどにより変化するのではないか？

(4) GEQO の収束条件はどのように設定されているのか？

なお，geqo_threshold については，「FULL OUTER JOIN の生成子は，1 つの

FROM 項目として計算することに注意してください」との注意書きが添えられている．これは，T_1 FULL OUTER JOIN T_2 を，まず T_1 と T_2 の内部結合を行い，その後，T_2 のどの行の結合条件も満たさない T_1 の各行については，T_2 の列を NULL 値として結合行を追加し，更に，T_1 のどの行でも結合条件を満たさない T_2 の各行に対して，T_1 の列を NULL 値として結合行を追加して求めているという PostgreSQL の内部処理の事情を反映してのことであろうと考えられる．

9.4.2 GEQO の性能評価

かつて D. Petković[13] により GEQO の性能評価が報告されている．この報告は 2010 年になされており，性能評価に使用された PostgreSQL の version も 8.4（2009 年 7 月リリース）と古いので，最近の PostgreSQL の GEQO の性能を評価する参考になるのか不安になり調査したところ，次に示すように，当時の GEQO がほぼそのまま最新の PostgreSQL 16 でも稼働しているようなので，Petković よる報告には一顧の価値があると考え，それを紹介することとした．

その古き GEQO と最新の GEQO の比較調査の結果であるが，まず，PostgreSQL 8.4.22 文書[14] にあたってみると，「49.3.2. PostgreSQL GEQO の今後の実装作業」という項目に「遺伝的アルゴリズムのパラメタ設定を改善するためにはまだ課題が残っています」として当時の実装の問題点を記載している．一方，最新の PostgreSQL 16.1 文書[12] にあたってみると，そこにも「62.3.2. PostgreSQL GEQO の今後の実装作業」という項目があり， PostgreSQL 8.4 当時と一字一句変わらぬ文が記載されている．つまり，GEQO 自体に PostgrSQL 8.4 で指摘された改善点がこれまで施された様子は見受けられないと考えられる．なお，GEQO について PostgreSQL 8.4 と PostgreSQL 16.1 で唯一記述に変更のあった部分は，PostgreSQL 8.4 文書の「49.3.1. Generating Possible Plans with GEQO」の末尾の文

> "Hence different plans may be selected from one run to the next, resulting in varying run time and varying output row order."

が，PostgreSQL 16.1 文書の「62.3.1. Generating Possible Plans with GEQO」では，

> "To avoid surprising changes of the selected plan, each run of the GEQO algorithm restarts its random number generator with the current geqo_seed parameter setting. As long as geqo_seed and the other GEQO parameters are kept fixed, the same plan will be generated for a given query (and other planner inputs such as statistics).

To experiment with different search paths, try changing geqo_seed."

と変更になっているところであるが，これは上記 9.4.1 項の (3) 項に関する記述変更で，GEQO 本体レベルの変更ではないと推察され，GEQO の実装は現在も当時のままと推察された．

さて，Petković の報告では，2 つの実験結果が示されており，それらは 9.4.1 項の (1) 項と (2) 項に対応している．1 つは，geqo パラメタで，GEQO を有効としたときと無効としたときの結合質問の実行時間の比較である．PostgreSQL 8.4 では実行時間は total run time を意味するので，プランナが消費した時間と最適プランをエグゼキュータがその実行に消費した時間を個別に評価することはできず，2 つを足し合わせた時間となる．もう 1 つは，GEQO を有効としたとき，GEQO アルゴリズムの反復数 (geqo_generations)，つまり世代数の変化が結合質問の処理時間に与える効果である．これは，世代数を大きくすれば，結合プランの質が高まり，その結果，結合質問の処理速度が向上するだろうことを期待した検証と言える．

まず，実験を行うには，結合数が 10 を超えるような結合質問を多数用意する必要があるが，PostgreSQL 8.4 の元々のサンプルデータは 6 枚のテーブルしか持っていないので，大きな結合を試せず，MS SQL Server システムのサンプルデータである Adventure Works 2008 を PostgreSQL にインポートして使用したと報告している．そこには 60 枚以上のテーブルがあるとのことで，その内の幾つかを **表 9.3** に示す．評価にどのようなテーブルが使われたのか，それをイメージしていただければよいかと思い掲載した．

表 9.3　実験に使われたテーブル（の一部）

Product(productID: int, name: char(50), productnumber: char(25), color: char(15), listprice: dec(10,2), size: char(5), sizeunitmeasurecode: char(3), weightunitmeasurecode: char(3), weight: dec(8,2))
BusinessEntity(businessentityid: int, modifieddate: int)
Employee(businessentityid: int, nationalidnumber: char(15), jobtitle: char(50), gender: char(1), vacationhours: int)
EmployeePayHistory(businessentityid: int, rate: int)
JobCandidate(jobcandidateid: int, businessentityid: int)
Person(businessentityid: int, persontype: char(2), firstname: char(50), lastname: char(50))
Product(productid: int, name: char(50), productnumber: char(25), color: char(15), listprice: dec(10,2), size: char(5), sizeunitmeasurecode: char(3), weightunitmeasurecode: char(3), weight: dec(8,2), productionsubcategoryid: int, productmodelid: int)
ProductCategory(productcategoryid: int, name: char(50))
ProductListPriceHistory(productid: int, startdate: date, listprice: dec(9,2))
ProductReview(productreviewid: int, productid: int, reviewername: char(50), rating: int)

ProductSubCategory(productsubcategoryid: int, productcategoryid: int, name: char(50))
ProductVendor(productid: int, businessentityid: int, minorderqty: int, maxorderqty: int, unitmeasurecode: char(3))
PurchaseOrderDetail(purchaseorderid: int, purchaseorderdetailid: int, orderqty: int, productid: int)
PurchaseOrderHeader(purchaseorderid: int, status: int, employeeid: int)
SalesOrderHeader(salesorderid: int, revisionnumber: int, status: int, customerid: int, salespersonid: int, territoryid: int, billtoaddressid: int, shiptoaddressid: int, shipmethodid: int)
SalesPerson(businessentityid: int, territoryid: int, salesquota: int, bonus: int)
TransactionHistory(transcationid: int, productid: int, quantity: int)

実験のための問合せは次に示される“generic query”（汎用問合せ）を考え，それから他の問合せを導出し，最大 14 個の結合演算を含む 18 個の問合せを作成して走らせたと報告している．

【実験に使われた結合質問】

```
SELECT p.productID, e.businessentityID, pod.orderqty, pod.purchaseorderdetailID, eph.rate,
jc.jobcandidateID, pc.name, plph.startdate, pv.unitmeasurecode, pod.productID, sp.bonus
    FROM product p
  INNER JOIN productSubCategory psc ON p.productionsubcategoryid=psc.productsubcategoryid
  INNER JOIN productCategory pc ON pc.productcategoryid = psc.productcategoryid
  INNER JOIN transactionHistory th ON th.productID = p.productID
  INNER JOIN productListPriceHistory plph ON plph.productID = p.productID
  INNER JOIN productVendor pv ON pv.productID = p.productID
  INNER JOIN purchaseOrderDetail pod ON pod.productID = pv.productID
  INNER JOIN purchaseOrderHeader poh ON poh.purchaseOrderID = pod.purchaseOrderID
  INNER JOIN employee e ON e.businessEntityID = poh.employeeID
  INNER JOIN salesPerson sp ON sp.businessentityID = e.businessEntityID
  INNER JOIN employeePayHistory eph ON eph.businessentityID = e.businessentityID
  INNER JOIN jobcandidate jc ON jc.businessentityID = e.businessentityID
  INNER JOIN businessentity be ON be.businessentityID = e.businessentityID
  WHERE p.productID= 317 AND pod.purchaseorderdetailID BETWEEN 100 and 200;
```

この結合質問は 13 個のテーブルを使い，そこでは 12 個の内部結合演算が定義されている．ちなみに，この問合せの「結合グラフ」を作成してみると**図 9.4** のように描ける．

GEQO はこの結合グラフを基に，左深層木で表される線形順序の結合プランを幾つかランダムに生成して初期集団を作成し，GENITOR アルゴリズムの入力としているということになる．実際，幾つもの左深層木が定義できる．興味を抱いた読者は試されたい．

続いて，実験結果を紹介する．

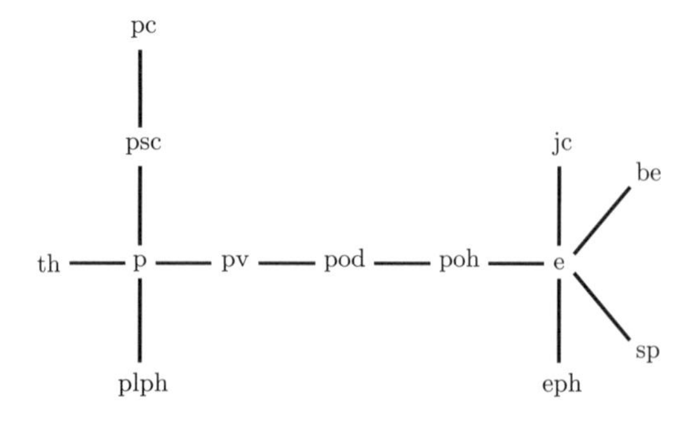

図 **9.4**　実験に使われた結合質問の結合グラフ

【実験結果 1】GEQO モジュール vs. 全数探索

PostgreSQL が GEQO を無効にして，つまり全数探索（exhausted search）にて結合質問処理の最適化を行った場合の問合せの実行時間と GEQO モジュールを有効にして結合質問処理の最適化を行った場合の問合せの実行時間の比較を行う．なお，全数探索という用語を PostgreSQL 16.1 文書[12] も Petković[13] も用いているが，プランナは n 個のテーブルの結合のコスト最小プランを見つけるために $n!$ 個の結合順全てにあたっているわけではなく，コストベースアプローチ（=DP アプローチ）でそれを行っているので，全数検索よりはコストベースアプローチと書く方が適切と考えられる．

さて，比較の対象とした問合せは，11，12，13，14 個のテーブル結合を有する．**図 9.5** はそれらの問合せ全てに対する平均実行時間を結合するべきテーブルの数でまとめている．各結合数に対して，左側の縦棒は GEQO が有効，右側が無効のときを表す．図から分かるように，両方は結合演算の数が 12 までは互角である．しかしながら，12 を超えると，GEQO はコストベースアプローチ（=GEQO が無効）に比べて約 15% 越えの効果を発揮している．実験では，14 を超える場合を検証していないが，同様な効果が期待できると報告している．つまり，テーブルの結合数が 13 以上の場合，GEQO を有効にすると，無効にしていたときと比べて少なくとも 15% 速く結合質問が処理されるであろう，ということである．ちなみに，PostgreSQL 16.1 文書によると PostgreSQL 16 では geqo_threshold = 12 で GEQO に切り替わるとしている．なお，この実験では，世代数 geqo_generation を幾つに設定したのか記載がないが，もしデフォルトで実験を行ったとすれば geqo_generation = 0 なので，その場合，**表 9.2** に記されたように，geqo_pool_size に基づいて適切な値が選択されているということになる．

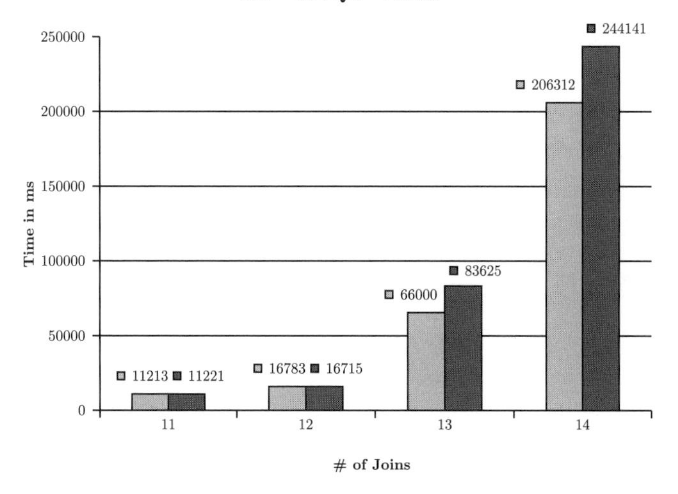

図 **9.5** GEQO モジュールとコストベースアプローチの比較[13]

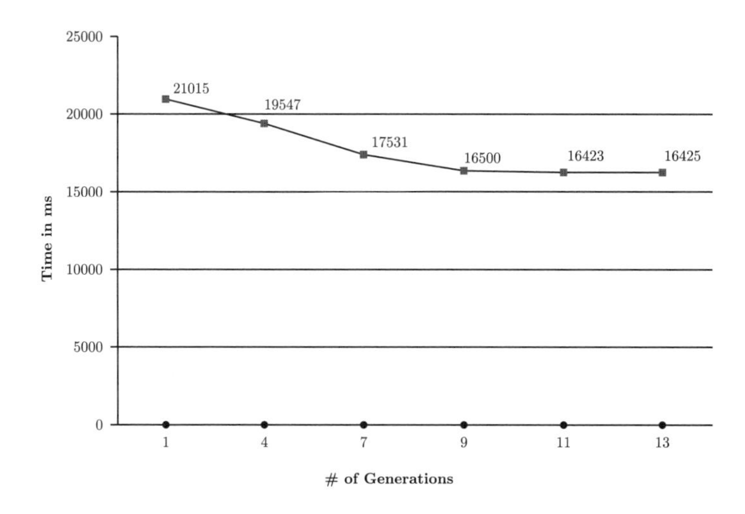

図 **9.6** 世代数の変更の効果[13]

【実験結果 2】世代数を増していったときの効果

GEQO を有効とした場合，結合質問の実行時間を GEQO アルゴリズムの反復数 (geqo_generations)，つまり世代数をパラメタに比較している．geqo_generation パラメタを 1，即ち世代数を 1 から始めて，13 まで検証した結果が **図 9.6** である．

図が示しているように，世代数を大きくするにつれて，GEQO オプティマイザはより最適な実行プランを求めることができて，結合質問の実行時間は減少していくことを示している．geqo_generation = 1 では問合せ 1 個当たりの平均実行時間は最適の場合に比べて約 25% 余計にかかっていることが示されている．世代数を 9 世代，即ち geqo_generation = 9 でほぼ最適値に収束するようである．したがって，そのように設定しておくとよいのかもしれない．

9.5 お わ り に

PostgreSQL の結合質問処理の最適化モジュールである GEQO を概観した．PostgreSQL 16 では geqo_threshold パラメタで GEQO を発動するリレーションの結合の数のデフォルトは 12 と定めているが，紹介した実験結果によればその数は 13 であった．この微妙な差異が GEQO オプティマイザの改良によるものなのか？何に起因するのか，筆者には説明しかねるが，そこら辺が目安ということなのであろう．

改めて言うまでもないが，リレーショナルデータベースの最大の特徴はデータベース言語 SQL が非手続的（non-procedural）であるところにあり，それが故（ゆえ）に質問処理の最適化は永遠の課題であり続けている．質問処理最適化の研究・開発は機械学習の適用で一段と深まりを見せ佳境に入った感があり，今後の理論展開と実践に注目し続ける価値があろう．

文　献

[1] Patricia Selinger, M. Astrahan, D. Chamberlin, Raymond Lorie, and T. Price. Access Path Selection in a Relational Database Management System. *Proceedings of ACM SIGMOD (1979)*, pp.23-34, 1979.

[2] Martin Utesch. Chapter 62. Genetic Query Optimizer, PostgreSQL 16 Documentation, The PostgreSQL Global Development Group, 2023.

[3] Tomas Kovarik and Julius Stroffek. Execution plan optimization techniques. *PGCon 2007*, 2007.

[4] Jan Urbański. Replacing GEQO — Join ordering via Simulated Annealing. *PGCon 2010*, 2010.
https://www.pgcon.org/2010/schedule/events/211.en.html

[5] Oleg Ivanov. Adaptive query optimization in PostgreSQL. *PGCon 2017*, 2017.
https://www.pgcon.org/2017/schedule/events/1086.en.html

[6] Miguel Rodríguez, Daladier Jabba, Elias Niño, Carlos Ardila and Yi-Cheng Tu. Automata Theory based Approach to the Join Ordering Problem in Relational

Database Systems. *Proceedings of the 2nd International Conference on Data Technologies and Applications* (DATA-2013), pp.257-265, 2013.

[7] Ryan Marcus, Parimarjan Negi, Hongzi Mao, Chi Zhang, Mohammad Alizadeh, Tim Kraska, Olga Papaemmanouil, Nesime Tatbul. Neo: A Learned Query Optimizer. *Proceedings of the VLDB Endowment*, pp.1705-1718, 2019.

[8] John Henry Holland. *Adaptation in Natural and Artificial Systems.* MIT Press, 1975.

[9] Eyal Wirsansky. *Hands-On Genetic Algorithms with Python: Applying genetic algorithms to solve real-world deep learning and artificial intelligence problems.* Packt Publishing, 2020.

[10] Darrell Whitley. The *GENITOR* Algorithm and Selection Pressure: Why Rank-Based Allocation of Reproductive Trials is Best. *Proceedings of the 3rd International Conference on Genetic Algorithms (ICGA-89)*, pp.116-121, Morgan Kaufmann Publishers Inc., San Francisco, 1989.

[11] Wikipedia (en). Edge recombination crossover.
https://en.wikipedia.org/wiki/Edge_recombination_operator

[12] The PostgreSQL Global Development Group. PostgreSQL 16.1 Documentation.
https://www.postgresql.org/files/documentation/pdf/16/postgresql-16-A4.pdf

[13] Dušan Petković. Comparison of Different Solutions for Solving the Optimization Problem of Large Join Queries. *Proceedings of the 2010 Second International Conference on Advances in Databases, Knowledge, and Data Applications*, pp.51-55, 2010.

[14] PostgreSQL 8.4.22 Documentation. Chapter 49. Genetic Query Optimizer. 49.3. Genetic Query Optimization (GEQO) in PostgreSQL. 49.3.2. Future Implementation Tasks for PostgreSQL GEQO.
https://www.postgresql.org/docs/8.4/geqo-pg-intro.html#GEQO-FUTURE

第10章

MVCC
—多版同時実行制御—

10.1 はじめに

トランザクションの同時実行制御は障害時回復と並んでトランザクション管理には欠かせない機能であることは言うまでもないことである．そのために2相ロッキング（two phase locking，2PL）プロトコルが考案され，伝統的に2PLが多くのデータベース管理システム（DBMS）で実装されてきた．しかし，2PLでは同時実行されているトランザクションの直列化可能性を保証するために，トランザクションは読取りや更新の対象となるオブジェクトをロック（lock，施錠）することが必要で，それによる同時実行性（concurrency）の制約は古くから認識されるところであった．

多版同時実行制御（multiversion concurrency control，**MVCC**）は2PLとは異なり，競合しているトランザクションの実行終了を待つのではなく，同じデータ項目の異なる**版**（version）を用意することによって，トランザクションの隔離性を向上させ，同時実行性を高めようとするアプローチである．データ項目の版という概念の導入は1978年に遡るが[1]，その考え方はデータベース分野に直ちに入り込み，1980年代初頭にはMVCCの理論の礎が築かれた[2]．MVCCと一口に言ってもその実現法はMVTO，MV2PL，MVMM，MVOCC，SI，SSI，など多様である．現在MVCCはこのような様々な実現法を包括した用語として用いられると同時に，狭義にはMVCCの原点であるMVTOを指す言葉としても用いられている．現在，多くのプロプライエタリあるいはOSSのリレーショナルDBMSでMVCCが実装されている．

2PLとMVCCではトランザクションの同時持実行制御の考え方が根本的に異なるので，2PLを念頭に制定された国際標準リレーショナルデータベース言語SQLが定めた隔離性水準（isolation level）とMVCCの提供する隔離性水準との間には齟齬（そご）がある．現在PostgreSQLやOracleで実装されているSIはANSI SQLの隔離性水準を論評する過程で考案されて1995年に公表されたという経緯がある[5]．

本章では，MVTOとSIを中心において，MVCCとは何かを改めて議論しておきたい．

10.2 MVCC

10.2.1 MVCCとは

MVCCという用語はとても一般的になっているが，そもそもMVCCという概念は「更新可能なオブジェクトを不変な版（version）の系列と見なす」と発想したD. P. Reedの博士論文“Naming and Synchronization in a Decentralized Computer Systems”[1]に見ることができる（1978年9月にマサチューセッツ工科大学（MIT）に提出した学位請求論文）．この考え方は1981年にInterBaseで実装されたということである（その後，Firebirdとしてオープンソース化された）．

データベース分野でMVCCが本格的に論じられたのはP. A. BernsteinとN. Goodmanが1981年に発表した論文“Concurrency Control in Distributed Database Systems”[2]と考えられる．Bernsteinらはその論文でReedの手法を**MVTO**（multiversion timestamp ordering）として形式化し，その正当性の証明を与えてMVCCによるトランザクションの同時実行制御の時代の幕を切って落とした．MVCCの実現法はざまざまに考えられ，彼らはその論文でMVTOに加えて，従来の2PLに版の概念を導入して拡張した**MV2PL**，読みのみを発行するトランザクションを同期させるためにはMVTOを使うが読み書きを行うトランザクションの同期には厳密な2PL（strict 2PL）を使う**MVMM**（multiversion mixed method）を提案し，それらの正当性を証明している．これら初期のMVCCの手法はBernsteinらの一連の論文と著書に詳しく記載されている[2]~[4]．その後，MVCCの手法としてLarsonら[6]により**MVOCC**が提案されている．これは，トランザクションの同時実行制御法として知られている楽観的同時実行制御法（optimistic concurrency control，OCC）[7]に多版（multiversion）の概念を導入した手法である．そして，ANSI SQLの隔離性水準を論評する過程で**スナップショット隔離性**（snapshot isolation，**SI**）が提案された[5]．1995年のことである．SIやそれを直列化可能とした**直列化可能スナップショット隔離性**（serializable snapshot isolation，**SSI**）はシドニー大学（University of Sydney）のA. FeketeやM. J. Cahillら[8]~[10]によりその性質や実装法が明らかにされたが，それらもMVCCの一種である．このようにMVCCは，広義にはSIやSSIを含む多くの異形をカバーする用語であるが，狭義にはMVTOを表す用語と理解するのが理に適（かな）っていると考えられる．

10.2.2 2PL vs. MVCC

2PLではなく，MVCCでトランザクションの同時実行を行うと何が嬉しいのか，それを単純であるが典型的な例で確認しておきたい．以下，ここで想定しているMVCCは，この概念の基礎となったMVTOをフォーマルに記述したものとする．

なお，トランザクションの同時実行スケジュール，スケジュールのビュー等価（view equivalence）や相反等価（conflict equivalence）などの説明は省略するが，参照されたい読者には拙著[11] を薦める．

まず具体的に MVCC の意味するところを直観することにする．そこで，S_1 をトランザクション T_1 と T_2 の同時実行スケジュールとし，**図 10.1** (a) に示す通りとする．すると，S_1 は相反グラフにループが出現して相反直列化可能でない（したがってビュー直列化可能でもない）ことが確かめられるので，S_1 は 2PL では正しい実行を保証されないスケジュールであることが分かる．

時刻	T_1	T_2
t_1	read(x)	—
t_2	write(x)	—
t_3	—	read(x)
t_4	—	write(y)
t_5	read(y)	—
t_6	write(y)	—

(a) スケジュール S_1

時刻	T_1	T_2
t_1	read(x)	—
t_2	write(x)	—
t_3	read(y)	—
t_4	—	read(x)
t_5	—	write(y)
t_6	write(z)	—

(b) スケジュール S_2

図 10.1 スケジュール S_1 と S_2

ところが，MVCC のもとではこのスケジュールでトランザクションを実行しても正しい結果が得られる．それはどうしてか？ そうなる仕組みはどのようなものなのか？ それを見てみる．

まず，具体的に，なぜスケジュール S_1 は 2PL のもとでは正しい結果を保証しないのか？ それは，時刻 t_5 で発行された T_1 のデータ項目 y の読み，T_1 : read(y) は，T_2 が時刻 t_4 で y に書き出した T_2 : write(y) の結果を読んでしまうが，（トランザクションの隔離性という観点から考えれば）本来はデータ項目 y の初期値，これを y_0 と書く，を読みたかったはずなのに，スケジュール S_1 ではそれが叶わなかったということである．

しかし，もし T_1 と T_2 の同時実行スケジュールが**図 10.1** (b) に示した S_2 であったらどうか？ このときは，容易に確かめられるように，S_2 は相反直列化可能スケジュールとなり，このスケジュールで T_1 と T_2 を同時実行すれば正しい結果が保証される．

さて，実は，MVCC のもとでは，スケジュール S_1 に従ってトランザクション T_1

と T_2 を同時実行しても，正しい結果を保証してくれる．これはどうしてかというと，MVCC では版の概念があるので，たとえスケジュール S_1 に従って T_1 と T_2 を同時実行しても，実質的にはスケジュール S_2 で T_1 と T_2 を実行したことになるからである．それが正しく MVCC の意図するところである．

そこで，MVCC アルゴリズムに従いトランザクションの同時実行をスケジュールする**多版スケジューラ**（mulitiversion scheduler）がどのようにトランザクションステップの実行を制御していくのか，そのアルゴリズムを示すが，それを理解するための助けとなるかと考え，幾つか補足的説明を行うこととする．

(1) トランザクション群 $\{T_1, T_2, \ldots, T_n\}$ を同時実行するためのスケジュール S が与えられたとする．S に従いトランザクション T_i が実行を開始したとき，そのときの時刻を T_i に**時刻印**（timestamp），これを $\mathrm{ts}(T_i)$ と書く，として付与する．一般に，時刻は単調に増加する識別子，たとえばカウンタ，なら何でもよい（その意味で論理時刻ともいう）．トランザクションは並列（parallel）実行ではなく，同時（concurrent）実行なので，お互いの開始時間は異なるから，トランザクションが異なればそれらの時刻印は異なっていて，一意性が保証されている．つまり，時刻印を比較するとどちらが先発，あるいは後発のトランザクションであるかが分かる．

(2) 次に，データ項目 x を考える．多版スケジューラは x の**版**（version），これを $x_i, x_j, x_k, \ldots$ という具合に書く，を保持する．版はトランザクションがデータ項目に対して書きを実行したときに生成される．たとえば，トランザクション T_i がデータ項目 x に対して $\mathrm{write}(x)$ を発行しそれが実行されれば，版 x_i が生成される．このとき，x_i にはそれが生成された時刻が時刻印として付与される．また，MVCC アルゴリズムはデータ項目の版に基づき作動するので，トランザクションの同時実行で使われるデータ項目 x については，その**初期版**（initial version）を設定しておく必要がある．そのために，各データ項目 x の初期版 x_0 を生成する擬似的トランザクション T_0，その時刻印は t_0（$t_0 < t_1$）とする，が全てのトランザクションステップに先行して実行されることとする．

(3) MVCC アルゴリズムを理解する上で大事なことは，データ項目 x の版の存在は多版スケジューラが把握していればよいことであって，ユーザが意識する必要はない．つまり，ユーザが発行するトランザクションはデータ項目の版を意識する必要はないということである．換言すれば，ユーザにとっては，データ項目 x の版はただ 1 つしかないと言える．したがって，トランザクション T_i からデータ項目 x に対して読み（$T_i : \mathrm{read}(x)$）や書き（$T_i : \mathrm{write}(x)$）が発行された場合，多版スケジューラはそれらをデータマネジャが処理できるようにするために，データ項目 x の版，$x_i, x_j, x_k, \ldots$，に対する読み（$r_i[x_k]$，T_i が版 x_k を読むという意味）や書き（$w_i[x_i]$，T_i が x に書込みをして版 x_i が生成されるという意味）に変換しないといけない．その変換によって，**図 10.1** の例で説明すれば，スケジュール S_1 はあたかもスケジュール S_2 に従っているかのような実行を実現できたのである．

● MVCC アルゴリズム

MVCC アルゴリズムは次の規則に則り，トランザクションの読みや書きを版（version）への読込みや書込みに変換する．

(1) $T_i : \text{read}(x)$ を $r_i[x_k]$ に変換する．このとき x_k は $\text{ts}(T_i)$ 以下で最大の時刻印を持つ x の版を表す．

(2) $T_i : \text{write}(x)$ は次の 2 つに場合分けされる．

(i) もし，$\text{ts}(T_k) < \text{ts}(T_i) < \text{ts}(T_j)$ を満たす i，j，k に対して，$r_j[x_k]$ なる処理が行われていたならば，$T_i : \text{write}(x)$ は棄却される（従って，T_i はアボートされる．）．

(ii) そうでなければ，$T_i : \text{write}(x)$ を $w_i[x_i]$ に変換する．

補足すると，(2)(i) の言っていることは，自分（T_i）より後発のトランザクション（T_j）が自分より先発のトランザクション（T_k）が書き出した結果を読んでしまっている（$r_j[x_k]$）なら，自分がそのデータ項目 x を書き換えるとことは許されない，ということである．

さて，MVCC アルゴリズムに従った多版スケジューラが出力したスケジュールを**多版スケジュール**というが，この MVCC アルゴリズムに従って，**図 10.1** (a) に示したスケジュール S_1 でトランザクション T_1 と T_2 を同時実行して得られた多版スケジュールを**図 10.2** に示す（$\leftarrow$ は代入を表す）．特に注目するべきところは，時刻 t_5 で，$T_1 : \text{read}(y)$ は MVCC のもとでは，T_2 が直前に書き出した y_2 を読むのではなく，MVCC アルゴリズムの (1) により，y の初期値 y_0 を読んでいるところである．その結果，MVCC に従うと，スケジュール S_1 で T_1 と T_2 を同時実行してもその実行結果としての多版スケジュールは従来の相反直列化可能なスケジュール S_2 での実行と同じになっていて，したがって，正しい実行であると考えることができる．

このように，2PL の同時実行制御の考え方では相反直列化可能ではないスケジュール S_1 が，MVCC アルゴリズムのもとでは正しい実行を保証してくれるスケジュールと考えてよいことを示したが，この根底には MVCC アルゴリズムの正当性が示されていないといけない．つまり，このアルゴリズムに則って多版スケジューラが出力

時刻	T_0	T_1	T_2
t_0	初期版 x_0, y_0, z_0 の生成	—	—
t_1	—	read(x) により $x \leftarrow x_0$	—
t_2	—	write(x) により $x \leftarrow x_1$	—
t_3	—	—	read(x) により $x \leftarrow x_1$
t_4	—	—	write(y) により $y \leftarrow y_2$
t_5	—	read(y) により $y \leftarrow y_0$	—
t_6	—	write(z) により $z \leftarrow z_1$	—

図 10.2 スケジュール S_1 の多版スケジュール

する多版スケジュールでトランザクションを同時実行することによってデータベースの一貫性が損なわれることはない，ということの証明が必要ということである．この証明の道筋は，多版スケジュールを単一版（single version, 1V）スケジュールに変換して（単一版とは版が1つしかないということだから，従来型のスケジュールということで，したがって，従来型の同時実行制御の考え方が適用できる），その直列化可能性から多版スケジュールの正当性を示すわけだが，この証明はいささか複雑すぎる．どうしてもそれを知りたいという読者は，Bernstein らの著書[4] の第5章で与えられているので，それにあたっていただきたい．ここでは，これ以上立ち入らず，MVCC アルゴリズムは正しいという結果を述べるに留めることにする．

10.3 SI と SSI

10.3.1 SI の 提 案

さて，1995 年に “A Critique of ANSI SQL Isolation Levels” と題した論文[5]が発表された．この論文は，題目の通り ANSI（アンシー）（American National Standards Institute, 米国国家規格協会）が制定した SQL のトランザクションの隔離性水準の不備を指摘するとともに，「直列化可能ではないものの，ANSI SQL が指摘した現象，つまり**汚読**（おどく）（dirty read），**反復不可能な読み**（unrepeatable read），**幽霊**（phantom）が発生しない多版同時実行メカニズム」を定義して，それを**スナップショット隔離性**（snapshot isolation, **SI**）と名付けた．そこでは，SI は MVMM の拡張であると紹介され，SI は ANSI の定義した READ COMMITTED よりは強く，REPEATABLE READ とは強弱が言えないことが述べられている．また，SI が直列化可能ではないことの理由として**書込みスキュー異状**（write skew anomaly）の発生を挙げている．

SI は MVTO や MV2PL などと違ってトランザクションの同時実行の正しさ，つまりトランザクションの直列化可能性を保証するプロトコルではなく，書込みスキュー異状に加えて**読取り専用トランザクション異状**（read only transaction anomaly）[8] の発生も許してしまうが，その特性はシドニー大学（University of Sydney）の研究者により深く研究されその性質や実装法が明らかにされた[8]~[10]．Fekete ら[9] は SI のもとで TPC-C ベンチマークが異状を発生することなく実行可能であったことを実験的に示して，直列化可能性を保証できない SI ではあるが，ほとんどのトランザクションを問題なく同時実行できるのではないかということを強調した．Cahill ら[10] は SI を直列化可能とする**直列化可能スナップショット隔離性**（serializable snapshot isolation，**SSI**）のアルゴリズムとその実装，ならびにその性能については様々なケースで 2PL より大幅に改善し，往々にして SI と同程度であったと報告している．ただ，SSI では，現実的な実装法の制約から，本来は直列化可能なスケジュールなのにその実行が棄却されてしまうという**擬陽性**（false positive）が発生することは避けられないことには注意が必要である．これらの現象については，以下でより詳しく例を挙げて説明する．

現在，SI は PostgreSQL，Oracle Database，MS SQL Server などで実装されている．SI は汚読，反復不可能な読み，幽霊を引き起こさないので，それを実装すれば SQL の隔離性水準である SERIALIZABLE を実現していることになる．Oracle Database はそれでもって「SERIALIZABLE を実現」と謳っているが，2PL に基づいた SERIALIZABLE の実現と違って SI では書込みスキュー異状や読取り専用トランザクション異状が発生するので，トランザクションの同時実行制御の理論が謳うところの「真」の意味での（あるいは完全な）直列化可能性を達成しているわけではないわけで，SERIALIZABLE を実現と謳うのはいかがなものかと物議を醸してきたことは本書の読者であればどこかで耳にしていることであろう．一方，PostgreSQL では REPEATABLE READ を SI で，SERIALIZABLE を SSI で，READ COMMITTED は SI を緩める，つまり，読み毎にスナップショット（snapshot）を撮り直す，ことで実装している．READ UNCOMMITTED は実装されていなく，その隔離性水準を指定すると default の READ COMMITTED となる．この詳細は D.R.K. Ports と K. Grittner[12] により報告されている．したがって，PostgreSQL では Oracle Database のような物議は醸さないが，前述のように SERIALIZABLE では擬陽性が発生することがあるので，それに注意する必要がある．

10.3.2　SI

さて，SI の定義を見てみることから始める．

［**定義 10.1**］（**SI**）SI のもとで実行されるトランザクション T_1 は，それが開始された論理時刻，これを開始時刻印（start-timestamp）と呼ぶ，の時点で有効なコミット済みデータからなるスナップショットから常にデータを読み取る．T_1 の開始後にアクティブな他のトランザクションの更新は T_1 には見えない．T_1 は，コミットの準備ができるとコミット時刻印（commit-timestamp）が割り当てられ，他の同時トランザクション T_2（つまり，アクティブ期間 [開始時刻印, コミット時刻印] が T_1 の期間と重複するトランザクション）がすでに T_1 が書き込むことを意図しているデータに書込みをしていない場合にコミットが許可される．これは，**遺失更新異状**（lost update anomaly）の発生を阻止するためで，**First-Committer-Wins** ルールと呼ばれる．

実際には，ほとんどの実装では，更新された行に排他ロックが使用されるため，First-Committer-Wins の代わりに，**First-Updater-Wins** ルールが適用されている．共に，同時実行されている 2 つのトランザクションが同じデータ項目を更新することはできないというためのルールで，その差異は重要ではない．繰り返しとなるが，First-Committer-Wins ルールや First-Updater-Wins ルールは遺失更新異状が発生しないことを意味している．また，SI ではトランザクション T の全ての読みは T が開始する前にコミットしたトランザクションの結果を見るので，不完全なトランザクションの影響がなく，これは汚読の異状が発生しないことを意味する．

● 書込みスキュー異状と読取り専用トランザクション異状

さて，SI の定義と補足説明でほぼ明らかかと思われるが，トランザクションはその開始時点でのスナップショットを読み続けるので，汚読，反復不可能な読み，幽霊は発生のしようがなく，その結果として SI は SQL の規定している隔離性水準 SERIALIZABLE でのトランザクションの同時実行を保証してくれる．しかしながら，トランザクションの同時実行制御の理論が謳うところの真の意味での直列化可能性（serializability）は満たしていないことに注意するべきである．なぜならば，SI では書込みスキュー異状や読取り専用トランザクション異状が発生してしまうからである．このことを例で説明する．

(1)　書込みスキュー異状

たとえば，データ項目 x，y の初期状態を，$x_0 = 50$，$y_0 = 50$ とする．また，データベースには一貫性制約が課せられていて，それは $x + y \geqq 0$ であったとする．

このとき，SI のもとでトランザクション T_1 と T_2 が同時実行され，そのスケジュールが図 **10.3** に示されたようであったとする．論理時間は縦軸の上から下の方へ流れているとする．T_1 の読んだ x と y の初期値 x_0 と y_0 はそれぞれ 50 で，両方を足して 100 となる．このとき，T_1 が x を -20 に書き換えて $x_1 = -20$ としても（つまり，$x_0 - 70$ を実行したということ），$y_0 = 50$ なので，$x_1 + y_0 = 30$ となり一貫性制約には抵触しなく，T_2 はまだコミットしていないので，First-Committer-Wins ルールでコミットできる（それを c_1 で表している）．一方，T_1 と同時実行されている T_2 は x_0 と y_0 を読み，$y_2 = -30$ と y を更新したとする．この更新も一貫性制約に抵触しないので許される．更に，T_2 は y を更新したのであって，x を更新したのではないので，First-Committer-Wins ルールによりコミットできる（これを c_2 で表している）．

さて，T_1 と T_2 の同時実行により，データベースの状態はどのようになったのか？データ項目 x の値は -20 となった．一方，データ項目 y の値は -30 となった．両方を足すと，$x + y$ の値は -50 になり，これはデータベースの一貫性制約 $x + y \geqq 0$ に抵触していることになる．この問題は First-Committer-Wins ルールの適用時には検出されなかった．なぜならば，2 つの異なるデータ項目は，それぞれが他方の状態が変化することなく元のままであることを前提として更新されているためである．それが,「ずれた書込み」(write skew）と名付けられた所以(ゆえん)である．なお，図中，rw は rw-dependency （rw-従属性）の存在を示している（rw-従属性の説明は定義 10.2）．

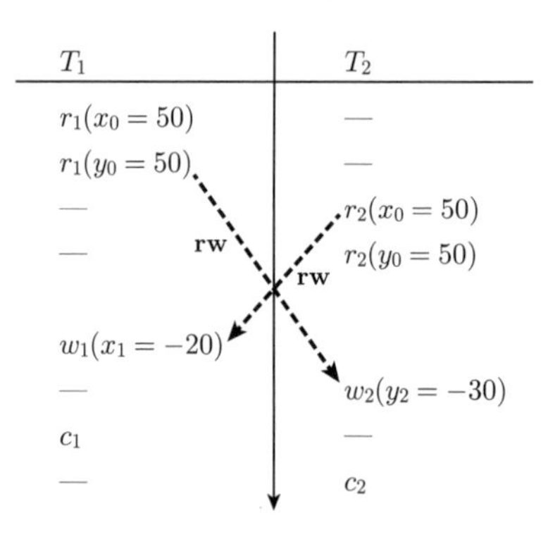

図 10.3　書込みスキュー異状が発生するトランザクションの同時実行例スケジュール

(2) 読取り専用トランザクション異状

3 つのトランザクション間に生起する異状で，その内の 2 つは更新トランザクションであるが，1 つは読取り専用トランザクションで，この読取り専用トランザクションで発生する異状である．そこで，T_1，T_2 を更新トランザクション，T_3 を読取り専用トランザクションとし，それらが SI のもとで，**図 10.4** に示されたように同時実行がスケジュールされたとする．

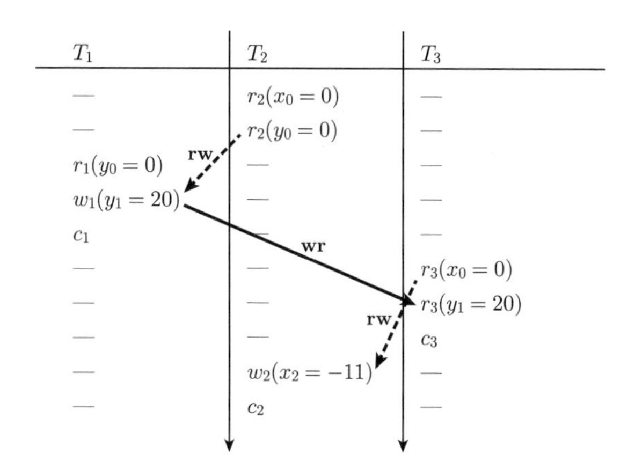

図 10.4　読込み専用トランザクション異状が発生する
トランザクションの同時実行スケジュール例

First-Committer-Wins ルールに従い，T_1 は $y_1 = 20$ として問題なくコミットする（c_1）．同様に T_2 は $x_2 = -11$ として問題なくコミットする（c_2）．T_3 は読取り専用トランザクションなので，問題なくコミットする（c_3）．

さて，このトランザクションの同時実行に問題はなかったのか？ いや，実は，大きな問題があるのが分かる．T_3 が返すデータ項目 x，y の値はそれぞれ 0 と 20 である．しかし，$x = 0$，$y = 20$ という結果は，T_1，T_2，T_3 をどのように直列実行しても得られる結果ではなく，意味不明となる．このことについて付加的な説明を加えると，トランザクションが同時実行されたときに，その結果が正しいとはトランザクション群のある直列実行が存在して，そのときに得られる結果になる，ということである．実際，T_1，T_2，T_3 の直列実行の仕方は 3!（= 6）通りあるが，それらが返す x と y の値は次の通りである．ここで，たとえば，$T_1 \rightarrow T_2 \rightarrow T_3$ はトランザクションが T_1，T_2，T_3 の順に直列実行されたことを表す．

$T_1 \to T_2 \to T_3$: $x = -10$, $y = 20$

$T_1 \to T_3 \to T_2$: $x = -10$, $y = 20$

$T_2 \to T_1 \to T_3$: $x = -11$, $y = 20$

$T_2 \to T_3 \to T_1$: $x = -11$, $y = 20$

$T_3 \to T_1 \to T_2$: $x = -10$, $y = 20$

$T_3 \to T_2 \to T_1$: $x = -11$, $y = 20$

つまり，**図 10.4** に示した T_3 は $x = 0$, $y = 20$ を返したのだが，これは T_1, T_2, T_3 のどのような直列実行の結果ともなっておらず，おかしいというわけである．T_3 の返した結果は一体何だったのであろうか？ なお，図中，wr は wr-dependency（wr-従属性）の存在を示している（wr-従属性の説明は定義 10.2）．

10.3.3　SII

書込みスキュー異状や読込み専用トランザクション異状が発生するので，SI では真の意味での直列化可能性を保証できないということで，「SI を真の意味での直列化可能にする」ための研究が行われ，SSI（serializable snapshot isolation，直列化可能 SI）が Fekete ら[9] によって提案された．まず，その定義を見てみたいが，鍵となる概念は SI のもとでのデータ項目への読みと書きの間に観察される **rw-従属性**（rw-dependency）である．このような従属関係を基に**直列化グラフ**（serialization graph）を作成すると，SI のもとで実行されるトランザクションの直列化可能性を規定することができ，SSI を定義できる．このことを，シドニー大学の研究者の論文[8]~[10] を参考にして，少し詳しく見ていくこととする．

まず，一般に，MVCC や SI といった多版同時実行制御のもとで生成される多版スケジュールの直列化可能性は，**多版直列化グラフ**（multiversion serialization graph，**MVSG**）を用いて説明することができる．First-Committer-Wins ルールが，x の版を生成する 2 つのトランザクションの間では，一方が開始する前に他方がコミットしていることを保証している SI のもとでは，データ項目 x の版はそれらの版を作成したトランザクションの時系列に従って順序付けられるので，それに基づき MVSG を次のように定義できる．

［定義 10.2］（**MVSG**）MVSG では，次の状況 (1)～(3) のときに，あるコミット済みトランザクション T_1 から別のコミット済みトランザクション T_2 にエッジ（edge，辺）を設定する．

(1) T_1 は x の版を生成し，T_2 は x の新しい版を生成している（ww-従属性).

(2) T_1 は x の版を生成し，T_2 はこの（またはそれ以降の）版の x を読み取っている（wr-従属性）.

(3) T_1 は x の版を読み取り，T_2 は x の新しい版を生成している（rw-従属性）.

図 10.5 に **図 10.3** に示した書込みスキュー異状が生じたトランザクション T_1 と T_2 の同時実行の MVSG を示す．rw-従属性が点線の矢印で示されてる.

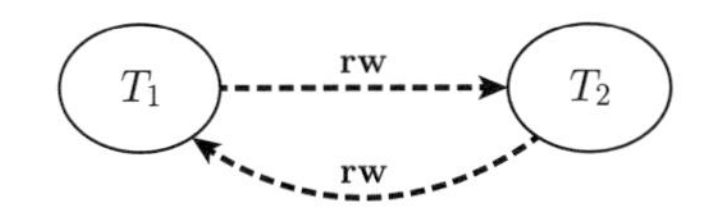

図 10.5 書込みスキュー異状（**図 10.3**）の MVSG

さて，トランザクション理論で知られているように[4]，一般に MVSG にサイクルがないことは，トランザクションの同時実行が直列化可能であることを保証する．したがって，同時実行制御に SI を使用するシステムでどのような種類の MVSG が発生する可能性があるかを理解することが重要となる.

このことについて，Fekete ら[9],[10] は，「どのサイクルにも隣接して発生する 2 つの rw-従属性エッジがあり，更に，これらのエッジのそれぞれが 2 つの同時実行されているトランザクションの間にあること」を示した．そこで，同時実行されているトランザクション間の rw-従属性を**脆弱**(ぜいじゃく)**なエッジ**（vulnerable edge）と呼ぶことにし，サイクル内で 2 つの連続した脆弱なエッジが発生する状況を**危険な構造**（dangerous structure）と呼ぶこととした．これを **図 10.6** に示す．2 つの連続する脆弱なエッジの接合部のトランザクションを**ピボット**（pivot）トランザクションと呼ぶ．図では T_1 がピボットである．その上で，SI のもとで直列化可能とならない同時実行の MVSG には必ずピボットがあることを示した.

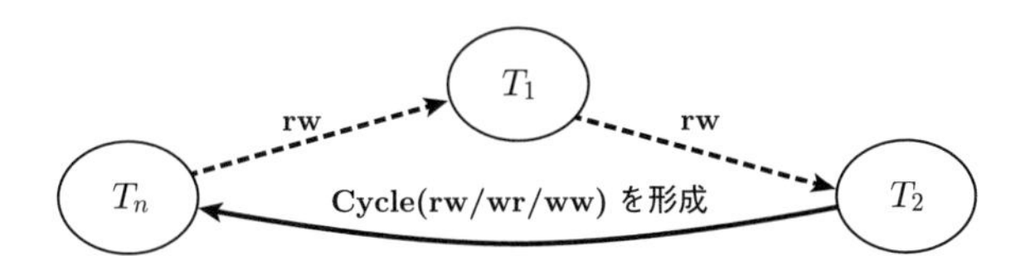

図 10.6 MVSG における「危険な構造」の一般化

● **SIで書込みスキュー異状が発生することの説明**

先に掲げた**図10.3**を使って説明する．**図10.3**ではrw-従属性を2つ確認できる．1つはT_2がデータ項目xを読んだ後にT_1がデータ項目xを更新している．もう1つは，T_1がデータ項目yを読んだ後にT_2がデータ項目yを更新している．では，これらのことはSIというトランザクションの同時実行環境下ではどういう意味を持つのか？

まず，前者の場合であるが，SIの定義を思い出すと次のようになる．「T_2は，それが開始された時点で有効なコミット済みデータからなるスナップショットから常にデータを読み取る．T_2の開始後にアクティブな他のトランザクションの更新は，T_2には見えない」ということである．これは何を意味するのか？ 答えは明らかで，T_1がT_2より先に実行されT_1が開始される以前にコミットされては困る，ということを表している（First-Committer-Winsルールの場合．もし，First-Updater-Winsルールの場合は，T_1が開始される以前にデータ項目xを更新されては困る，となる）．つまり，このことを回避するには，T_2の実行をT_1に先行させればよいわけである．このことをrw-従属性$T_2 \overset{\text{rw}}{\dashrightarrow} T_1$で表したわけである．データ項目$y$に関する後者の場合も同様で，rw-従属性$T_1 \overset{\text{rw}}{\dashrightarrow} T_2$が得られる．この2つのrw-従属性から**図10.5**に示した書込みスキュー異状のMVSGが得られたわけである．明らかに，このグラフには「危険な構造」がある．したがって，T_1とT_2のこのスケジュールでの同時実行は直列化可能ではなかったことが分かる．

● **SIで読取り専用トランザクション異状が発生することの説明**

前掲の**図10.4**で示した読取り専用トランザクションの同時実行からMVSGを作成すると**図10.7**のようになる．明らかにこのグラフには「危険な構造」がある．したがって，**図10.4**に示した同時実行のスケジュールは直列化可能でないことが分かる．

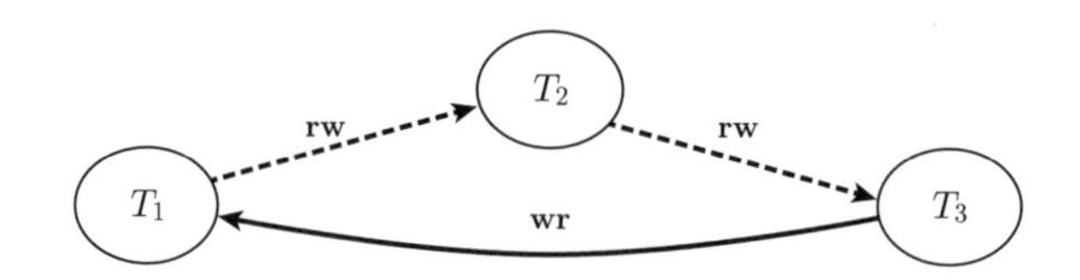

図10.7 読取り専用トランザクション異状（**図10.4**）のMVSG

さて，ここまで議論すると，SIのもとで直列化可能を実現するための考え方はほぼ明らかになったと言える．トランザクションを同時実行していく過程でMVSGを作り，そこに「危険な構造」を見つけたら，それを解消するために何らかのトランザクションをアボート（abort）すればよいわけである．しかしながら，危険な構造は「サイクル内で2つの連続した脆弱なエッジが発生する状況」であったのだが，そのためには同時実行されている全てのトランザクションの実行を監視してそれら間の rw/wr/ww-従属性からサイクルが発生していないかを見つけなければならない．Cahill ら[10] はそのコストは尋常ではないと考え，サイクルが形成されているかどうかは無視して，2つの連続した脆弱なエッジが発生する状況を検知することだけにした．しかし，その代償として，SSI では擬陽性が発生してしまうこととなった．

［**定義 10.3**］（**SSI**） SSI は，SI のもとで実行されるトランザクションの同時実行において，「2つの連続した脆弱なエッジが発生する状況」を検知した場合は直列化可能ではないと判定する．

この定義に基づく SSI の実装は，まず，T を同時実行しているトランザクションとして，2つのブールフラッグ（boolean flag）T.inConflict と T.outConflict を定義する．T.inConflict は同時実行されている何らかのトランザクションから T に rw-従属性があるか否（いな）かを示している．一方，T.outConflict は T から同時実行している何らかのトランザクションに rw-従属性があるか否かを示している．更に，これらの情報を繋（つな）いで「2つの連続した脆弱なエッジが発生する状況」を検知するために，通常の WRITE ロックとこのために特別に用意した SIREAD ロックを導入して行う．詳細に興味のある読者は Cahill らの論文[10] にあたられたい．

●擬 陽 性

直列化可能（$T_3 \to T_1 \to T_2$）なのに，SSI では**擬陽性**（false positive）となり，同時実行を許されないトランザクションの同時実行スケジュール例を**図 10.8** に示す．

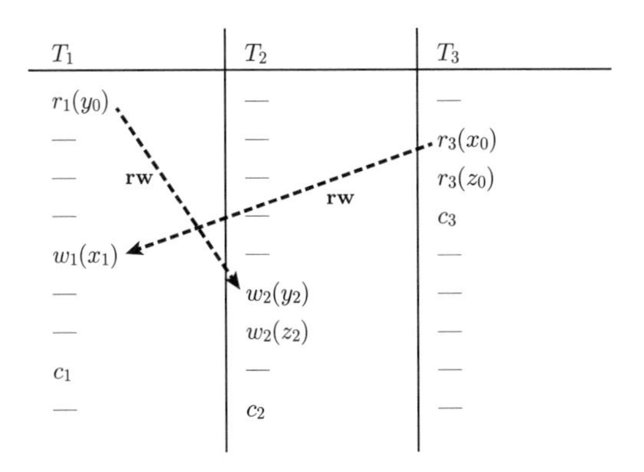

図 10.8 擬陽性が発生するトランザクションの同時実行スケジュール例

ちなみに，**図10.8**で示されたトランザクションの同時実行スケジュールのMVSGを描くと**図10.9**に示す通りとなる．明らかに，そこには「2つの連続した脆弱(ぜいじゃく)なエッジ」がある．したがって，トランザクションの直列化可能性を損なう恐れがあるということで，ピボットのT_1あるいはT_2でもT_3でも構わないが，何(いず)れかのトランザクションをアボートすることをSSIスケジューラは行うということである．

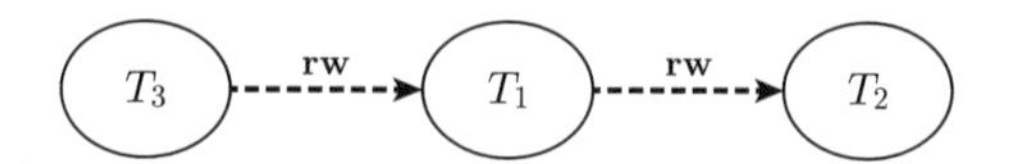

図10.9　擬陽性が発生するトランザクションの同時実行スケジュール（**図10.8**）のMVSG

では，何が，問題だったのか？ この原因は明らかである．**図10.6**に示したように，本来は「危険な構造」が存在するときに初めて直列化可能ではないと言えるのだが，SSIではそのためのサイクル検出に膨大なコストがかかることを懸念して，危険な構造ではなく「2つの連続した脆弱なエッジが発生する状況」を検出したら，それだけで直列化可能ではないと判定してしまったということであった．その結果，擬陽性が発生することになるのだが，これに関しては，擬陽性はめったに起こらないと釈明している[10]．

10.4 おわりに

MVCCとは多版の概念を持ち込むことによりトランザクションの同時実行性の向上を目指した技術である．本章では，MVCCの原型であるMVTOにまず焦点を当てて，2PLでは同時実行できないトランザクションがMVCCでは同時実行できることを示して，その考え方の基本を示した．続いて，MVCCの考え方に則ったSIに焦点を当てて，その考え方と，それがSQLの隔離性水準であるSERIALIZABLEを実現するが，書込みスキュー異状や読取り専用トランザクション異状が発生し，理論的な意味での真の直列化可能性を実現するものではないことに言及した．SIは真の直列化可能性を実現できるSSIに進化したが，SSIの現実的な実装では擬陽性という異状が発生してしまう可能性のあることも紹介した．SIならびにSSIの性能評価については先に紹介した通り，SIのもとでTPC-Cベンチマークが異状を発生することなく実行可能であること，SSIの性能は様々なケースで2PLより大幅に改善し，往々にしてSIと同程度であったとの報告があることを紹介した．

PostgreSQLでは隔離性水準をREPETABLE READに設定するとSIが，SERIALIZABLEに設定するとSSIが駆動するように実装されている．また，PostgreSQL

14.1 文書（Chapter 13. Concurrency Control. 13.1 Introduction）[13] には次のような記載がある（アンダーラインは筆者による）：

> "Table- and row-level locking facilities are also available in PostgreSQL for applications which don't generally need full transaction isolation and prefer to explicitly manage particular points of conflict. However, proper use of MVCC will generally provide better performance than locks."

このように，PostgreSQL はロック法ではなく MVCC の使用を推奨しているようである．

このような状況であるが，隔離性水準を READ COMMITTED に設定して（このレベルでは lost update（遺失更新），即ち ww-conflict が発生することがある），表レベル及び行レベルのロック機能を使って特定の競合ポイントを明示的に管理することで，ちゃんとアプリケーション開発を行っている事例のあることは筆者の耳にするところである．ベンチマークテストの結果はもちろん参考になるとは思うが，2PL vs. MVCC の議論の要（かなめ）は，データベースアプリケーション開発の現場で発生するトランザクション群の同時実行制御にどちらが適しているのか，雰囲気や時代に流されるのではなく，それを見極める「力」が現場に求められているということではないかと考えられる．

文　献

[1] D. P. Reed. Naming and Synchronization in a Decentralized Computer System. MIT-LCS-TR-205, September, 1978.

[2] P. A. Bernstein and N. Goodman. Concurrency Control in Distributed Database Systems. *ACM Computing Surveys*, Vol.13, No.2, pp.185-221, 1981.

[3] P. A. Bernstein and N. Goodman. Multiversion concurrency control—theory and algorithms. *ACM Transactions on Database Systems*, Vol.8, No.4, pp.65-483, 1983.

[4] P. A. Bernstein, V. Hadzilacos and N. Goodman. *Concurrency Control and Recovery in Database Systems.* Addison-Wesley Publishing Company, 1987.

[5] H. Berenson, P. Bernstein, J. Gray, J. Melton, E. O'Neil and P. O'Neil. A Critique of ANSI SQL Isolation Levels. *Proceedings of the ACM SIGMOD International Symposium on Management of Data*, pp.1-10, 1995.

[6] Per-Åke Larson, Spyros Blanas, Cristian Diaconu, Craig Freedman, Jignesh M. Patel and Mike Zwilling. High-Performance Concurrency Control Mechanisms for Main-Memory Databases. *Proceedings of the VLDB Endowment*, Vol.5, No.4, pp.298-309, 2012.

[7] H.-T. Kung and J.T. Robinson. On Optimistic Methods Concurrency Control. *ACM Transactions on Database Systems*, Vol.6, No.2, pp.213-226, 1981.

[8] A. Fekete, E. O'Neil and P. O'Neil. A Read-Only Transaction Anomaly Under Snapshot Isolation. *ACM SIGMOD Record*, Vol.33, No.3, pp.12-13, 2004.

[9] A. Fekete, D. Liarokapis, E. O'Neil, P. O'Neil and D. Shasha. Making Snapshot Isolation Serializable. *ACM Transactions on Database Systems*, Vol.30, No.2, pp.492-528, 2005.

[10] M. J. Cahill, U. Roehm and A. Fekete. Serializable Isolation for Snapshot Databases. *Proceedings of the ACM SIGMOD International Symposium on Management of Data*, pp.729-738, 2008.

[11] 増永良文. リレーショナルデータベース入門 [第 3 版]—データモデル・SQL・管理システム・NoSQL—. サイエンス社, 2017 年.

[12] D.R.K. Ports and K. Grittner. Serializable Snapshot Isolation in PostgreSQL. *Proceedings of the International Conference on Very Large Data Bases*, pp.1850-1861, 2012.

[13] PostgreSQL 14.1 Documentation.
https://www.postgresql.org/docs/14/index.html

第11章 CAP 定理と結果整合性

11.1 はじめに

ビッグデータの管理・運用で注目を浴びることとなった**結果整合性**（eventual consistency）であるが，賛否両論あるようだ．否定的な意見は，たとえば，M. Kleppmann の著書[1] に見ることができる．この著書，結構多くの方々がお持ちかと思うが，Kleppmann は複製を行うデータベースのほとんどは，少なくとも結果整合性を提供しているとしながらも，これは非常に弱い保証であり，複製が何時（最終値に）収束するのかについては何も語られていなく，収束するときまで，読取りの結果が何になるのか，あるいはそもそも何も返さないのかは分からない，とクレームしている．更に，CAP 定理の対象範囲は非常に狭く，考慮しているのは 1 つの一貫性モデルと 1 種類のフォールト（つまり，ネットワーク分断）だけで，ネットワークの遅延，落ちているノード，あるいは他のトレードオフについては何も語っていない．したがって，CAP 定理は歴史的には大きな影響力があったものの，システムの設計における実用的な価値はほとんどない，と述べている（文献 [1] の第 9 章「一貫性と合意」）．

この Kleppmann の否定的意見は，読取りの結果が何であるのか分からない，CAP 定理に実用的価値はない，の 2 つに集約されると思われるが，まず，最初のクレームについて考えてみることとする．確かに，結果整合性は，「非常に」かどうかは別にして，「弱い保証である」ことに間違いはない．整合性には強い整合性と弱い整合性があり，結果整合性は弱い整合性の一種であることは，結果整合性の提案者である W. Vogels 自身も述べている通りである[2]．結果整合性は Amazon.com, Inc.（以下，Amazon）が開発した「高可用キー・バリューストア」Dynamo[3] で初めて実装されたが，Vogels はその開発プロジェクトの中心人物であった（この Dynamo は Amazon の自社用で，AWS の一環として提供されている Amazon DynamoDB とは別物）．複製が最終値に収束するまでの時間を**不整合窓**（inconsistent window）というが，Vogels によれば，不整合窓の最大サイズは，通信の遅延，システムの負荷，レプリケーションスキームに含まれる複製の数などの要因に基づいて決定できるとのことである．したがって，これはシステムの負荷やネットワーク環境が安定しているときは一定の値を保つかもしれないが，それらが変動すれば当然変動するだろうことは想像に難くなく，Kleppmann の最初のクレームを理不尽と決めつけるわけにはいかない．

では，実際に結果整合性を実装したシステムでは可用性や整合性，あるいは不整合窓の長さについてどのような評価がなされているのであろうか？ 詳細な説明は 11.6 節に譲るが，結果整合性に係るパラメタ，たとえば，データの複製を格納しているノードの数（= 複製数）などを適切に設定することにより，可用性と整合性が共に満たされているとの報告が見受けられる．また，不整合窓の長さについても，不整合窓が長くてシステムが稼働しないといった報告は見つからない．したがって，Kleppmann が「読取りの結果が何であるのか分からない」としたクレームは，観念的にはそうなのだけれども実際にはその非難はあたっていないのではないか，と言えそうである．

次に，Kleppmann が「CAP 定理に実用的価値はない」とクレームしている点についてであるが，CAP 定理の主張する CP あるいは AP の選択で（詳細は 11.4 項），可用性（A）とネットワークの分断耐性（P）を選択した Amazon の Dynamo が顧客から間断なく舞い込む注文をこれまで処理し続けてこられたという実績は Kleppmann の否定的な意見を覆すに十分な反証となっているのではないか考えられる．最近の統計によれば，Amazon 本体（サードパーティの販売者によるマーケットプレイスは除くという意味）が扱っている商品数は約 1,200 万，毎月の顧客数は約 1 億，1 分あたりに売れる商品の数は約 4,000 という状況のようである．それを結果整合性のもとで，Amazon の Dynamo は常時オン（always-on）で処理し続けているというわけである．

本章は，以上のような観点から，結果整合性の意義を ACID vs. BASE という論点とも絡めながら再検討しておく．

11.2 結果整合性誕生は時代の必然

筆者は結果整合性という概念の誕生は，分散型データベースシステムの概念が Web そしてビッグデータの到来で根底から変化することになった必然の帰結だと捉えている．

歴史的には，分散型データベースシステムは 1970 年代後半から 1980 年代にかけて IBM San Jose研究所で研究・開発された System R* [4] をもってその嚆矢とすると認識している．この時代の分散型データベースシステムの使命は遠隔地に散在するデータベースをコンピュータネットワークを介して相互アクセス可能とし，いかにして「単一サイトイメージ」を実現するかが設計課題であった．言い換えれば「分散の透明性」の達成である．したがって，分散型データベースシステムは質問処理にもトランザクション処理に関してもあたかも単一サイトのイメージでそれを処理するわけなので，結果整合性などという発想は一切湧かず，単一サイトのデータベースシステムと同様に ACID 特性を堅持することが大前提となっていたわけであった．

しかしながら，Web の誕生以降状況は徐々に変化していく．Web は 1991 年をもってその元年とするが，その後進化をとげて 2005 年に T. O'Reilly により Web 2.0[5] が提唱されたが，その背景には「ドットコムバブルの崩壊」があった．つまり，Web 誕生後数年を経た 1995 年頃から 2000 年頃にかけて米国の株式市場はドットコムバブルに沸き返っていた．ドットコム（.com）とは営利企業を表す分野別トップレベルドメイン（generic TLD）で，（ハイテク中心の）ドットコムカンパニーの NASDAQ 指数は 2000 年 4 月 10 日に 5,048 で史上最高となったわけである．インターネット関連ベンチャー企業が株式を上場すれば，期待感から高値で取引されたと言われている．しかし，2000 年に入ると，次第にこれらのベンチャー企業の優勝劣敗が明らかになり，見込みのないベンチャー企業が次々と破綻（はたん）するようになり，熱狂は一挙に冷めて株価は大暴落し，2001 年秋にバブルは崩壊した．ドットコムバブルがはじけて，多くの Web 関連ベンチャー企業が泡沫のごとくこの世から消え去ったが，その洗礼を受けつつもその後も成長し続けたベンチャー企業があった．それらは泡沫のごとく消え去ったベンチャー企業とどこが違っていたのか？ O'Reilly のチームは両者のビジネスモデルの違いに着目して，ブレインストーミングを重ね，その結果が **Web 2.0** としてまとめられたということであり，ドットコムバブルの荒波を越えて生き残った代表格が集合知（collective intelligence）[6] に注目しそれを活用した Amazon や Google というわけである．

その Amazon が自社のビジネスモデルを達成せんがために構築した分散型データストアが Dynamo で，そこで実装されたトランザクション管理の原理が従来の ACID 特性ではなく，結果整合性に基づいた BASE 特性であったということである．いみじくも，Dynamo の開発責任者であった Vogels は “Building reliable distributed systems at a worldwide scale demands trade-offs between consistency and availability.”[2] と結果整合性の必然性を述べているが，この一文が従来の分散型データベースシステムとビッグデータ時代の分散型データベースシステムの構築原理の違いを端的に表していると捉えてよい．

11.3 分散型データストア

3V（volume, velocity, variety）の性質を有するビッグデータをリレーショナルDBMSで管理・運用しようとすると，たとえばリレーションがとても疎（sparse）になるとか，様々な問題が生じて限界があることはよく知られているところである．したがって，ビッグデータはそれを必要とする各組織体のビジネスモデルに一番合うような形で管理・運用されることが常となった．たとえば，Amazonはキー・バリューデータストアを，Googleは列ファミリデータストアを，大量のJSON文書を管理・運用したい組織体は文書データストアを，そして，たとえば大規模なソーシャルネットワークを管理・運用したい組織体はグラフデータベースを開発するといった具合である．その具体例が，AmazonのDymanoやGoogleのBigtable[7]ということになるわけであるが，**NoSQL**（Not only SQLの意）とはこのようなシステムの総称である．

さて，いわゆるNoSQLを標榜するシステムであるが，スケーラビリティを（スケールアップではなく）スケールアウトで達成すること，システムは大規模となり個々のコンポーネントにあまりお金はかけられないこと，システムが大規模になっても可用性は損ないたくないことなどを勘案すると，**図11.1**に示されるような疎結合クラスタ（shared nothing cluster）構成をとる**分散型データストア**（distributed data store, DDS）とするのが一般的である．

少しく説明を加えると，1台のマスタが複数のクライアントとスレーブを管理する．クライアントからの問合せ（query）や更新要求（insert, delete, update）はマスタに届けられ，マスタはマスタの判断でそれらをスレーブに配信し，その結果をクライアントに届ける．疎結合クラスタ構成をとっているので，データ量が増大するにつれてスレーブを増設していけばシステムのスケーラビリティを台数効果に基づき**スケールアウト**で達成できる．また，可用性やネットワークの分断耐性を向上させるためにデータは**複製**（replica, レプリカ）を作成してそれをスレーブに分散配置する．しかしながら，データが重複してスレーブに分散配置されることで，データの整合性をどのようにして達成するのかが問われることになるが，本章で取り上げている結果整合性はそのために考案されたトランザクション管理のための新しい原理ということである．以下に示す通り，論点はマスタとスレーブを繋(つな)いでいるネットワークに分断が発生した場合にマスタと一部のスレーブとの間の通信が不可能となるが，それが可用性とデータの整合性にどのような影響を与えるのかである．

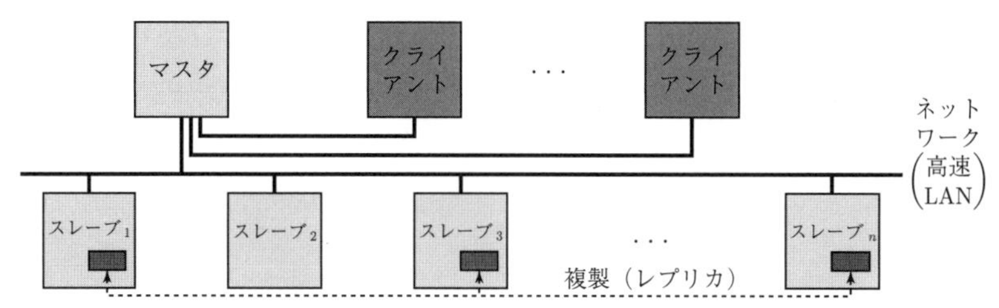

・マスタやスレーブはコモディティサーバ
・マスタはクライアントからの要求を受けてスレーブに処理を指示，スレーブは結果をマスタに返す．
・データはその複製（レプリカ）を複数台のスレーブに格納する．

図 11.1 NoSQL のアーキテクチャ（疎結合クラスタ構成）[8]

11.4 CAP 定 理

分散型コンピューティングの強靭性に関して，Inktomi 社の創設者であった E.A. Brewer は次のような経験則を 2000 年に開催された国際会議で発表した[9]．

「整合性，可用性，そしてネットワークの分断耐性の間には基本的にトレードオフがある」

改めて記すが，**整合性**（consistency）†1とは，書込み操作が完了したのちに読取り操作を発行すれば，その書込みの結果が返されないといけないということで，もしデータを複製して管理している場合には，複製間で更新の同期がとられていて，どの複製を読もうとも，同じ値が返ってこないといけないことを意味する．**可用性**（availability）とは，クライアントが依頼した読取りや書込みに対して，それが無視されることはなく，何れ（いずれ）応答があるということをいう．**ネットワークの分断耐性**（tolerance to network partitions あるいは partition tolerance）とは，サーバ間でやり取りするメッセージが幾らでも失われ得ることを意味する．つまり，本来ネットワークは分断されてしまうかもしれないという性質を有するので，ネットワーク分断が発生した状況の中にあっても分散型コンピューティングはそれなりに機能しないといけないということを謳（うた）っているものである．そして，Brewer はこのトレードオフの意味するところを **CAP**（キャップ）**定理**（CAP theorem）[9] と名付けた．ここに，CAP は頭字

†1 Consistency は一貫性あるいは整合性と訳されるが，筆者はその意味の違いを「データベースの一貫性」（＝データベースが実世界の状態に常に一致していること）と「データの整合性」（＝複製データ間に不揃いのないこと）に見ている．したがって，eventual consistency の邦訳は結果整合性，一方，ACID 特性の C（=consistency）は一貫性となる．

語 (acronym) で，C は Consistency，A は Availability，P は Partition tolerance の頭文字である．この定理は，発表当初はあくまで推測（conjecture）にしかすぎなかったのだが，2年後にその証明が与えられた[10]．証明は拙著[8] でも与えられているので興味があれば参照願いたい．

[定理 11.1]（CAP 定理） 共有データシステムにおいては，整合性，可用性，分断耐性という3つの性質の内，高々2つしか両立させることができない．

CAP 定理を図示すると**図 11.2** のように描ける．

ネットワークは分断するもの，つまりネットワークが絶対に故障しないという保証を与えることはできないので，CAP 定理の意味するところは，共有データシステムはネットワーク分断を前提に，システムとして整合性（C）の実現を選択しますか？それとも可用性（A）の実現を選択しますか？どちらをとりますか？という選択を迫られることになる．つまり，次に示す二者択一となるわけである．

- CP：整合性と分断耐性を実現する．
- AP：可用性と分断耐性を実現する．

図 11.2 CAP 定理

なお，念のために，両選択の違いを例で見ておくと次の通りである（AP については 11.6 節で更に議論する）．

[例 11.1]（CP vs. AP） **図 11.1** に示した構成で スレーブ$_i$ と スレーブ$_{i+1}$ 間のネットワークが分断されてしまったとき，CP と AP のもとでシステムがどのように振る舞うのかを検証する（ここに，$i \leqq n-1$）．

CP を採用した場合 そのようなネットワークの分断が発生すると，スレーブ$_1$〜スレーブ$_i$ 群と スレーブ$_{i+1}$〜スレーブ$_n$ 群は通信不可となる，つまり両群にまたがり存在する同一データの複製間の整合性を保証する手段がなくなるので，システムはネットワーク分断を検知した時点で停止し，読取り要求も書込み要求も受け付けず，ネットワーク分断の回復を待つ．

AP を採用した場合 マスタは スレーブ$_1$〜スレーブ$_i$ にアクセスし，N（データの複製数），R（検索結果を返してくるべき複製の数），W（更新完了の返事を返してくるべき複製の数）が定める定足数に従い行動する．読取り要求の場合，検索されたデータが スレーブ$_1$〜スレーブ$_i$ にあり，その数が R 以上であればそれをクライアントに返す（複数見つかれば時刻印が最新のデータを返す）．書込み要求の場合，マスタは スレーブ$_1$〜スレーブ$_i$ にその書込み要求を発行する．もし，書込み完了の返事の数が W 以上となれば書込みが完了した旨をクライアントに報告する．そうでなければ，書込み失敗をクライアントに報告する．前者の場合，複製の数は N（$\geqq W$）なので，報告時点で書込みが完了していない複製が スレーブ$_1$〜スレーブ$_i$ 群と スレーブ$_{i+1}$〜スレーブ$_n$ 群に存在する可能性がある．これらの複製の書込みは**遅延複製**（lazy replication）[2],[11] で行う．つまり，書込みが可能となり次第，順次更新していく．

このように，どちらを選択するかで，システムの振舞いはがらりと変わってくる．具体的には，先述の通り，CP の選択肢をとったのが Google の Bigtable であり，AP の選択肢をとったのが Amazon の Dynamo ということである．Bigtable では分散したデータの複製の更新同期をとり整合性を実現するために Paxos アルゴリズムが使われている．では，Dynamo は AP を実現するためにどのようなシステムアーキテクチャを開発したのか？ それを以下に見てみる．

11.5 BASE 特 性

CAP 定理により，ネットワークの分断が発生しても，可用性をとると，マスタはアクセスできるスレーブから所望のデータ項目を読み書きできるものの読み書きの対象となったデータが最新のデータであるかどうか，つまり整合性のあるデータであるか否(いな)かの保証はないわけである．つまり，可用性をとると，ネットワーク分断によりデータには更新されて新値をとるデータと旧値のままのデータが混在することとなり，結果としてデータベースが一貫している保証はない．言い換えると，この状況下では従来のトランザクション管理が金科玉条(きんかぎょくじょう)のごとく信奉してきた ACID 特性という概念が無意味化していると言える．

では，可用性とネットワークの分断耐性（AP）をとったシステムは一体どういう特性を満たしていると言えるのか？ それが，結果整合性に基づいた **BASE**(ベース) **特性**である．ちなみに，BASE は下に示す語の頭字語である．

- **B**asically **A**vailable
- **S**oft-state
- **E**ventual consistency

ここに，Basically Available（**基本的に可用**）とは，共有データシステムは CAP

定理のいう AP のもとで可用ということである．Soft-state（**ソフト状態**）とは，システムの状態は入力がなくても時間の経過と共に変遷していくであろうということである．Eventual consistency（**結果整合性**）とは，現時点では整合性のないデータでもそれに対して何の更新要求もなければ，何時(いつ)かは整合するであろうということである．

なお，BASE という用語であるが，ACID vs. BASE という対比を際立たせるために特に考えられたとのことである．即ち，ACID の英語での意味は「酸」であるが，BASE は「塩基」（= アルカリ）を意味し，酸とアルカリで世界を 2 分するという意味を込めて，わざわざ BASE と命名されたという逸話が残っている．

では，BASE 特性の基となっている結果整合性をどのように実装するのか，それを次に見てみることにする[2]．

11.6 結果整合性の実装

整合性には 2 つの観点がある．1 つはクライアント側から見た場合の整合性である．これは，クライアントにとってデータ更新がどう見えるかということである．もう 1 つはサーバ側から見た場合で，どのように更新処理がなされるのか，更新する際にシステムとして何を保証することができるかという観点である．

まず，クライアント側から見れば，整合性は次のように大別される．

- 強い整合性
- 弱い整合性
  - 結果整合性

強い整合性（strong consistency）は，データの更新が完了すると，その後どの複製にアクセスしても更新された値を返してくることをいう．強い整合性でない場合を**弱い整合性**（weak consistency）という．弱い整合性では，データの更新が完了したとしても，その後のアクセスが更新された値を返すことを保証しない．値が返されるにあたっては，幾つかの条件を満たす必要がある．更新から，クライアントが更新された値を常に見ることが保証される瞬間までの期間を**不整合窓**（inconsistent window）という．

結果整合性（eventual consistency）は弱い整合性の一種で，ストレージシステムは，オブジェクトに対して新しい更新が行われない場合，最終的に全てのアクセスが最後に更新された値を返すことを保証する．障害が発生しない場合，不整合窓の最大サイズは，通信の遅延，システムの負荷，レプリケーションスキームに含まれるレプリカの数などの要因に基づいて決定できるとされている．

次に，サーバ側から見た場合，結果整合性は次のように形式化することができる．

そのために，N，W，R を次のように定める．

N　データの複製を格納しているノードの数（＝複製数）

W　更新完了の返事を返してくるべき複製の数

R　検索結果を返してくるべき複製の数

つまり，マスタはクライアントからデータの更新要求を受け付けると，そのデータの複製を格納している N 個のスレーブにその更新要求を発送し更新が完了したかどうか，返事を待つ．もし，少なくとも W 個のスレーブから更新完了の返事が来たら，その時点でマスタはクライアントに更新完了の返事を送る．一方，クライアントからマスタにデータ検索要求が来たら，マスタはその複製を格納している N 個のスレーブにその検索要求を発送して結果を待つ．もし少なくとも R 個のスレーブから結果が返ってくれば，その中から最新の結果を選択して（そのために，データには時刻印やバージョンを付けておく），それをクライアントに返す．つまり，W や R はマスタがアクションをとれるための**定足数**（quorum）を定めていることになる．まとめると次のようになる．

(1)　$W + R > N$ の場合：強い整合性で対処する．

(2)　$W + R \leqq N$ の場合：結果整合性で対処する．

若干説明を追加すると，$W + R > N$ の場合，書込み集合と読取り集合の「共通集合」（intersection）は非空，つまり 2 つの集合は重なり合った部分があるということなので，強い整合性を保証できる．一方，$W + R \leqq N$ の場合，共通集合が空となり得るので，強い整合性は保証できず，この場合は結果整合性で対応しようということである．したがって，結果整合性を実装するということは，上記 (2) の状況となるような N，W，R を設定して検索や更新要求に対処するということである．

このとき，$N = 3$，$W = 1$，$R = 1$ と設定することで可用性と整合性が共に満たされているとの報告が見られる．$W = 1$，$R = 1$ なので高可用性の実現はその通りであるが，整合性も評価される原因としては，$N = 3$ と複製の数が小さいことや，新鮮でないデータでもそんなに腐臭が漂っているわけではない，という見解も見られる．不整合窓の長さについては，実測で数 ms（millisecond）という報告もあれば，数 1,000 ms という報告もある．これらの値が許容範囲にあるのかそうでないのかは定かではないが，不整合窓が長くてシステムが稼働しないといった報告は見つからない．

なお，N，W，R の設定の仕方で共有データシステムの振舞いは相当に変わってくる．同期レプリケーションを実装するプライマリ–セカンダリのリレーショナル DBMS の場合は $N = 2$，$W = 2$，$R = 1$ であり（強い整合性），非同期レプリケーションの場合は $N = 2$，$W = 1$，$R = 1$ となる（弱い整合性）．高性能と高可用性を提供する共有データシステムでは，通常 $N \geqq 3$ である．耐故障性（fault tolerance）のみに焦点を当てたシステムでは，$N = 3$，$W = 2$，$R = 2$ とされることが多い．言うまでもないが，$R = 1$ および $N = W$ では読取りの場合に最適化され，$W = 1$ および $R = N$ では非常に高速な書込みに最適化される．組合せは様々で，興味のある読者は文献 [2] にあたってみられたい．

DNS（domain name system）は結果整合性を実装する最も一般的なシステムとして知られているが，Dynamo がキー・バリューデータモデルの考案と共に，結果整合性を実装してトランザクション管理を行うことで，Amazon の顧客はいつでも待たされることなく（= 常時オン，always-on），ショッピングカートに入れた商品の注文を確定することができているという事実は，結果整合性に対する Kleppmann の否定的な意見を退(しりぞ)けるに十分な説得力を持っているのではないかと考えられる．

11.7 お わ り に

分散型データストアを構築しようとしたとき，「ACID 特性 vs. BASE 特性」，あるいは「CP vs. AP」，あるいは「強い整合性 vs. 結果整合性」はきっと永遠のテーマだと思われるが，BASE・AP・結果整合性の採用は高可用性やスケーラビリティを達成したい分散型データストアの設計指針として，大変理に適(かな)っている発想だと考えられる．結果整合性が世に出て早くも十数年の月日が流れたが，改めて，結果整合性の意義を回顧する報告が出ている[12]~[14]．興味のある読者には一読を勧めるが，何れも結果整合性を肯定的に捉えている．

分散型コンピューティングをデータベースの視点で捉えると，単一サイトイメージの達成が至上命令であった時代から数十年を経て，分散型データベース管理は結果整合性で対応していこうという時代の流れに変わった．この背景には，ビッグデータの管理・運用こそがビジネスモデルとする巨大な IT 企業の誕生があった．従来は基幹システムと称して OLTP がデータ処理の中核で，そこでは金科玉条のごとく ACID 特性への遵守が叫ばれた．これは単一サイト，分散型を問わずであった．しかし，ACID 特性は 3V の特徴を有するビッグデータの管理・運用が求める原理・原則ではなかったということで，その要求に応えるべく必然的に生まれたのが BASE 特性であり結果整合性であったということである．

筆者はかつて IBM San Jose 研究所の客員研究員として，分散型リレーショナルデータベース管理システム開発の草分けであった System R*プロジェクトのメンバーとしてそのアクティビティを 1 年間にわたり目の当たりにしたが，隔世の感を禁じ得ない．

文献

[1] Martin Kleppmann（著）. 斉藤太郎（監訳）. 玉川竜司（訳）. データ指向アプリケーションデザイン 信頼性，拡張性，保守性の高い分散システム設計の原理. オライリー・ジャパン，634p., 2019.

[2] Werner Vogels. Eventually Consistent. *ACM Queue*, Vol.6, Issue 6, pp 14-19, 2008.（同一内容の論文が，Werner Vogels. Eventually consistent. *Communications of the ACM*, Vol.52, Issue 1, pp.40-44, 2009. として出版されている）

[3] G. DeCandia, D. Hastorun, M. Jampani, G. Kakulapati, A. Lakshman, A. Pilchin, S. Sivasubramanian, P. Vosshall and W. Vogels. Dynamo: Amazon's Highly Available Key-value Store. *Proceedings of the 21st ACM Symposium on Operating Systems Principles (SOSP'07)*, pp.205-220, October 14-17, 2007.

[4] B.G. Lindsay, L.M. Haas, C. Mohan, P.F. Wilms and R.A. Yost. Computation and communication in R*: A distributed database manager. *ACM Transactions on Computer Systems*, Volume 2, Issue 1, pp.24-38, February 1984.

[5] Tim O'Reilly. What Is Web 2.0: Design Patterns and Business Models for the Next Generation of Software. O'Reilly Media, 2005.

[6] 増永良文. ソーシャルコンピューティング入門—新しいコンピューティングパラダイムへの道標（みちしるべ）—. サイエンス社，2013.

[7] Fay Chang, Jeffrey Dean, Sanjay Ghemawat, Wilson C. Hsieh, Deborah A. Wallach, Mike Burrows, Tushar Chandra, Andrew Fikes and Robert E. Gruber. Bigtable: A Distributed Storage System for Structured Data. *Proceedings of the 7th USENIX Symposium on Operating Systems Design and Implementation (OSDI'06)*, pp.205-218, 2006.

[8] 増永良文. リレーショナルデータベース入門 [第 3 版]—データモデル・SQL・管理システム・NoSQL—. サイエンス社，2017 年.

[9] Eric A. Brewer. Towards Robust Distributed Systems (abstract), (Invited Talk). *Proceedings of the 19th ACM Symposium on Principles of Distributed Computing*, p.7, Portland, Oregon, July 2000.

[10] S. Gilbert and N. Lynch. Brewer's Conjecture and the Feasibility of Consistent, Available, Partition-tolerant Web Services. *ACM SIGACT News Homepage Archive*, Volume 33, Issue 2, pp.51-59, June 2002.

[11] Rivka Ladin, Barbara Liskov, Liuba Shrira and Sanjay Ghemawat. Providing High Availability Using Lazy Replication. *ACM Transactions on Computer Systems*, Vol.10, No.4, pp.360-391, November 1992.

[12] Dan Pritchett. BASE: An Acid Alternative: In partitioned databases, trading some consistency for availability can lead to dramatic improvements in scalability. *ACM Queue*, Vol.6, Issue 3, pp.48-55, 2008.

[13] Eric A. Brewer. CAP Twelve Years Later: How the "Rules" Have Changed. *IEEE Computer*, Vol.45, Issue 2, pp.23-29, IEEE Computer Society, 2012.

[14] Peter Bailis and Ali Ghodsi. Eventual Consistency Today: Limitations, Extensions, and Beyond: How can applications be built on eventually consistent infrastructure given no guarantee of safety?. *ACM Queue*, Vol.11, Issue 3, pp.20-32, 2013.

第4部　データ分析基盤

ビッグデータが広く受け入れられると，構造化データ，半構造化データ，そして非構造化データと実に様々なデータがデータベース化されることとなった．一方で，データは組織のかけがえのない「資産」であるという認識が広く受け入れられて，データサイエンスが台頭した．データサイエンスの目指すところは，資産としてのデータをマネジメントして組織体の意思決定に資する分析結果を得たいということであるから，データマネジメントとは何か，データ分析基盤とは何か，そしてデータ分析とは何かなどが，鋭意研究・開発されてきた．

このような中，DAMA International が DMBOK2 と命名されたデータマネジメントの知識体系（body of knowledge，BOK）を公表している．これは 11 個の知識領域（knowledge area）からなりデータ中心の運営を目指す様々な組織体の注目を集めることとなったが，個々の知識領域の説明は事細かに与えられてはいるものの，データマネジメントを実現するには 11 個の知識領域が必要であるというだけであって，データ分析基盤をどのように構築したらよいのかについての具体的な指針に乏しい印象である．また，データ分析基盤はこれまで先達が鋭意研究・開発してきたデータベース管理システムの技術をベースにしない限りは構築が難しいのではないかと考えられるが，データマネジメントとデータベース管理の関係性についての正面切った見解も見当たらない．

このような認識から，第 12 章で「データマネジメントとデータベース管理」と題して両方の関係性を論じ，DMBOK2 を再構成することで「DMBOK キーボード」を提案すると共に，その結果として <データマネジメント> = <データベース管理> ⊗ <データガバナンス>，ここに ⊗ は知識融合を表す，という関係性を明らかにしている．

では，組織体の戦略的意思決定に欠かせないデータ分析基盤とはどのような情報システムなのか？ 第 13 章で「データ分析基盤と SQL の OLAP 拡張」と題して，データ分析基盤の構成を概観するとと共に，データ分析のための高度な SQL 機能として SQL:1999 で規格化された SQL の OLAP 拡張を例と共に見てみる．

IoT や Web の興隆で今やビッグデータは大変身近に感じられる存在となっているが，ビッグデータ絡みのデータ分析基盤でどうしても取り上げておかねばならないトピックは，大規模分散処理システムにおけるユーザインタフェースである．これまでの典型例は Google 社が開発した分散型ファイルシステム GFS とそれを前提としたプログラミング環境 MapReduce であった．しかしながら，MapReduce はバッチ処理であって，SQL のようなインタラクティブでアドホックな問合せは受け付けられなかった．このことはビッグデータをインタラクティブでアドホックに分析したいとするユーザにとっては不満の積もるところで，ビッグデータ分析基盤においても SQL 風の問合せが発行できるインタフェースが希求された．それにどう応えたのかを第 14 章「NoSQL の SQL 回帰」で詳述する．そこでは Google 社が開発した Dremel，社外的には BigQuery を取り上げて，それが GFS に格納されているビッグデータを柱状ストレージに取り込み，木アーキテクチャを導入することで，如何にして select-project-aggregate 型の問合せを効率的に処理可能としているかを示す．データサイエンスの興隆とともにビッグデータ分析基盤の構築の重要性が認識されている昨今，BigQuery の果たす役割は大きい．なお，「NoSQL の SQL 回帰」というタイトルであるが，NoSQL という用語は本来 SQL におさらばというメッセージ性を有していたはずなのに，やっぱり SQL に戻ってくるの？という多少皮肉っぽい思いを込めて命名した．

第12章

データマネジメントとデータベース管理

12.1 はじめに

データサイエンスが興隆する中，データマネジメント（data management，データ管理）への注目度が高い．データマネジメントをテーマとする書籍（books）や文書（documents）は多数見受けられるが，「データマネジメントとデータベース管理は何が違うのか？」あるいは「データマネジメントとデータベース管理はどう関係しているのか？」という素朴な疑問を持ってそれらを見てみても，筆者は寡聞にしてこの疑問に明快に答えてくれる書籍や文書を目にしたことがない．2017 年にデータマネジメントの知識体系を公表した DAMA International の DMBOK2[1] を含めてである．このことについて筆者の見解を示したい．

12.2 データ資源とデータ資産

12.2.1 データと情報

そもそも「データは記号の集まりであって，それ以上でもそれ以下でもない」[2]．このようにデータの定義は至極シンプルであるにも関わらず，それが石油に代わる資源（resource）であり，組織体のかけがえのない資産（assets）となる．これはどういうことか，順を踏んで考えてみる．

そのために，まず「データと情報の関係」について論じておく．巷間（こうかん），「データ」と「情報」という用語は相当に混用されている．英語で書けば，データは data，情報は information であって，明確に異なるのに，本来データというべきところを情報といったり，その逆であったり，はたまたデータベースを情報の格納庫と説明する国語辞書があったりと，この混用には根深さを感じる．

さて，データの定義は上で与えたので，次にデータと情報の関係性を論じる．情報はデータの受け手（receiver），あるいはユーザの存在を前提として成り立つ概念である．つまり，データはその受け手に情報を与えることもあり，そうでないこともある．より詳しくは次の通りである．

データはまずその受け手により「意味解釈」される．これはデータを記述するために用いられている語彙を収録している辞書，構文規則，意味規則，つまり「データモデル」を用いてなされよう．たとえば，リレーショナルデータモデルで，(花子, 20) という2項タップルがデータだとする．このデータをどう解釈すればよいかはこのタップルを眺めているだけでは分からない．たとえばこのタップルがリレーション 年齢 (名前, 年齢) のタップルであるなら，「花子は二十歳である」と意味解釈されるし，もし，このタップルがリレーション 給与 (名前, 給与) のタップルであれば，「花子の給与は20（万円）である」と意味解釈できる．これがデータの持つ**意味**（meaning）である．

次いで，データの持つ意味は受け手がその時点で有している「知識」(knowledge)[†1] と比較される．もし，それが知識の増加を引き起こせば，このときデータは受け手に**情報**（information）をもたらしたことになる．たとえば，(花子, 20) というデータの意味が「花子は二十歳である」としたとき，このデータの受け手がすでにそのことを知っていれば，このデータは受け手の知識の増分を引き起こさないので，情報とはならない．一方，それを知らなければ情報となる．

更に，受け手は人であれ組織体であれ，情報に対する価値観を有しよう．その結果，情報に価値の付与が行われ，「価値付情報」（value-added information）になる．たとえば，受け手が「花子は二十歳である」ということを知らなかったとしても，(花子, 20) というデータから得られる情報は，花子さんに関心のない人にとっては三文の値打もないだろう．しかし，花子さんの二十歳の誕生日に薔薇の花束を贈りたいと夢見ていた受け手にとってはかけがえのない情報となろう．このように，データは受け手の存在のもとに（とても価値のある）情報となり得たり，そうでなかったりする．これが価値付情報の概念である．

図 12.1 にデータ，意味，情報，価値付情報の関係性を示す．

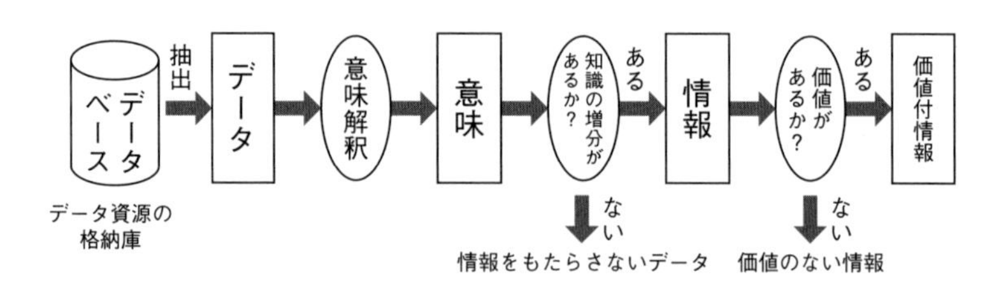

図 12.1　データ，意味，情報，価値付情報の関係性

[†1] 知識とは，知っていることの総体をいう（広辞苑）．

12.2.2 データ資源とデータベース管理

「世界で最も価値のある資源はもはや石油ではなくデータである」というようなキャッチコピーをよく目にするようになって久しい．データをこれからの時代の最も重要な資源と見なすという考え方である．かつて，鉄，レアメタル，石油，天然ガスなどの天然資源がそうであったように．

さて，**データ資源**（data resource）はどこかを掘れば出てくるというようなものではない．確かに，データ自体はあらゆる時空に存在して多様な発生源から様々な形で泉のごとく湧き出ているのかもしれないが，明確な意図を持って汲み上げない限りは有用なデータ資源とはならないであろう．

そもそも，資源としてのデータが石油などの天然資源と顕著に異なる性質を列挙すれば次のようになろう[3]．

(a) 人々の営為のあるところ，必ずやデータは発生する．もちろん自然の営みによってもデータは時々刻々発生している．

(b) データ資源は大量のそれも生のデータ（raw data，加工されていないデータ）であることが多い．

(c) データ資源は量的に単調に増加する．天然資源が単調に減少するのとは真逆である．

(d) データ資源のコンピュータによる利活用を考えるとき，それはデジタル化されていなければならない．

(e) データ資源の管理・運用にはコンピュータとネットワークが必須である．

(f) データ資源は通信回線により転送可能である．データ資源の転送にはあまりコストがかからない．

(g) データ資源の保管には一般に大容量の電子記録媒体を必要とする．

(h) データ資源は複製可能である．コピー（複製作成）にほとんどお金がかからない．ただし，無断でコピーされても（即ち，盗まれても）痕跡が残らないことが多い．

(i) データ資源は暗号化できる．

(j) データ資源は多種多様である．テキストデータ，音声データ，音響データ，静止画像データ，動画像データ，時系列データ（センサーデータ），といった分類．あるいは，位置情報データ，生体情報データ，POS データ，といった分類．更に構造化データ，半構造化データ，非構造化データ，といった分類．加えて，オープンデータといった分類もある．

(k) データ資源は多種多様である（続）．たとえば，テキストデータといっても，テキスト形式なのか，XML形式なのか，CSV形式なのか，PDF形式なのかなどと様々であろう．また，画像データといっても，JPEG形式なのか，PNG形式なのか，BMP形式なのか，TIFF形式なのかといった具合にデータは文字通り多様である．更に言えば，データがファイルとして管理されているのかデータベースとして管理されているのかで，その利活用の仕方はまるで異なってくる．

(k)項末で指摘したデータ資源の管理について補足しておくと，組織体の共有資源としてのデータはファイルではなくデータベースとして管理されるべきである．なぜならば，ファイルはアプリケーションプログラムに隷属したデータなので，たとえば，異なるファイルに存在する同一データの整合性を保証することが困難である．一方，データベースはデータベース管理システムのもとで一元管理されたデータ群であって，トランザクションの同時実行制御や障害時回復などの機能に長(た)けており，データベースの一貫性が保証され，組織体の共有資源としてのデータ資源の管理・運用を行うのに適している．

したがって，データベース管理を定義すると，次のようになろう．

［定義12.1］（データベース管理）　資源としてのデータの管理をデータベース管理（database management）という．

なお，言うまでもなく，データは多種多様であるから，データ資源も多種多様となる．その結果，多種多様なデータベースが構築されることとなり，個々の性質に適したデータベース管理システム（database management system，DBMS）が存在することとなる．たとえば，リレーショナルデータベースの管理にはリレーショナルDBMSが，XML文書データベースの管理にはXML DBMSが，グラフデータの管理にはグラフDBMSがあり，一方，ビッグデータの管理にはキー・バリューデータストアや列・ファミリデータストアなどが誕生した，といった具合である．

12.2.3　データ資産とデータマネジメント

前述のように，データは意味解釈ルールの下で意味を持つこととなり，それが利用者の知識の増分をもたらしたときに情報となり，それは利用者の価値観により価値付情報となった．

さて，利用者が組織体，つまり企業のような経済的組織体や行政組織のような非経済的組織体であったとしよう．組織体はR.F. Druckerの提唱した**MVV**（mission（使命），vision（理念），and value（行動指針））の重要性を認識していると想定されるが，このときデータがもたらす情報がそれに照らして戦略的意思決定や業務的意思決定（以下，単に意思決定）に資すると判断されたとき価値を有することとなろう．

そうすると，問題は組織体がこの価値をどのように見なすかである．組織体がこのような価値を生み出す基となるデータに対して資産的価値を認めたとき，データは**データ資産**（data assets）となる．

ただ，データを資産と見なすことにはデータが無形物であるが故（ゆえ）に難しさがある．そもそも，組織体の資産とはそれが有する有形無形の財産を指すが，現金や物品・不動産といった有形物に限らず権利や情報といった無形物まで含め，財産となるもの全てというのが一般的ではある．組織体が有しているデータが現時点でその組織体の意思決定に役立っていてその価値が認められていれば資産と見なしやすいかもしれないが，そのような価値がその時点ではあらたかではない場合もあろう．では，そのようなデータはゴミとして捨ててよいのかと言えば，そうではないかもしれない．なぜならば，そのようなデータが将来大きな価値を生み出すことがあるかもしれないからである．

データの資産的価値をどう評価するかについてであるが，難問と言えよう．これは何も一組織体が抱え込むようなレベルの問題でもないように思われる．たとえばの話であるが，もし国や地方公共団体が，組織体が所有している不動産（土地・家屋・償却資産）に対して課している固定資産税とは別に，データ資産に対しても税金を課そうとした場合にその資産的価値をどう評価するのか？ 将来このようなことが起きるのかもしれないが，そのときにはその方程式を是非見てみたい．

話が若干それた気がしないでもないが，組織体がデータ中心の運営を行っていこうとした場合，避けて通れないのが，データを組織体のかけがえのない資産と見なすということである．一体，誰がどのような仕組みでそれを行うのか．これは明らかに，データを資源と見なしてそれを管理するデータベース管理の概念とは異なり，組織体の意思決定プロセスに深く関わるある意味極めて人的な匂いの濃い管理の概念であり，データベース管理とは異なる概念である．

[定義 12.2]（データマネジメント） 資産としてのデータの管理を**データマネジメント**（data management）という．

以上，データベース管理とデータマネジメントの違いをデータ資源の管理とデータ資産の管理という違いから規定したが，続いて，両方の相違点をデータモデリングの観点から示したい．

12.2.4　データモデリングの観点から見たデータマネジメントとデータベース管理の相違点

データベース管理とデータマネジメントの定義はそれぞれ定義 12.1 と 12.2 で与えたが，両方の違いをデータモデリングの観点から示してみることで，引き続く議論の一助としたい．

図 12.2 に実世界のデータモデリング[2] の観点から見たデータマネジメントとデータベース管理の違いを示す．

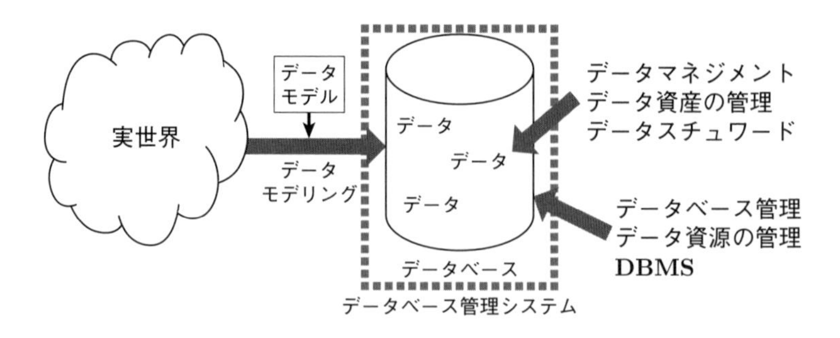

図 12.2　実世界のデータモデリングの観点から見た
データマネジメントとデータベース管理の違い

図 12.2 を説明する．まず，データモデリングについて補足すると，実世界で生起している様々な事象（= 出来事）を記述するためには，何らかの記号系（symbol system）が必要で，これをデータモデル（data model）という．たとえば，実世界がビジネスワールドであればリレーショナルデータモデルが広く受け入れられているし，文書であれば XML データモデルや JSON データモデルが使われよう．データモデルに基づいて実世界をデータベース化する過程を**データモデリング**（data modeling，データモデル化）という．データモデリングの結果，データベースが構築される．たとえば，全国に店舗を持つ家電量販店を実世界とすると，何時（いつ），どこの店舗で，どのような商品が，幾らで販売されたかは最も基本的なデータであろう．これをリレーショナルデータモデルでデータモデリングすると，リレーション 売上 (時間 id, 店舗 id, 商品 id, 売上高) が定義され，それに販売実績がデータとして挿入されていくこととなろう．他にリレーション 顧客 や在庫なども定義されるであろう．リレーショナルデータベースはそのようなリレーションの集合体である．つまり，データベースとはそのコンテンツ（contents）としてのデータをため込んだバケツのようなもので，それをデータベース管理システム（DBMS）が管理している．定

義 12.1 はその意味合いを謳(うた)っている.

では，バケツの中のデータ自体は誰がどのように管理してくれているのであろうか？ 換言すれば，データが組織体のかけがえのない資産としての価値を有するためには，データベースに格納されているデータ自体に資産としての価値のあることが前提となるが，それはどのような仕組みで誰が保障してくれているのであろうか？ それがデータマネジメントであって，その意味合いを定義 12.2 に与えている．データマネジメントは組織体の資産としてのデータを管理するわけだから，それはビジネス的価値に基づく多様なアクションであり，DBMS が行えるわけではない．データマネジメントの根本はデータガバナンスであり，それを実施する主体がデータスチュワード（data steward）と称される組織体の人々やグループである．データガバナンスという大局観のもとでデータスチュワードがどのような職務を遂行するべきかは 12.5 節で述べる.

12.3 データマネジメントの知識体系

12.3.1 DMBOK2

データサイエンスの興隆とともに脚光を浴びることとなったデータマネジメントであるが，近年それを新たな学問分野と捉えて，「データマネジメントの知識体系」（data management body of knowledge, DMBOK）を明らかにしてみようという取組みが世界の幾つかの組織でなされてきた†2．たとえば次のような活動が挙げられる.

- DAMA International は 2017 年に DAMA-DMBOK Second Edition を公表した[1].
- IABAC は 2019 年に EDSF DS-BoK — Release 2 を公表した[4].
- ACM Data Science Task Force は 2021 年に Computing Competencies for Undergraduate Data Science Curricula を公表した[5].

これらの取組みの中で，DAMA-DMBOK Second Edition，以下，**DMBOK2** と略記，は邦訳もされデータマネジメントを語る上で参照されることが多いのでその骨子を見てみる.

さて，DMBOK2 は「データマネジメントとは，データ及び情報資産の価値をライフサイクル全体にわたって提供，制御，保護，及び強化するための計画，ポリシー，プログラム，及び実践の開発，実行，及び監督である」と定義し，データマネジメン

---

†2 知識体系（body of knowledge, BOK）はそれを特徴付ける幾つかの知識領域（knowledge area）からなる．コンピュータサイエンスを規定した CSBOK，ソフトウェア工学を規定した SWEBOK，プロジェクト管理を規定した PMBOK など多数の BOK が公表されている.

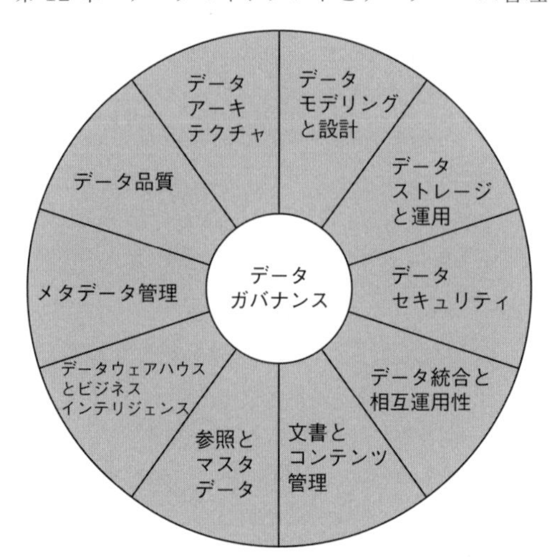

図 12.3 DMBOK2のデータマネジメントフレームワーク（DAMA ホイール）[1]

トの知識体系を **図 12.3** に示すように定義した．

図 12.3 を補足すると，DMBOK2は「データガバナンス」（data governance）という知識領域を中核とし，それを10個の知識領域が取り囲んでいる．その様子から **DAMA ホイール**（The DAMA Wheel）とも呼ばれている（ホイールは車輪の意）．DMBOK2を構成する11個の知識領域の概要は次の通りである．

1. **データガバナンス**　組織体のデータ資産の管理に対する権限，制御，共有の意思決定法（計画立案，監視，施行）の行使を規定する知識領域．

   具体的には，組織がデータを資産として管理できるようにすること，データ管理の原則，ポリシー，手順，指標，ツール，及び責任を定義，承認，伝達，実装すること，ポリシーの遵守，データの使用，管理活動を監視及び指導することなどを含む．そのために，チーフデータオフィサー（CDO）をおき，組織体の各部門の責任者からなるデータガバナンス委員会を設け活動する．

   なお，データガバナンスについては12.5.1項でより詳しい説明を与える．

2. **データアーキテクチャ**　組織体のデータ要求を部門横断的（cross-functional）に特定し，それらの要求を満たすマスタブループリント（master blueprint）を設計しメンテナンスする．マスタブループリントを使用して，データ統合に指針を与え，データ資産を管理し，データ投資をビジネス戦略に合わせて調整することなどを規定する知識領域．

データアーキテクチャはデータガバナンス活動の対象であり，データのストレージと処理の要件を特定しているか；組織体の現在及び長期的なデータ要件を満たす構造と計画を設計しているか；組織体が製品，サービス，データを迅速に進化させ，新興テクノロジに内在するビジネスチャンスを活用できるように戦略的に準備しているかなどが，統治の対象となる．

3. **データモデリングと設計** データ要件を発見，分析，有効範囲を決定し，データモデルと呼ばれる正確な形式でこれらのデータ要件を表現して伝達するプロセスである．このプロセスは反復的であり，概念的，論理的，物理的なモデルを含んでよい．データモデリングと設計はこれを規定する知識領域．

   データモデリングと設計はデータガバナンス活動の対象であり，様々な視点の理解を確認及び文書化することで，現在及び将来のビジネス要件により密接に整合するアプリケーションに繋がり，マスタデータ管理やデータガバナンスプログラムなどの広範な取り組みを正常に完了するための基盤を構築しているかなどが，統治の対象となる．

4. **データストレージと運用** 保存されたデータの価値を最大化するための設計，実装，及びサポートなどを規定する知識領域．ANSI/X3/SPARC のデータベースの標準アーキテクチャの用語に従えば，データベース管理者（database administrator，DBA）が執り行う．

   データストレージと運用はデータガバナンス活動の対象であり，データのライフサイクル全体を通してデータの可用性を管理しているか；データ資産の整合性を保証しているか；トランザクションのパフォーマンスを管理しているかなどが，統治の対象となる．

5. **データセキュリティ** データ資産の適切な認証，認可，アクセス，監査を提供するためのセキュリティポリシーと手順の定義，計画立案，開発，実行などを規定する知識領域．

   データセキュリティはデータガバナンス活動の対象であり，組織体のデータ資産への適切なアクセスを可能にし，不適切なアクセスを防止しているか；プライバシ，保護，機密保持に関する全ての関連規制とポリシーを理解し遵守しているか；全ての利害関係者のプライバシと機密保持のニーズが守られ監査されるようになっているかなどが，統治の対象となる．

6. **データ統合と相互運用性** アプリケーションと組織体内及びアプリケーションと組織体間でのデータの移動と統合の管理などを規定する知識領域．

   データ統合と相互運用性はデータガバナンス活動の対象であり，規制を遵守することで，必要な形式と期間でデータの安全性が保証されているか；共有モデルとインタフェースを開発することで，ソリューション管理のコストと複雑さを軽減しているか；意味のあるイベントを特定し，アラートとアクションを自動的にトリガーしているか；ビジネスインテリジェンス，分析（analytics），マスタデータ管理，業務効率化の取組みをサポートしているかなどが，統治の対象となる．

7. 文書とコンテンツ管理　あらゆる形式またはメディアのデータと情報のライフサイクル管理のための計画立案，実装，及び制御活動などを規定する知識領域．

文書とコンテンツ管理はデータガバナンス活動の対象であり，記録管理に関する法的義務及び顧客の期待に従えているか；文書とコンテンツの効果的かつ効率的な保管，検索，利用を確保できているか；構造化コンテンツと非構造化コンテンツ間の統合機能を確保しているかなどが，統治の対象となる．

8. 参照とマスタデータ　参照データとマスタデータという組織体の共有データを管理して，組織体の目標を達成し，データの冗長性に関連するリスクを軽減し，高品質を保証し，データ統合のコストを削減することなどを規定する知識領域．

ここに，参照データとは他のデータを分類または分類するために使用されるデータで，通常，それらは静的であるか時間の経過とともにゆっくりと変化する．参照データの例としては，測定単位，国番号，企業コード，固定換算率（重量，温度，長さなど）などがあげられる．一方，マスタデータとはビジネスエンティティに関するデータをいい，組織体のヒト・モノ・カネに関するデータ，たとえば顧客データや商品データなどをいい，受注や収納といったトランザクションのデータ内にのみ含まれる．

参照とマスタデータはデータガバナンス活動の対象であり，組織体内のビジネスドメインやアプリケーションにデータ資産の共有が可能となっているか；調整され品質評価されたマスタ及び参照データの信頼できるデータソースを提供しているか；標準，共通データモデル，統合パターンの使用によるコストと複雑さの削減が達成されているかなどが，統治の対象となる．

9. データウェアハウスとビジネスインテリジェンス　意思決定支援のためのデータを提供し，レポート作成，問合せ，分析に従事するナレッジワーカを支援するための計画立案，実装，及び制御プロセスなどを規定する知識領域．

データウェアハウスとビジネスインテリジェンスはデータガバナンス活動の対象であり，運用機能，コンプライアンス要件，及びビジネスインテリジェンス活動をサポートする統合データを提供するために必要な技術環境と技術及びビジネプロセスが構築及び維持されているか；知識労働者による効果的なビジネス分析と意思決定がサポートされ可能となっているかなどが，統治の対象となる．

10. メタデータ管理　高品質で統合されたメタデータへのアクセスを可能にするための計画立案，実装，及び制御活動などを規定する知識領域.

メタデータ管理はデータガバナンス活動の対象であり，ビジネス用語とその使用法を組織体の誰もが理解できるようにしているか；様々なソースからメタデータを収集して統合できているか；メタデータにアクセスする標準的な方法を提供しているか；メタデータの品質とセキュリティを確保しているかなどが，統治の対象となる．

11. データ品質　データが利用に適しており，データ利用者の要求を満たしていることを保証するために，データに品質管理の手法を適用する活動の計画立案，実装，及び制御などを規定する知識領域.

データ品質はデータガバナンス活動の対象であり，データがデータ利用者の要件に基づいた目的に合致するように統率のとれたアプローチが開発されているか；データライフサイクルの一環として，データ品質管理の標準，要件，仕様が定義されているか；データ品質レベルを測定，監視，レポートするプロセスが定義され実装されているか；プロセスとシステムの改善を通じて，データ品質を向上させる機会が認識され提唱されているかなどが，統治の対象となる．

なお，DMBOK2 は新しいデータモデリングテクノロジ，ビッグデータ管理，あるいはデータセキュリティとプライバシ保護についても対処するべきであるとの指摘が見受けられる[4]．

12.3.2　DMBOK ピラミッド

DAMA ホイールと呼ばれる DMBOK2 はデータガバナンスを中核にして 10 個の知識領域がそれを取り巻いているだけなので，計 11 個の知識領域間の関係性が見えない．このことは，データ資産を最大限に利用して意思決定に役立てたいと考え，データ分析基盤を構築したいと考えている組織体にとって，何から手を付けるとそれを構築できるのか，その道筋が見えないという問題点を有する．

これに対して，元 DAMA 会長の P. Aiken は DMBOK2 で規定された 11 の知識領域を基にして，それをピラミッド構造で再構成することで，組織体が段階的に究極の目的である高度なデータ分析が可能なデータマネジメント達成の道筋を示した[1]．これはその形状から **DMBOK ピラミッド**と称されるが，それを**図 12.4** に示す．

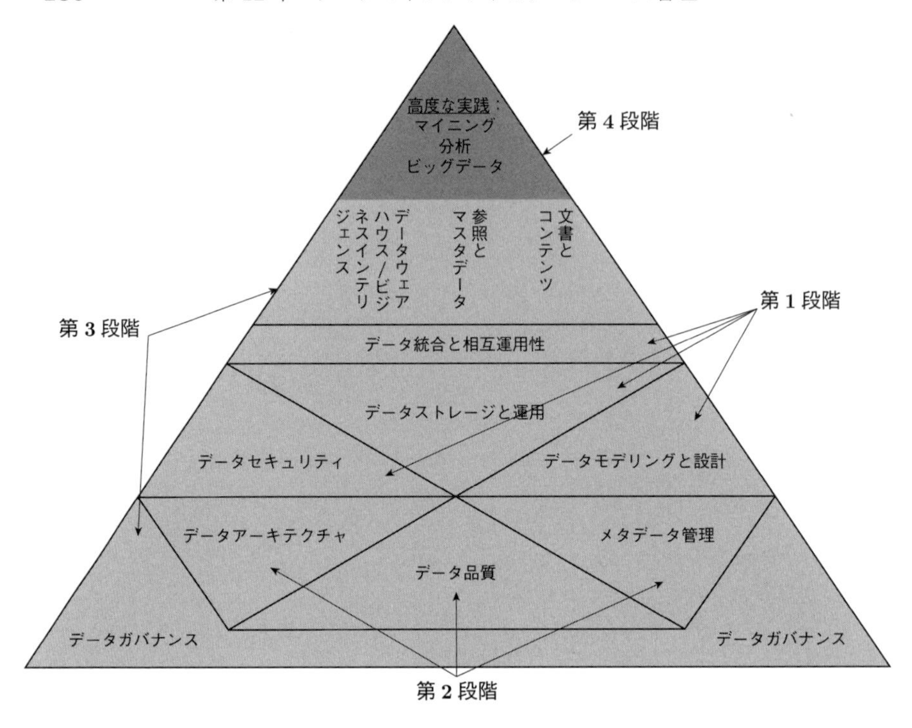

図 12.4 DMBOK ピラミッド[1]

DMBOK ピラミッドの意味しているところは，多くの組織体は次に示す4つの段階（phase）を踏んで高度なデータ分析を行うという目標を達成するだろう，あるいはそのような目的を達成するためにはここで示した4段階に沿ってデータ分析基盤を開発していけばよい，ということである．

【Aiken のフレームワーク】

第1段階 組織体は「データモデリングと設計」,「データストレージと運用」,「データセキュリティ」に関するノウハウを前提にデータベース機能を有するアプリケーションを購入する．システムを機能させるために「データ統合と相互運用性」にも取り組む．

第2段階 アプリケーションの使用を開始すると，「データ品質」に関する課題が見つかるが，より高品質のデータを取得するには信頼できる「メタデータ」と一貫した「データアーキテクチャ」が必要となることを知る．これらにより，多様なシステムのデータがどのように連携するかが明確となる．

第 3 段階　データ品質，メタデータ，アーキテクチャの管理をきちんと実践するためには，データマネジメント活動に構造的なサポートを提供する「データガバナンス」が必要であることを知る．データガバナンスにより，「文書とコンテンツ管理」，「参照とマスタデータ管理」，「データウェアハウスとビジネスインテリジェンス」といった戦略的イニシアティブの実行も可能となり，黄金のピラミッド内で高度なデータ分析が十二分に行えるようになる．

第 4 段階　組織体は適切に管理されたデータの利点を活用してデータ分析能力を向上させる．

12.4　DMBOK2 の再構成

12.4.1　DMBOK キーボード

図 **12.3** に示された DAMA ホイールは，中核に「データガバナンス」という知識領域があり，それを 10 個の知識領域が取り巻いている．それらはスポーク状に配置されているので，そのどれもがお互いにデータマネジメントの知識体系の構成要素としては対等である．一方，図 **12.4** に示された DMBOK ピラミッドは，データベース管理に本質的な技術をベースにしつつ，それを基にしてデータマネジメント実現への道筋を DMBOK2 で与えられた 11 個の知識領域を用いて段階的に表現している．この 4 段階にわたる道筋は，データマネジメントを実現しようと取り組んでいる担当者にとって指針となるであろうことは間違いない．

しかしながら，この DMBOK ピラミッドでも，筆者の抱いた「データマネジメントとデータベース管理は何が違うのか？」あるいは「データマネジメントとデータベース管理はどう関係しているのか？」という問への解答とは言い難い感がある．より単刀直入な解答は示せないのか？ これが示されれば，データ中心を掲げる組織体の DX（digital transformation）推進の現場に対して，データマネジメントを実現するためには，これまで先達が営々と築き上げてきたデータベース管理システム技術に加えて何にどのように注力すればよいのかが明確になり大いに役立つのではないかと考えられる．本項と次項ではそのような観点から DMBOK2 を再構成してみる．

まず，「データガバナンス」という知識領域はその定義から明らかにデータマネジメントに固有な知識領域である．続いて，「データアーキテクチャ」であるが，そもそも，データアーキテクチャとは先に説明した通り，組織体のデータ要求を部門横断的に特定し，それらの要求を満たすマスタブループリントを設計しメンテナンスすることにより，データ統合に指針を与え，データ資産を管理し，データ投資をビジネス戦略に合わせて調整することなどを規定する知識領域である．したがって，これはデータガバナンスの延長上にあり，データマネジメントに固有色の強い領域と考えてよいであろう.

次に,「データ品質」であるが,これはデータ資源というよりはデータ資産としての価値に直結している.したがって,それをいかに保証するかは情報技術（IT）を越えて,データスチュワードの活躍するべき領域と考えられる.従来のデータベース管理システム技術はデータの整合性,つまりデータ資源に齟齬がないことを保証することが目的であって,データ品質を保証することが主眼ではなかったから,データ品質もデータガバナンスの延長上にあり,データマネジメントに固有色の強い領域と考えてよいであろう.言うまでもなく,品質の悪いデータ,たとえば,正しくないデータ,不完全なデータ,古いデータ,あるいは整合性のないデータなどを使ったデータ分析の結果に信用性はない.

一方で,「データガバナンス」,「データアーキテクチャ」,「データ品質」以外の8個はデータベース管理に固有な知識領域と考えられる.まず,「メタデータ管理」であるが,これは質問処理やトランザクション管理と並んでデータベース管理システムが持ち合わせないといけない3大機能の1つとして古くから認識され実装されてきた機能であって,これがデータマネジメントに固有な知識領域とは考えづらい.確かに,データマネジメントにとって「メタデータ管理」は部門横断的な多様なデータを統合管理する上でも,そしてデータが組織体の意思決定に役立つような形で構成されていることをデータガバナンスを介して保証するためにも,他の知識領域に比べて格段にデータマネジメントと組する大事な知識領域であることには間違いない.しかしながらデータマネジメントに固有とは言い難い.残る7個の知識領域:「データモデリングと設計」,「データストレージと運用」,「データセキュリティ」,「データ統合と相互運用性」,「文書とコンテンツ管理」,「参照とマスタデータ管理」,「データウェアハウスとビジネスインテリジェンス」については,何れもデータベース管理の知識体系[†3]に固有な知識領域と考えてよいであろう.なぜならば,それらはこれまでのデータベース管理システム構築（分散型データベース管理システムを含む）の過程で鋭意育まれてきた知識領域であるからである.

以上の議論から,「データガバナンス」を除く10個の知識領域が,データマネジメントに固有色の強い領域かデータベース管理に固有な領域かという旗色が鮮明となったが,もう1つ大事な点は,10個の知識領域はその旗色を問わず何れもがデータガバナンスによる統治の対象とならねばならないということである.これは,データ分析ではシステム的な要件に加えて,組織体のMVVに合致した資産としてのデータ管理が徹底されないといけないから当然のことである.

[†3]ただし,データベース管理知識体系（DBMBOK）はまだどの機関からも公表されてはいない.

上述の議論に基づき DMBOK2 を再構成した結果を **図 12.5** に示す．その構造から，これを **DMBOK キーボード**（DMBOK keyboard）と呼ぶ[7]（キーボードは鍵盤の意）．

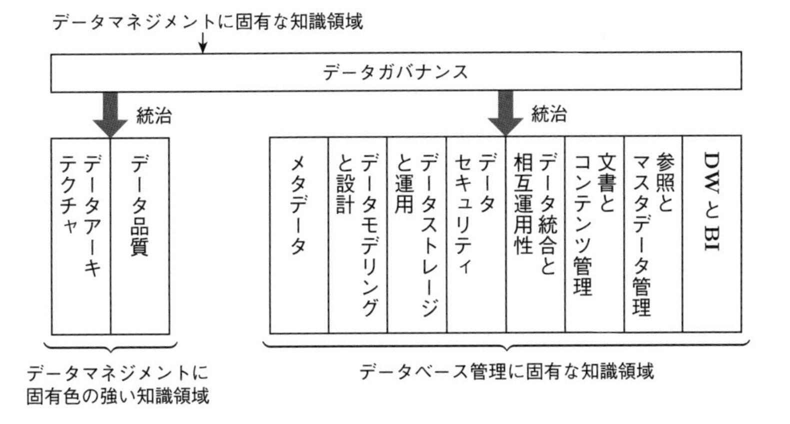

図 12.5　データマネジメント知識体系の再構成―DMBOK キーボード[7]―

DMBOK キーボードの意味するところを，データマネジメントの実現，即ち**データ分析基盤**（data analytics framework）の構築に向けた観点からまとめると次の通りである．

① 組織体内でデータガバナンス並びにデータスチュワードシップの体制を作り上げて（12.5 節で詳述），「データアーキテクチャ」と「データ品質」に求められるビジネス的要件並びにシステム的要件をことごとく洗い出す作業を行う．そこで得られた結果は組織体の「データガバナンス」のあり方を示していると考えられるが，このとき何を統治するのかに特に留意しなけらばならない．この作業ではデータ資産の同定とその運用法が主題となるが，そのためにはビジネス側とシステム側のスタッフ両者の共同作業も必然となる．

② 情報システム部門はこれまで培（つちか）ってきたデータベース管理システム構築に関する経験とノウハウを基に，データ分析基盤構築のための「メタデータ管理」，「データモデリングと設計」，「データストレージと運用」，「データセキュリティ」，「データ統合と相互運用性」，「文書とコンテンツ管理」，「参照とマスタデータ管理」，「データウェアハウスとビジネスインテリジェンス」のあり方を検討し，それらを反映したデータ分析基盤の構築を進める．

③ データ分析基盤が組織体の意思決定支援に役立つためには，その開発に①と②

の協調（=擦り合わせ）作業が必須であることは言うまでもなく，中でも「メタデータ管理」とそれに関連して「データ統合と相互運用性」をどのように実現していくかには特に注力していく必要があろう．このような協調作業がそれら2つに限らず全般にわたることも言うまでもなく，また，ビジネス側とシステム側双方に，いわゆるPDCAサイクル†4の実施を求めることになろう．その結果，データガバナンスとデータベース管理の融合が達成されるはずである．

12.4.2 データマネジメントとデータベース管理の関係性

さて，DMBOKキーボードを基にして，本章冒頭に掲げた素朴な疑問「データマネジメントとデータベース管理はどう関係しているのか？」について定式化できないかと考えた．結果は命題12.1に示す通りである[7]．ここに，<データマネジメント>，<データベース管理>，<データガバナンス>はそれぞれデータマネジメント，データベース管理，データガバナンスという「概念」を表す．**概念融合**（conceptual blending）とは2つの入力概念に作用して第3の概念（融合概念）が創発されるという認知言語学（cognitive linguistics）における認知プロセスをいう[8]．このプロセス（概念融合）を⊗で表す．なお，概念融合の身近な例としては，「Macintoshのデスクトップのインタフェース」や「折る刃式カッターナイフ *OLFA*」の創発をあげられる．前者は，伝統的なコンピュータコマンドの入力と，机・ファイル・書類フォルダのある事務所での仕事の入力，の概念融合である．後者は，戦後間もないころ路上の靴職人たちが靴底を削るのにガラスの破片を使い，切れ味が鈍るとまた割って使っていた姿と，敗戦後，進駐軍がかじっていた板チョコの思い出，の概念融合である．

［命題 12.1］（データマネジメントとデータベース管理の関係性） データマネジメントとデータベース管理の関係性について次式が成立する．

<データマネジメント> = <データベース管理> ⊗ <データガバナンス>

証明　（証明の概略）<データマネジメント> は **図 12.3** に示された計11個の知識領域からなる知識体系を表す概念である．一方，<データベース管理> は **図 12.5** に示されたように8個のデータベース管理に固有な知識領域からなる知識体系を表す概念で，<データガバナンス> はそれ自体が知識領域かつ知識体系であることを表す概念である．このとき，2つの入力概念 <データベース管理> と <データガバナンス> に作用して，これまでのデータベース管理では潜在的であった「データアーキテクチャ」と「データ品

†4 Plan（計画），Do（実行），Check（検証），Action（対策）からなる仮説と検証のサイクルを循環させて業務を継続的に改善していく手法のこと．

質」という 2 つの知識領域が精緻化され，既存の 8 個のデータベース管理に固有な知識領域については，それぞれがデータガバナンスを意識した知識領域として合成され，かつ「データガバナンス」が完成し，それが計 10 個の知識領域を統治するという融合概念が創発される．それが <データマネジメント> である． □

命題 12.1 を**データ資産管理**と**データ資源管理**の観点から表現し直すと次の系が成立しよう．

> ［系 **12.1**］（**データ資産管理とデータ資源管理の関係性**）
>
> <データ資産管理> = <データ資源管理> ⊗ <データガバナンス>

証明 命題 12.1 とこれまでの議論からほとんど明らか． □

12.5 データガバナンスとデータスチュワード

12.5.1 データガバナンス

データマネジメントでは，組織体のかけがえのないデータ資産を組織体の価値観の下で管理しなければならないが，この資産管理を**データガバナンス**（data governance）という概念のもとで行う．先に，データガバナンスの定義を 12.3.1 項で与えてはいるが，これはデータマネジメントの中核をなす知識領域であるので，その理解を深めるためにより詳しい説明を与えておくと次のようである[1]．

- データガバナンスとは，データ資産の管理に対する権限と制御（計画立案，監視，施行）の行使をいう．
- データガバナンスを成功させるには，何を管理しているのか，誰が管理しているのかを明確に理解する必要がある．
- データガバナンスは，特定の機能領域に分離するのではなく，組織体の取組みである場合に最も効果的である．
- 組織体の情報管理能力，成熟度，有効性の現状を説明する評価は，データガバナンスプログラムの計画立案に不可欠である．
- データガバナンスプログラムは，特定の利益を特定して提供することにより，組織体に貢献する必要がある．
- データガバナンスの目標を達成するために，データガバナンスプログラムは，ポリシーと手順を策定し，組織体内の複数のレベル（ローカル，部門，及び組織体全体）でデータスチュワードシップ活動を育成し，改善されたデータガバナンスの利点と必要な行動を組織体に積極的に伝える組織変更管理の取組みに関与する．

12.5.2　データスチュワード

データを組織体の資産として活用するには，組織体のカルチャ（culture，文化）がデータとデータマネジメント活動を評価することを学ぶ必要があり，そのためには個々人の意識変革が必要である．このような土壌づくりの上で，データガバナンスプログラムが実施されることとなる．繰り返しになるが，データガバナンスとはデータを資源として管理することではなく，データを組織体の資産として管理することで組織体の意思決定に資するという概念である．そのためには，データガバナンス運営委員会，データガバナンス評議会，データガバナンスオフィス，データスチュワードシップチームなどを設置する必要がある．ここにデータスチュワードシップとはデータスチュワードとしての職責をいう．

さて，実際にデータガバナンスを推進するデータガバナンスオフィスには**データスチュワード**（data steward）が所属する．スチュワードとは管財人や執事を意味する用語であるので，データスチュワードは組織体内の様々なレベルでデータに関するスチュワードシップを全うするべく活動している．その責務は次に示すような活動を含む．

- 主要なメタデータの作成と管理：ビジネス用語，有効なデータ値，及びその他の重要なメタデータの定義と管理を行う．
- ルールと標準の文書化：ビジネスルール，データ標準，データ品質ルールの定義と文書化を行う．
- データ品質の管理
- データガバナンスの実行：データガバナンスのポリシーと戦略が遵守されているか，責任を持って確認する．

データスチュワードにはその役割に応じ，最高（chief）データスチュワード，幹部（executive）データスチュワード，ビジネス機能全体にわたってデータドメインを監視する組織体（enterprise）データスチュワード，ビジネスの専門家でありデータの一部に責任を持つビジネスデータスチュワードなどの役職がある．

12.5.3　データガバナンス成熟度モデル

データガバナンスが受け入れられれば，その結果，組織体はデータからより多くの価値が得られるデータ中心あるいはデータ駆動型の組織体に移行していくことになる．

さて，組織体は様々な部門から成り立っている．たとえば，ある企業は人事部，財務部，営業部，マーケティング部，開発部，情報システム部などからなっていよう．このようなとき，たとえば，顧客データや商品データ，あるいは売上データの持ち方が部門によってまちまちであるかもしれない．それでは全社的なデータ共有が難しいであろうことは想像に難くない．データマネジメントとはデータスチュワードのもとデータ間に不整合がないように全社的活動を行うことをいう．

ただ，データは資産であり，それを活用できるか否かに自社の将来がかかっていると言われても，そのような意識の高い人もいれば低い人もいるし，高い部門もあれば低い部門もあろう．そのような問題を視覚化してデータマネジメントの推進を図ろうとするための尺度が提唱されている．それが**データガバナンス成熟度**（maturity）モデルであるが，Gartner，IBM，Oracle，スタンフォード大学などから提案されている．何れも大同小異であるので，ここではOracle[6] を参考にしてそれを紹介する．データガバナンスは一朝一夕にして達成されるようなことはなく，段階を踏み徐々に成熟していく性質を有する．6つの水準からなるが，果たして，読者の所属する組織体のデータガバナンスの成熟度は第何水準であろうか？

【データガバナンスの成熟度モデル】

第1水準：無のレベル

- 正式なガバナンスプロセスは存在せず，データはアプリケーションの副産物である．

第2水準：初期レベル

- データに対する権限はIT部門に存在するが，ビジネスプロセスに対する影響力は限定的である．
- ビジネスとITのコラボレーションは一貫性がなく，各LOB（line of business，事業部門）のビジネスにおけるデータに精通した個人の推進者に大きく依存している．

第3水準：管理下レベル

- データの所有権とスチュワードシップは個々のLOBで定義できる．
- LOBの主要なアプリケーションの周囲には大まかに定義されたプロセスが存在し，データの問題は通常，根本原因に系統的に対処することなく事後的に対処される．
- 標準化されたプロセスはLOB間で初期段階にある．

第4水準：標準レベル

- ビジネスが関与し，部門横断的なチームが形成され，データスチュワードが明確な責任を負って明示的に任命される．
- 標準化されたプロセスと一貫性がLOB全体にわたって確立されている．
- データポリシーの一元化され容易にアクセスできるリポジトリが確立され，データ品質が定期的に監視及び測定される．

第 5 水準：上級レベル

- データガバナンスの組織構造が制度化され，全ての部門にわたってビジネスにとって重要なものと見なされる．
- ビジネスはデータコンテンツとデータポリシーの作成に対して完全な所有権を負っている．
- プロセスとメンテナンスの両方について定量的な品質目標を設定されている．

第 6 水準：最適化レベル

- データガバナンスはコアのビジネスプロセスであり，定量化可能な利益–コスト–リスク分析に基づいて意思決定が行われる．
- 組織体の定量的なプロセス改善目標がしっかりと確立され，変化するビジネス目標を反映して継続的に修正され，プロセス改善を管理する際の基準として使用されている．

12.6 おわりに

組織体の DX 推進や，データサイエンスの興隆とともに，データマネジメントに注目が集まって久しい．データマネジメントとは何かを記した書籍や文書は数多いが，「データマネジメントとデータベース管理の関係性」についてなかなか正鵠（せいこく）を射た文書に出会わない．データマネジメントの知識体系を記述した DAMA International による DMBOK2 は公表されているが，データマネジメントとデータベース管理の峻別（しゅんべつ）ができておらず，データ分析基盤を構築・運用しようとしたときに，どこまでがデータマネジメントに固有のスキルを要求され，どこまでがデータベース管理に固有のスキルで対応できるのか，そしてどのような協調作業が必要となるのか，そこに焦点の合った記述とはなっていない．

このような認識から，本章では DMBOK2 を基にしつつも，データマネジメントの知識体系を再構成し，DMBOK キーボードを提示した．それに基づき更に考察を加えた結果，<データマネジメント> = <データベース管理> ⊗ <データガバナンス> という関係性を明らかにすることができた（命題 12.1）．

本章で示した一連の議論がデータマネジメントやデータ分析基盤に関心のあるデータベース研究者や技術者に資するものであることを願っている．なお，文献 [9] は DMBOK2 を参照しつつ DX 成功のために組織体が何を行えばよいのかを具体的に記している書籍の 1 つで実務者の参考になろう．

文　献

[1] DAMA International. *DAMA-DMBOK Data Management Body of Knowledge*, Second Edition, Technics Publications, 2017.

[2] 増永良文．リレーショナルデータベース入門 [第 3 版]—データモデル・SQL・管理システム・NoSQL—．サイエンス社，2017.

[3] 増永良文．コンピュータサイエンス入門 [第 2 版]—コンピュータ・Web・社会—．サイエンス社，2023.

[4] IABAC. *Data Science Body of Knowledge (DS-BoK) EDSF DS-BoK — Release 2.* IABAC B.V., 2019.

[5] ACM Data Science Task Force. *Computing Competencies for Undergraduate Data Science Curricula.* ACM, 2021.

[6] Oracle. *Enterprise Information Management: Best Practices in Data Governance.* An Oracle White Paper on Enterprise Architecture, May 2011.

[7] 増永良文．データマネジメントとデータベース管理．T2-A-1-04，第 16 回データ工学と情報マネジメントに関するフォーラム（DEIM Forum 2024），日本データベース学会・電子情報通信学会 DE 研・情報処理学会 DBS 研，2024.

[8] Gilles Fauconnier（著），坂原茂，三藤博，田窪行則（訳）．思考と言語におけるマッピング—メンタル・スペース理論の意味構築モデル．岩波書店，2000.

[9] 小川康二，伊藤洋一．DX を成功に導くデータマネジメント．翔泳社，2021.

第13章

データ分析基盤とSQLのOLAP拡張

13.1 はじめに

データサイエンスが興隆する中，データ分析とデータ分析基盤（data analytics framework）への注目度が高い．本章では，まずデータ分析とは何かを吟味した後に，データサイエンティストがデータ分析のために使用するデータ分析基盤の構成，そしてデータ分析のための高度なSQL機能であるSQLのOLAP拡張を検証する．

13.2 データ分析

13.2.1 データ分析とは

データ資産（data assets）は組織体のMVV（mission, vision, and value）により示された目標とするべきゴールに資する分析に役立って初めてその価値が認められる．データサイエンスの申し子であるデータサイエンティスト（data scientist）は組織体のデータ資産を駆使してデータ分析作業にあたり組織体の戦略的意思決定や業務的意思決定，以下，単に**意思決定**という，に役立つ知見を得ようとする．ここでは**データ分析**（data analytics）とは何なのか，それをまず再確認しておきたい．

そのためには，analyticsとanalysisの違いに注意しておく必要がある．共に邦訳すれば「分析」であるが，analyticsとは「論理的分析の手法」（the method of logical analysis）とあり，一方，analysisとは「本質を理解したり，本質的な特徴を判断したりするために，複雑なものを詳細に調べること: 徹底的な調査」（a detailed examination of anything complex in order to understand its nature or to determine its essential features : a thorough study）とある（出典：Merriam-Webster Dictionary. https://www.merriam-webster.com/dictionary/）．つまり，data analyticsはdata analysisと違い，機械学習，統計的手法，プログラミング，オペレーションズリサーチなど，あらゆる手法を駆使してデータを体系的に分析することをいう．その結果，データに秘められた意味のあるパターンの発見や解釈が可能となり，その新たな知見が組織体の意思決定に役立つことが期待される．

13.2.2　データサイエンティスト

上述の通り，**データサイエンティスト**（data scientist）は data analytics の意味でのデータ分析を行える者である．しかしながら，データ分析にかかる分野ではデータサイエンティストに加えて，データエンジニアやデータアナリストといった職種分けがなされているようである．それらの役割の違いや共通点についてごく簡単に触れておく．

データエンジニア　データ分析基盤の設計・開発・運用を担う者

データアナリスト　BI（business intelligence）ツールなどを用いてデータ分析基盤に格納されているデータを目的に合った形で分析し可視化などを行える技能を有している者

データサイエンティスト　データアナリストの技能に加えて，分析のためのモデル構築ができて，分析した結果を組織体の意思決定にどのように活用するべきかを提案できる者

ここでのデータアナリストとデータサイエンティストの違いは前述の data analysis と data analytics の違いに符合しているが，データアナリストとデータサイエンティスト間の垣根は低いようで，両者の区別は付けづらいという指摘も見受けられる．

さて，データサイエンティストがデータ分析を行うにあたっては様々な作業が必要になる．

- どのようなデータを入力として用意するか
- どのような分析モデルを採用あるいは構築するか
- 組織体の意思決定に資する知見や洞察を得るための分析をどのようにして行うか
- 分析結果をどのように表現するか，など

このようなデータサイエンティストの任務を支える情報システムがデータ分析基盤である．

13.3　データ分析基盤

13.3.1　データ分析基盤の構成

図 13.1 にデータ分析基盤（data analytics platform），単にデータ基盤ということもある，の構成を示す．図示されているように，データ分析基盤はデータソース（data source）を文字通りデータ源として，データシンク（data sink，データ受信装置）でそれらのデータを受信し，受信したデータをデータレイクに貯蔵し，そこからデータ分析に必要なデータを抽出してデータウェアハウスに格納し，更に組織体の各部門のデータ分析要求（＝ユースケース）に応えられるようにデータをデータマートに供給し，データサイエンティストはデータ分析プログラムや BI ツールなど様々

なインタフェースを介して分析を行い組織体の意思決定に資するであろう結果を出力する．以下，これらの要素を掻い摘んで説明する．なお，本章の記述は往々にして理論的となるが，実践的な説明が文献 [1] に詳しく，データ分析基盤の「つくり方」に関心のある者の参考となろう．

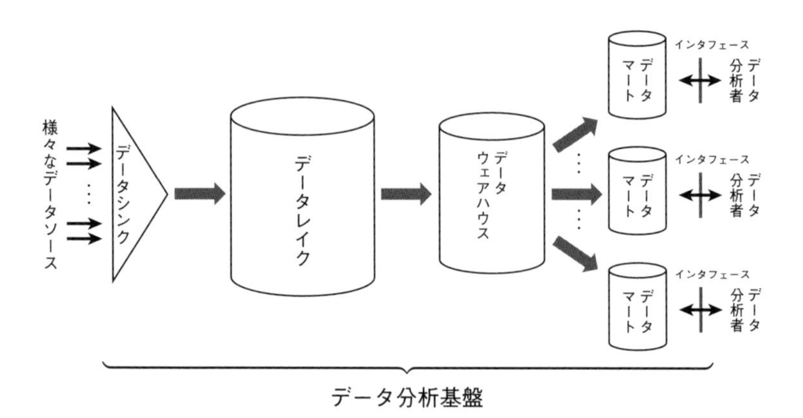

図 **13.1**　データ分析基盤の構成

13.3.2　データソースとデータシンク

●データソースとその多様性

データソース（data source）とは文字通りデータの源（＝出どころ）をいう．言うまでもなく，データは日々の人々の営み，組織体の活動，社会，自然界などから絶え間なく発生しているから，実に様々なデータソースが考えられる．たとえば，商品販売業者には営業部門，商品部門，販売促進部門などがあり，営業部門は顧客データや商品データや各店舗の売上データなどを，商品部門は商品の仕入れ値のデータや商品カタログなどのデータを，販売促進部門はキャンペーンデータなど実に様々なデータを発生していよう．そこで，まずは，データソースの多様性について幾つかの観点から整理してみる．

(1)　メディアの違いによる分類

- テキストデータ
- 静止画像データ
- 動画像データ
- 音データ
- ストリーミングデータ

など

メディアとは実世界記述の記号系をいう．テキストデータは文字・数値データと読み替えてもよい．ストリーミングデータとは，センサーからのデータ，トランザクションログ，Web サイトのクリックシーケンス，移動体やモバイルアプリケーションからの位置データなど，継続的に発生してくるデータをいう．

(2) 構造化の観点からの分類

データがどのように構造化されているかに着目すると次のように分類されよう．

- 構造化データ（structured data）
- 半構造化データ（semi-structured data）
- 非構造化データ（unstructured data）

たとえば，リレーショナルデータベースではデータはリレーションあるいは（SQL の）テーブルという予（あらかじ）め決められたデータ格納構造に格納されるから構造化データの典型である．他に表計算ソフト Excel で作成した CSV（comma-separated values）ファイルもそうである．

XML ファイルや JSON ファイルは XML や JSON が文書の骨格は決めるものの，生成される文書には自由度があり（たとえば，文書は章–節–項の構造があると定義しても，章立てしかない文書もあればそうでない文書もあり，それらが混在するでろう）半構造データの典型である．他に，HTML ファイルもそうである．

一方，テキストデータ，静止画像データ，動画像データ，音データ，あるいは（IoT のセンサーからの）ストリーミングデータなどはそれらを（半）構造化することができないから非構造化データである．

なお，データがリレーショナルデータベースとして組織化できる場合を構造化と称し，そうでない場合を全て非構造化と分類することもある．

(3) データモデルの観点からの分類

データを，データモデルあるいはデータ形式の観点から分類することも可能である．

- リレーショナルデータモデル
- キー・バリューデータモデル
- 列ファミリデータモデル
- 文書データモデル
- グラフデータモデル

など

XML や JSON 文書は文書データモデルにより規定される．上記はデータモデルからの分類であるが，たとえば Excel 文書は CSV 形式のファイルである．

(4) ビッグデータ

IoT や Web の興隆により今やビッグデータという用語は世の中に定着しているが，そもそもこの用語は 2001 年に Gartner 社のアナリストが e-コマース（e-commerce，電子商取引）時代に求められるデータ管理について，3V という概念を導入し，そこで導入された 3 つの V で始まる用語，つまり volume（量），velocity（速度），variety（多様性）がビッグデータを規定する性質として広く受け入れられたことに端を発している．

ここでは，volume（量）について付言すれば，どれぐらいのデータ量でもって膨大というかについては，テラバイト（terabytes，1兆バイト），ペタバイト（petabytes，1000兆バイト），エクサバイト（bytes，100京バイト）級のデータなどと唱える者もいるが，そのように定義されるべきものでもないであろう．大事なことは，絶対的な量もさることながら，ビッグデータでは通常なら「外れ値」(outlier）として排除されてしまうようなデータもそうしないで網羅的にデータが収集されていることに意味がある．なお，統計は標本としてスモールデータを扱う学問領域であり，通常，異常値は前処理でノイズとして弾(はじ)かれてしまい，重大な知見を発見できない可能性のあることに注意したい．

(5)　オープンデータ

これはデータの形式にかかる分類ではないが，オープンデータかそうでないかという分類もある．オープンデータは「国，地方公共団体及び事業者が保有する官民データの内，国民誰もがインターネット等を通じて容易に利用（加工，編集，再配布等）できるよう，次の何(いず)れの項目にも該当する形で公開されたデータをオープンデータと定義する．1．営利目的，非営利目的を問わず2次利用可能なルールが適用されたもの，2．機械判読に適したもの，3．無償で利用できるもの」と定義されている（総務省）．現在，様々な組織体がオープンデータを提供しているので，データ分析に活用することができる．

●データシンク

データシンク（data sink）とはデータの受信装置のことをいう．様々なデータソースからのデータを受信してそれをデータレイクに渡すデータ分析基盤の入り口にあたる機能である．上述の通り，データソースは多種多様であるのでデータシンクでそれらを受信する方法も自(おの)ずと多種多様となる．つまり，データシンクを介してのデータ収集はデータソース毎に使い分けることが必然となる．たとえば，ファイルはファイル収集，オープンデータなどは公開されたAPI経由，Webサイトの検索結果はスクレイピング，データベースはSQL使用など，Webのアクセスログはエージェントを経由した収集，端末データは解析ツールの利用など，多岐を極めることとなる．なお，より具体的なデータ収集方法は文献[1]に詳しく，興味のある読者には一読を勧める．

13.3.3　データレイク

●データレイクとは

データレイク（data lake）という造語はJ. Dixonによるという[2]．彼は，データウェアハウスにデータを格納しようとすると，データウェアハウスでは予(あらかじ)め決められたデータフォーマットに合わせてデータを入力しないといけないが，それが更にデータ分析の仕方まで規定してしまう．これはOLAPでは問題ないが，IoTやWebからのビッグデータでは，データを受け取った時点ではその価値は分からず，データを大規模で安価なストレージベースで容易にアクセスできる倉庫に格納しておくべきだ，と提案した．それがデータレイクである．

さて，データレイクとは文字通り「データの湖（みずうみ）」の意味である．データ分析に必要なデータをデータソースからデータシンク経由で収集して保管しておくためのリポジトリ（repository，保管庫）である．データを収集する際に，データソースのデータに加工は施さないからデータレイクは生データの巨大な貯蔵庫と言える．生データをそのまま保管するのは，何か問題があったときに，原点に立ち返ることができるからである．何らかの加工をしてしまうと，もしデータ分析結果に疑念が生じたとき，一体どこに問題があったのか，使用したデータに問題はなかったのか，それを突き止めることが困難となるからである．

●データ品質

言うまでもなく，分析の基となるデータに問題があればデータ分析の結果に信用性はない．よく言われるように，「Garbage in, garbage out.（GIGO）」である．したがって，データレイクのデータはその品質（quality）が保証されていることが望ましい．ここに，**データ品質**とはデータが正しいこと，不完全ではないこと，新しいこと，データが整合していること，データが統合されていることなどを意味する．卑近な例を挙げれば，同じ用語が部門が異なると違う意味で使われてしまっていては問題を生じる．たとえば，「価格」という用語をある部門は「税込価格」の意味で，別の部門では「税抜き価格」の意味でそれを使っていたとすると，それらのデータを混用して価格に関する分析を行った結果は明らかに無意味である．

上記のようなことが起こらないようにし，意味あるデータ分析を行いたいのであれば，その原因はこのような品質に問題のあるデータを排出してきた組織体そのものに問題があるわけだから，組織体は強力なデータガバナンスのもとで，そのようなことが発生しないようにデータアーキテクチャやデータ品質を統治していかねばならない（第12章）．ただ，それでもデータ品質が100％保証されるという確約がとれないことも事実で，データがデータウェアハウスやデータマートでデータ分析に供された結果を見て初めてデータの誤りや不備に気が付く場合もあろう．そのときには，データレイクのデータには手を加えないことが原則とは言ったが，敢（あ）えてデータレイクの生データの修正を行うのがよい．データ品質の保証は組織体のデータガバナンスに対する意識の問題が絡むので限界はあろうが，信頼性のあるデータ分析基盤を構築し，それを使って意思決定に資する分析結果を得るためには十二分に留意するべき事柄である．

● データカタログ

データレイクを構築・管理する上で**データカタログ**（data catalog）を整備しておかねばならない．データカタログとは，平たく言えば，データレイクに格納されているデータの一覧表である．これはデータのデータ，即ち**メタデータ**（meta data）とも言える．データカタログは次のような項目を含む．

- どのようなデータが格納されているのか
- 誰がデータを作成したのか
- どのような形式でデータが格納されているのか
- どこにデータの複製があるのか
- 誰がデータに変更を加えたのか
- 誰がデータのアクセス権を有するのか，など

データカタログが不備だとデータ分析の根底が揺らぐこととなる．データカタログを整備することは，言うまでもなくデータ品質の保証にも繋（つな）がる．ちなみに，データリネージツール（data lineage tool）とはデータ間の繋がり（＝系統）を見るためのツールをいう．

● データスワンプ

データ品質が保証されデータカタログが整備されたデータレイクはデータサイエンティスト，データアナリスト，そしてアドホック（ad hoc）なエンドユーザのデータ分析業務に資することができよう．半面，品質やカタログが不備なデータレイクは**データスワンプ**（data swamp，データの沼）となってしまう．ハマってしまうと脱出するのが難しい底なしの泥沼の様相を呈するということであろう．

● データレイク向けのストレージサービス

データレイクには多様な生データがそのまま保存できて，安価で，信頼性に富み，かつスケーラビリティにも優れたストレージが求められる．従来，データレイクはオンプレミス（on-premise，自社運用の）で構築・管理・運用されてきたが，格納するべきデータ量が一般に時々刻々と増加することや，IoTやWebの興隆によるビッグデータの格納要求などで，オンプレミスでは高可用性やスケーラビリティを担保することには限界があることが認識され，データレイクの構築をクラウドコンピューティングサービス，以下単に**クラウド**（cloud）という，に移行させる動きとなっている．

現在，データレイク向けのクラウドストレージサービスが幾つも世に出ている状況である．たとえば，Amazon Web Services, Inc. により提供されている Amazon S3（Amazon Simple Storage Service）は世界で多数のユーザがいるという．その特徴の1つは「99.999999999%（イレブンナイン）の**データ耐久性**（durability）」で，この意味は，0.000000001% のデータの平均年間予測消失率，たとえば，1,000

万件のデータを 1 万年保存して 1 件失われるかどうかという耐久性をいう（たとえば 10 億件のデータを 100 年保存して 1 件失われるかどうか，という具合に表現を変えることは自由）．また，自動的に複数のシステム間でデータの複製と保存が行われるという冗長性のもとで高水準でのデータ保護と高可用性を提供し，クラウドの特長であるがスケーラビリティにも優れている．他に，Oracle 社の Oracle Cloud Infrastructure Object Storage や Google 社の Cloud Storage があり，何れも上記と同様の耐久性があると謳(うた)っている．また，Microsoft 社の Azure Data Lake Storage では 99.99999999999999%（シックスティーンナイン）のデータ耐久性を実現しているという．IBM 社は IBM Cloud Pak for Data を提供している．これらの技術は今後益々発展し続けるであろう．もちろん，クラウドサービスなので，自社でサーバやアプリケーションを調達する必要はないが，それぞれ利用状況に応じて課金される．

13.3.4　データウェアハウス

●データウェアハウスとは

データウェアハウス（data warehouse，DW）の概念は古く，W. H. Inmon が “Building the Data Warehouse” と題した書籍を出版しそれを提唱したのは 1992 年に遡り，同書の改訂第 4 版が 2005 年に出版されている[3]．その後，Inmon らは 2021 年に “Building the Data Lakehouse” と題した書籍を出版し，データレイクハウスは次世代のデータウェアハウス及びデータレイクであり，今日の複雑で変化し続ける分析，機械学習，及びデータサイエンスの要件を満たすように設計されているとしている．

さて，そもそも Inmon はデータウェアハウスを「データウェアハウスは経営者の意思決定をサポートする，主題指向で，統合され，不揮発性で，時変という性質を有するデータのコレクションである」と定義している．その定義を Inmon に従い幾つか補足をすると次の通りである．

主題指向（subject-oriented）　実世界の写絵(うつしえ)としてのデータベースは，たとえば，リレーショナルデータベースを例にすると，いわゆる基幹業務を想定して構築される．企業であれば会計，販売，商品，顧客，在庫，購買，生産データなどが正規化されたリレーションに格納され，リレーショナルデータベース管理システムによって管理されよう．このようにアプリケーション指向の運用環境のもとで管理されるデータを**オペレーショナルデータ**（operational data）という．一方，データ分析の現場では，リレーションは必ずしも正規化されている必要がなかったり，分析するべき主題に合った形のマテリアライズドビューであってもよいし，あるいは集約演算が施された結果としてのリレーションであってもよい．このように，ユーザが実際にデータ分析を行おうとしたときには，データは必ずしもオペレーショナルデータベースに格納されている必要はなく，主題に合った形で組織化されていればよく，それを主題指向といい，そのためのデータの格納庫がデータウェアハウスということである．

統合（integration） データは複数の異なるデータソースからデータウェアハウスに供給される．供給されたデータは変換，再フォーマット，再順序付け，要約などが行われ，その結果，データはデータウェアハウスに保存されると単一の物理的な企業イメージを持つことになる．統合とはこのことをいい，データウェアハウスでは最も重要と考えられる．

不揮発性（non-volatile） 通常，オペレーショナルデータは定期的にアクセスされ定期的に更新されることが一般的である．一方，データウェアハウスのデータは（一般的な意味では）更新されない．もし，データの変更が発生すると，更新するのではなく，新しいスナップショットレコードを書き込む．そうすることで，データの履歴記録がデータウェアハウスに保存される．これを不揮発性という．

時変（time variant） データウェアハウスの最後の顕著な特徴は，データウェアハウスが時変という性質を有していることである．場合によるが，レコードにタイムスタンプが付与されたり，レコードがトランザクションの日付を持ったりする．こうすることで，どのような場合でも，レコードが正確である瞬間を示す何らかの形式の時刻印が存在しているということである．

● ETL

データウェアハウス（あるいはデータマート）でデータ分析を行うためにはデータレイクからデータ分析に必要であろうと予想される様々なデータを抽出してデータベースを構築しなければならない．しかしながら，データレイクに格納されているデータは多種多様であるから，データレイクに貯蔵されているデータをデータウェアハウスが受け入れることのできる格納形式に変換しロードすることが必要となる．その機能を**ETL**という．ETLとはExtract（抽出），Transform（変換），Load（読込）の頭字語である．

Extract 一般にデータレイクにある複数のデータを抽出し統合することでデータウェアハウスが必要とするデータとするので，抽出の対象となったデータのフォーマットを解析して，データウェアハウスが必要としているフォーマット，たとえばリレーション（=SQLテーブル）に変換・統一する．

Transform　抽出されたデータをデータウェアハウスにロードできるように変換や加工を行う．たとえば，次のような処理である（出典：フリー百科事典『ウィキペディア』．https://ja.wikipedia.org/wiki/Extract/Transform/Load）．

- 特定のカラム（列）だけを選択する（ロードしない場合は Null カラムを選択）．
- 符号値の変換（たとえば，ある情報源で男性を“1”，女性を“2”としていて，データウェアハウスでは男性を“M”，女性を“F”としている場合など）を自動データクレンジングと呼ぶ．ETL においては，手動でのクレンジングは発生しない．
- 個人情報の秘匿（たとえば住所・氏名・電話番号などを“*”などに変換する）
- 自由形式の値を符号化（たとえば，“男性”を“1”に，“Mr”を“M”にマッピングするなど）
- 新たに計算した値を導出（たとえば，「売上高 ＝ 販売数 * 単価」といった計算）
- 複数の情報源のデータの統合（マージなど）
- 複数行のデータの集約（たとえば，販売店毎の総売上，地域毎の総売上など）
- サロゲートキー（代理キー）値の生成
- 転置または回転（行と列の入れ替え）
- カラムを複数のカラムに分割する（たとえば，CSV 形式で 1 つのカラムに複数の要素がある場合，それを分割して複数のカラムにする）．
- 単純または複合データの妥当性検証を任意の形式で適用する．規則設計と例外処理によって，そのデータを次のステップに渡すかどうかを決定する．上述の変換・加工の多くは，例外処理の一部として実行される（たとえば，ある位置のデータが期待した符号で解釈できない場合など）．

Load　データをデータウェアハウスにロードする．このとき，データベーススキーマも共にロードする．

● データウェアハウスと多次元データベース

上述のごとく，データウェアハウスは主題指向であって，データウェアハウスは主題に見合ったデータベース構成をとる．後述するスタースキーマはその典型であるが，その根幹をなすデータベース構成が多次元データベースである（13.4.1 項）．通常のリレーショナルデータベースはリレーション（=SQL テーブル），即ち 2 次元の構造物であるが，多次元データベースは文字通り多次元の構造物である．その結果，データ分析の対象を様々な切り口で柔軟に分析することができる．データレイクから多次元データベースを構築するにあたっては，ETLはデータレイクのデータを多次元データベースの形式に変換してロードすることとなる．

●BI

BIはbusiness intelligenceの頭字語である．Intelligenceとは「ある企業，国などが，別の企業，国などについて取得できる秘密情報」の意であるから（出典：Cambridge Academic Content Dictionary. https://dictionary.cambridge.org/ja/dictionary/english/intelligence），BIの原義は「ビジネスに関して（自社のみならず）他社について取得できる秘密情報」ということになろう．そして，その意味するところは「組織体はより効率的にBIを分析し，それに基づいて行動することで利益を得ることができる」ということであろう．

実際，知られている中でBIという用語の最も古い使用例は，Richard Millar Devensが著した“Cyclopædia of Commercial and Business Anecdotes”（商業およびビジネス逸話の百科事典）（1865年）で，Devensはこの用語を，銀行家のHenry Furnese卿が競合他社に先駆けて周囲の情報を受け取り，それに基づいて行動することでどのように利益を得たかを説明するために使用したという（出典：Business intelligence. https://en.wikipedia.org/wiki/Business_intelligence）．

つまり，BIは組織体がビジネス上の意思決定を行うために役立つであろうデータ分析結果を提供するための基本情報である．そのために，組織体は内部の情報システムや外部のデータソースからデータを収集し，データセットを準備し，分析モデルを構築し，分析のための問合せを発行し，データを視覚化し，BIを巧みに扱うことのできるツール（=BIツール）を駆使し，レポートを作成し，分析結果をビジネスユーザが業務の意思決定に有効利用できるように活動する．

●ビッグデータ分析のためのデータウェアハウス構築

データがそれほど大規模でなければ多次元データベースでデータウェアハウスを構築して問題ないが，ビッグデータがデータ分析の対象となった場合には，**Hadoop**（ハドゥープ）といったファイルの並列分散処理技術に基づいたデータウェアハウス構築がなされるのが一般的である．ここに，HadoopはApacheライセンスのもと，Google社が開発したMapReduceをオープンソース化したフレームワークの名称である．ちなみに，**MapReduce**はGFS（Google file system）に格納されているビッグデータの処理を，コンピュータクラスタの特性を生かしつつ，できるだけ高速に行えるようなプログラミングモデルである．関数プログラミングスタイルで書かれたMapReduceプログラムは，自動的に並列化され，コモディティサーバからなる巨大なクラスタ上で実行される．実行時システム（run-time system）は入力ファイルの分割法の詳細，マシン間にまたがるプログラム実行のスケジューリング，マシン障害発生時の対処法，必要なマシン間の通信の管理法などの面倒を見る．これにより，MapReduce プログラマは，並列性や分散型システムでのプログラミングの経験がなくても，数千台のマシンからなる巨大な Google クラスタ上のテラバイト（TB），ペタバイト（PB）級のデータ処理を容易に記述することができる．ただし，MapReduce でのデータ処理はバッチ処理であり，オンライン処理ではない．

さて，ビッグデータを念頭においたデータウェアハウス構築のために用いられるデータベースシステムは $\{$オンプレミス,クラウド$\} \times \{$Hadoop ベースの DW 製品,Hadoop ベースでない DW 製品$\}$ の組合せとして 4 つのカテゴリに分類でき，その中では費用対効果比などを考慮すると（クラウド，Hadoop ベースでない DW 製品）の組合せが主流であり，その代表格として AWS（Amazon Web Service）の AWS Redshift，GCP（Google Cloud Platform）の GCP BigQuery，Snowflake を挙げることができるという[1]．GCP BigQuery は Hadoop の生みの親である Google 社が Hadoop の欠点を克服して投入してきたクラウドサービスである．もちろん，オンプレミスでもデータウェアハウス向けのデータベースシステムは提供されているが，クラウドは初期費用が低くてスタートできることや，ビッグデータを対象にした場合，データウェアハウスのデータ量は大きくなり，場合によってはペタバイト（PB）級のデータを効率的に処理しないといけないような事態も想定され，スケーラブルなクラウドサービスの利用はビッグデータ分析のためのデータウェアハウス構築に向いているというのがその理由である．

なお，Dremel（=BigQuery）に基づいたビッグデータ分析基盤を第 14 章で詳述しているので参考となろう．

13.3.5 データマート

部門横断的なデータ分析ではなく，部門毎でその目的に合ったデータ分析を行いたいとする要求があることは自然である．たとえば, 家電量販店の販売促進部門ではどういった顧客層にキャンペーンを打つと最も効果的か分析したいだろう．**データマート**（data mart）はそのような要求に応えるためにある．通常，データウェアハウスに格納されているデータの中から部門の分析目的に合った部分を切り出して分析に供される．したがって，データマートはユースケースと 1 対 1 の関係にあると言える．その結果，他の部門のことを気にせずに自分たちのための分析モデルを構築でき，ユースケース毎にデータ管理ができているので過去の分析モデルの再利用が行いやすく，またシステムの応答時間が早くなることに繋がる．多くの DW 製品がデータマートの機能も提供していると謳っている．データマートは BI ツールが活躍するデータ分析の最前線である．

以上，データ分析基盤の構成を概観したが，分析データの処理にはデータシンクに始まりデータマートに至る一連のデータの流れがあるので，それを（時間的に）管理するワークフローエンジンもデータ分析基盤の構築には欠かせない[1]．

13.4 多次元データベース

13.4.1 多次元データベースとは

多次元データベース（multi-dimensional database）はデータ分析のために 1960 年代の終わりごろ登場したという[4]．OLAP の提唱者であるリレーショナルデータベースの始祖 E.F. Codd はこれを **OLAP キューブ**（OLAP cube）と名付けた[5]．OLAP は On-Line Analytical Processing の頭字語で，データウェアハウスやデータマートに格納されているデータに対して，更新ではなくそれらを高速に読み取りつつ，一般に多次元分析と呼ばれているデータ分析を行う概念をいう．組織体の意思決定のためのリレーショナルデータベース処理の形態は従来のトランザクション処理のための OLTP とは異なるという認識を持ったということにある．ここに，OLTP とは On-Line Transaction Processing の頭字語で，たとえば商取引の現場からオンラインで入ってくる取引データをデータベースの一貫性を保証しつつその場でデータベースの更新処理をする概念を表す．それ故に，OLTP と OLAP の違いは，基幹系システムのための OLTP と情報系システムのための OLAP という具合に対極的に位置付けられることも多い．

この違いをリレーショナルデータベース設計の観点から補足すると次のように説明できる．OLAP 以前のリレーショナルデータベースやリレーショナルデータベース管理システム（リレーショナル DBMS），そして国際標準リレーショナルデータベース言語 SQL は OLTP を念頭において開発されてきたが，OLAP ではデータ分析が主目的なので，そもそもデータの更新は想定されていない．翻って，リレーショナルデータベース設計において，なぜリレーションは正規化されねばならないとされたのかというと，リレーションは第 1 正規形でなければならないとしたのはリレーショナルデータモデルを分かりやすくするための Codd の卓見ではあったが，リレーションは第 1 正規形であるだけでは一般に更新時異状が発生するので第 2 正規形，第 3 正規形，BCNF，第 4 正規形，第 5 正規形へと高次に正規化しないといけないということであった．しかしながら，これは裏を返せば，データの更新が想定されていないのであれば，何もリレーションを高次に正規化する必要はないということである．更に OLAP の視点に立てば，正規化によって本来繋がりのあるデータ同士が見えにくくなってしまうという弊害も大きい．多次元データベースはそのような問題とは無関係なデータ分析に適したデータモデルということになる．

なお，多次元データベース（=OLAP キューブ）は，上述のごとくその発想がリレーショナルデータベースにあるので，NoSQL を標榜するビッグデータのためのデータ分析基盤とはなりにくいが，OLTP で発生するデータをデータソースとするデータウェアハウスとしてこれまでに多くの構築実績がある．

13.4.2 ディメンジョナルモデリング

OLAP キューブの構築法を順を追って示すが，そのために，まず，ディメンジョナルモデリングについて述べる必要がある．これはスタースキーマと属性の階層的定義からなる．

● スタースキーマ

R. Kimbel らにより提唱された**ディメンジョナルモデリング**（dimensional modeling）[6] の手法により，データ分析の対象となっている実世界を 1 枚の**ファクトテーブル**（fact table）と一般に複数枚の**ディメンジョンテーブル**（dimension table）を用いて記述することで，**スタースキーマ**（star schema）が定義される．ここに，ファクトテーブルにはデータ分析の対象となるデータを値としてとる属性とディメンジョンテーブルへの外部キーが定義される．実際にスタースキーマにデータが格納されると，テーブルの性質上，一般にファクトテーブルのデータ量は大きく，ディメンジョンテーブルのそれは小さい．

スタースキーマの構築を例を用いて示す．たとえば，全国に店舗を持つ家電量販店が各店舗の月間売上高を商品毎にデータベース化したいという状況を考えてスタースキーマを定義してみると，まず，各月，各店舗，各商品の売上高を格納するために，ファクトテーブル 売上 (<u>時間 id</u>, <u>店舗 id</u>, <u>商品 id</u>, 売上高) が定義される（アンダーラインは属性が主キーの構成要素であることを表すと同時に，ディメンジョンテーブルの外部キーとなっている）．これにより，売上高を記録するために，時間軸（time axis），店舗軸，商品軸からなる 3 次元空間が定義されたことになる．そして，それらの軸を記述するために 3 つのディメンジョンテーブルが定義される．それらは，たとえば，時間 (<u>時間 id</u>, 売上日, 売上月, 四半期)，店舗 (<u>店舗 id</u>, 店舗名, 所在地, 地域名)，商品 (<u>商品 id</u>, 商品名, 商品小分類, 商品中分類) である．ここまでがスタースキーマ定義の基本的な考え方である．

さて，データウェアハウス（やデータマート）の現場でスタースキーマが定義される場合，上記の時間 id，店舗 id，商品 id に加えて**サロゲートキー**（surrogate key，代理キー）が定義されることが多い．ここにサロゲートキーとは一意な整数（unique integer）であってそれは決して変化することがない新たな属性である．サロゲートキーはデータレイクからデータがETLでデータウェアハウスにロードされる際に生成され付与される（13.3.4項）．たとえば，上記の商品テーブル 商品 (商品id, 商品名, 商品小分類, 商品中分類) をデータウェアハウスにロードするにあたっては，商品のサロゲートキーを商品skとすれば，スタースキーマのディメンジョンテーブル 商品 は 商品 (商品sk, 商品id, 商品名, 商品小分類, 商品中分類) という具合になる．時間テーブルや店舗テーブルについても同様である．サロゲートキーの導入に呼応してファクトテーブル 売上 は 売上 (時間id, 店舗id, 商品id, 売上高) ではなく，ファクトテーブル 売上 (時間sk, 店舗sk, 商品sk, 売上高) となる．その結果，たとえばディメンジョンテーブル 商品 にはサロゲートキー 商品skと通常のキー 商品idの2つのキーが混在して定義されることになるが，こうすることで商品テーブルの主キーを 商品idから，たとえば，商品名に変更したとしても，サロゲートキーの値は不変であるから，サロゲートキーを介してファクトテーブルとディメンジョンテーブルの関係性を示したスタースキーマ全体に変更を加えなくて済む．これがサロゲートキーを導入する理由である．OLTPは変化に富む実世界を動的に反映したデータベースを基にしてトランザクション処理を行う世界であるが，OLAPは専ら（もっぱ）データ分析を行う静的な世界である．サロゲートキーは動から静への緩衝材と考えると分かりやすいかもしれない．図**13.2**にこの例のスタースキーマを示す．

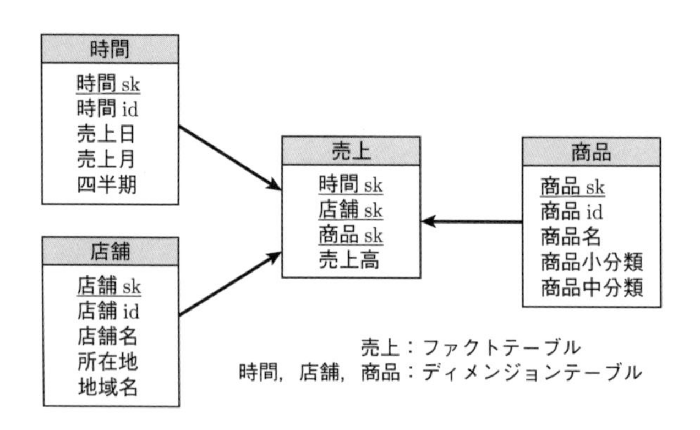

図**13.2**　スタースキーマの例

● 属性の階層的定義

ディメンジョナルモデリングのもう1つの特徴はディメンジョンテーブルの属性を階層的に定義できることにある．これにより，（後述する）ドリルアップ／ドリルダウンといった操作が可能となりデータ分析機能が向上することが期待できる．階層的定義の例としては，エアコンや扇風機は季節家電，冷蔵庫や電子レンジは調理家電，季節家電や調理家電は生活家電といった具合に商品を階層的に定義すれば，ある時間，ある店舗を固定して，そのときのエアコンの売上高だけでなく，季節家電の売上高，更に家電全体の売上高をドリルアップ／ドリルダウン操作で求めることができる．他のディメンジョンテーブルでは，時間については，売上日–売上月–四半期という階層関係や，店舗については店舗名–所在地–地域名という階層関係が定義できよう．その様子を **図 13.3** に示す．

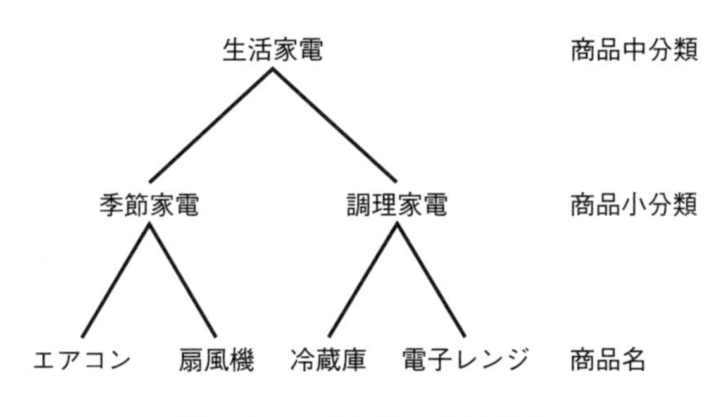

図 **13.3**　商品軸の階層関係

13.4.3　OLAP キューブ

スタースキーマが定義されると，OLAP キューブは機械的に求められる．上記の売上データを時間軸は月（$t_1, t_2, \ldots, t_\ell$），店舗は各店舗（$s_1, s_2, \ldots, s_m$），商品は各商品（$g_1, g_2, \ldots, g_n$）で OLAP キューブとして表現すると，**図 13.4** に示されるように 3 次元の立方体として表される．

なお，OLAP キューブの次元数であるが，例では 3 次元であったが，たとえば

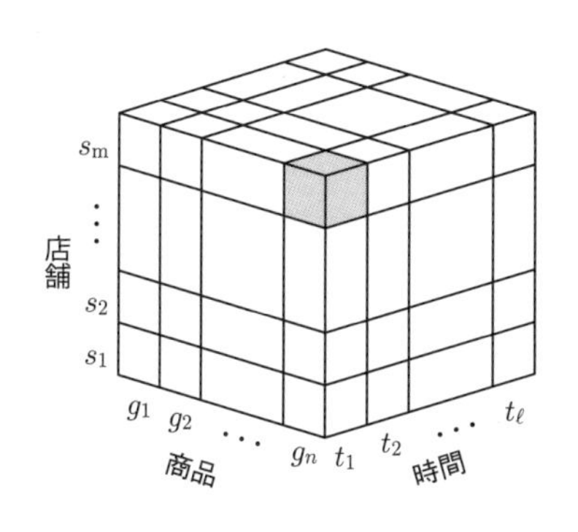

図 **13.4**　3 次元の OLAP キューブの例

5W2H（Why・What・When・Who・Where・How・How much）を念頭にデータを収集すれば7次元のOLAPキューブの構成ができよう．実際には4から12次元のOLAPキューブが構築されることもあるという[6]．

● OLAPキューブの操作

OLAPキューブとも称される多次元データベースであるが，データが立体的に表現されているので，それに見合った視覚的なデータ操作が導入されている．それらの代表的な操作が，スライシング，ダイシング，ドリルアップ／ドリルダウン，ピボットである．

(1) スライシング

スライシング（slicing）とは，たとえば，家電量販店の売上高を時間軸，店舗軸，商品軸で表す3次元データベース「売上」が構築されているとして，商品軸の値をある商品に固定し，時間と店舗を軸とする2次元平面を切り出す操作をいう．この操作により，その商品が月が替わると各店舗でどのような売れ方をしているのかを把握することができるので，本部のプロダクトマネジャはそこから何かヒントを掴（つか）むことができるかもしれない．

(2) ダイシング

ダイシング（dicing）は一般に多次元の特定の値をピックアップして，部分立方体（sub-cube）を作り出す操作である．具体的には，時間はt_i〜t_jという区間，店舗はs_kとs_l，商品はg_mとg_nとg_oをピックアップして部分立方体を切り出すという操作である．

(3) ドリルアップ／ドリルダウン

ドリルアップ／ドリルダウン（drill up/drill down）は前項で説明した属性の階層的定義によって実現される操作である．そこではエアコンや扇風機は季節家電，...といった具合に商品を階層的に定義すると，ある時間，ある店舗を固定して，そのときのエアコンの売上高だけでなく，季節家電の売上高，更に家電全体の売上高を求めることができる例を示したが，それがドリルアップ（drill up）である．つまり，ドリルアップとはデータの集計レベルを1つ繰り上げて集計項目を抽象化する操作である．一方，ドリルダウン（drill down）はドリルアップの逆の操作で，データの集計レベルを1つ繰り下げて集計項目を詳細化する操作である．問題を絞り込める働きがある．

(4) ピボット

ピボット（pivot）はOLAPキューブを表示空間で回転させる操作で，それにより様々な面を見ることができる．

以上，OLAPキューブの操作を概観したが，CoddがOLAPを提唱した時期とInmonがデータウェアハウスを提唱した時期はほぼ同じであり，両者ともに目指したところは同じだったと考えられる．データ分析基盤を構築するにあたって，データを OLAP キューブとして表現し，それに対して上記のような操作を次から次へと間髪（かんぱつ）を入れず（これが online の意味）適用して試行錯誤を繰り返すことにより，思いがけない発見をして組織体の意思決定に貢献できることが期待される．

13.5 SQL の OLAP 拡張

データウェアハウスにおける大規模なデータ分析には専用の多次元データベースが用いられるが，データ量がそれほど大きくなければリレーショナルデータベースとして組織化し，SQL の GROUP BY 句とその OLAP 拡張機能を使用することで可能となるデータ分析業務も少なくない．ここでは，このような認識から，SQL:1999 で制定された追加機能の 1 つである **OLAP 拡張**を見てみる．そこでは，GROUP BY 句拡張，ウィンドウ操作，ウィンドウ関数，組込み関数の拡張，統計関数などが導入されている[7],[8]．

本節では，GROUP BY 拡張に焦点を当ててその機能を見てみるが，ここで取り上げるのは，要約化のための ROLLUP とクロスタブ集計 (cross-tabulation analysis) のための CUBE である．そもそも，GROUP BY 句のみでそのような処理は書き下せるが，所望の OLAP 分析を行うためには何度も SQL 文を発行しなければならず，効率が悪い点を ROLLUP オプションや CUBE オプションを使用すれば解決できるという認識からなされた拡張である．

まずは，SQL の GROUP BY 句を使って簡単な分析を行ってみる事例を示すことから始める．想定するのは**表 13.1** に示すある家電量販店の売上データを表す売上テーブルである．なお，SQL 文の実行は PostgreSQL 15.4 で行った．

表 13.1 ある家電量販店の売上データ

売上

時間 id	店舗 id	商品 id	売上高
3	s01	g01	300
3	s01	g02	400
3	s02	g01	100
3	s02	g02	300
4	s01	g01	100
4	s01	g02	100
4	s02	g01	100
4	s02	g02	200

(1) 売上高計を求める **SQL** 文と導出表を示せ.

```
select sum(売上高) as 売上高計
from 売上;
売上高計
--------------
1600
(1 行)
```

(2) 時間毎の売上高計を求める **SQL** 文と導出表を示せ.

```
select 時間id, sum(売上高) as 売上高計
from 売上
group by 時間id;

時間id | 売上高計
-------+--------
     3 |    1100
     4 |     500
(2 行)
```

(3) 時間毎，店舗毎の売上高計を求める **SQL** 文と導出表を示せ.

```
select 時間id, 店舗id, sum(売上高) as 売上高計
from 売上
group by 時間id, 店舗id;

時間id | 店舗id | 売上高計
-------+--------+--------
     3 |    s02 |     400
     4 |    s02 |     300
     4 |    s01 |     200
     3 |    s01 |     700
(4 行)
```

(4) 時間毎，店舗毎，商品毎の売上高を求める **SQL** 文と導出表を示せ.

```
select * from 売上;

時間id | 店舗id | 商品id | 売上高
-------+--------+--------+------
     3 |    s01 |    g01 |   300
     3 |    s01 |    g02 |   400
     3 |    s02 |    g01 |   100
     3 |    s02 |    g02 |   300
```

```
       4 |     s01 |     g01 |   100
       4 |     s01 |     g02 |   100
       4 |     s02 |     g01 |   100
       4 |     s02 |     g02 |   200
(8 行)
```

前節で OLAP キューブに対するドリルダウンという操作を紹介したが，上記の (1) → (2) → (3) → (4) の SQL 文の発行がそれに相当する．逆順で SQL 文を発行する操作がロールアップである．当然のことながら，テーブルの次元が高かったり，行数が多かったりすると，ドリルアップ／ダウンにかかる処理に多大の時間がかかることが想定される．

そこで，SQL:1999 ではドリルアップとドリルダウンの結果が 1 つの SQL 文で求められるように GROUP BY 句に ROLLUP オプションが追加された．これは次のように働く．

●ROLLUP オプションと CUBE オプション

(5) ROLLUP

GROUP BY 句に ROLLUP オプションを使って，時間毎，店舗毎，商品毎に，売上高計を求める SQL 文と導出表を示せ．

```
select 時間 id, 店舗 id, 商品 id, sum(売上高) AS 売上高計
from 売上
group by rollup (時間 id, 店舗 id, 商品 id);

時間 id | 店舗 id | 商品 id | 売上高計
-------+--------+--------+--------
       |        |        |    1600
     3 |    s02 |    g02 |     300
     3 |    s01 |    g01 |     300
     4 |    s02 |    g01 |     100
     3 |    s01 |    g02 |     400
     3 |    s02 |    g01 |     100
     4 |    s01 |    g02 |     100
     4 |    s02 |    g02 |     200
     4 |    s01 |    g01 |     100
     3 |    s02 |        |     400
     4 |    s02 |        |     300
     4 |    s01 |        |     200
     3 |    s01 |        |     700
     3 |        |        |    1100
     4 |        |        |     500
(15 行)
```

この導出表を見て売上に関するドリルアップ／ドリルダウンの状況が一目で分かることに注目したい．たとえば，第1行の1600は全ての時間，全ての店舗，全ての商品の売上高計を表している．続く8行はドリルダウン最下位の元データを表している．それに続く4行は，たとえば(3, s02, null, 400)，ここに空白はnullである，は時間id = 3，店舗id = s02の全商品（つまりg01とg02）の売上高計が400であったことを表している．最後の2行はそれぞれ時間id = 3及び4での全店舗と全商品の売上高計を表している．

(6) GROUPING

GROUPING句とGROUP BY句にROLLUPオプションを使って，時間毎，店舗毎，商品毎に，売上高計を求めるSQL文と導出表を示せ．

```
select 時間 id, 店舗 id, 商品 id, sum(売上高) as 売上高計,
grouping(時間 id) as 時間集約,
grouping(店舗 id) as 店舗集約,
grouping(商品 id) as 商品集約
from 売上
group by rollup(時間 id, 店舗 id, 商品 id);

時間 id | 店舗 id | 商品 id | 売上高計 | 時間集約 | 店舗集約 | 商品集約
-------+--------+--------+---------+--------+---------+--------
       |        |        |    1600 |      1 |       1 |      1
     3 |    s02 |    g02 |     300 |      0 |       0 |      0
     3 |    s01 |    g01 |     300 |      0 |       0 |      0
     4 |    s02 |    g01 |     100 |      0 |       0 |      0
     3 |    s01 |    g02 |     400 |      0 |       0 |      0
     3 |    s02 |    g01 |     100 |      0 |       0 |      0
     4 |    s01 |    g02 |     100 |      0 |       0 |      0
     4 |    s02 |    g02 |     200 |      0 |       0 |      0
     4 |    s01 |    g01 |     100 |      0 |       0 |      0
     3 |    s02 |        |     400 |      0 |       0 |      1
     4 |    s02 |        |     300 |      0 |       0 |      1
     4 |    s01 |        |     200 |      0 |       0 |      1
     3 |    s01 |        |     700 |      0 |       0 |      1
     3 |        |        |    1100 |      0 |       1 |      1
     4 |        |        |     500 |      0 |       1 |      1
(15 行)
```

この導出表が表していることは，(5)の導出表が表している内容と同一であるが，GROUPING句を用いることにより，時間集約，店舗集約，商品集約の当該列の値が1のときそれらの軸で集約されていることを直観的に知ることができて，データ分析にかかる労力を少なくし時間を短縮できよう．

(7) CUBE

GROUP BY 句に CUBE オプションを使って，時間毎，店舗毎，商品毎に，売上高計を求める SQL 文と導出表を示せ．

```
select 時間 id, 店舗 id, 商品 id, sum(売上高) AS 売上高計
from 売上
group by cube (時間 id, 店舗 id, 商品 id);

時間 id | 店舗 id | 商品 id | 売上高計
-------+--------+--------+--------
       |        |        |    1600
     3 |    s02 |    g02 |     300
     3 |    s01 |    g01 |     300
     4 |    s02 |    g01 |     100
     3 |    s01 |    g02 |     400
     3 |    s02 |    g01 |     100
     4 |    s01 |    g02 |     100
     4 |    s02 |    g02 |     200
     4 |    s01 |    g01 |     100
     3 |    s02 |        |     400
     4 |    s02 |        |     300
     4 |    s01 |        |     200
     3 |    s01 |        |     700
     3 |        |        |    1100
     4 |        |        |     500
       |    s01 |    g02 |     500
       |    s02 |    g02 |     500
       |    s01 |    g01 |     400
       |    s02 |    g01 |     200
       |    s01 |        |     900
       |    s02 |        |     700
     4 |        |    g01 |     200
     3 |        |    g02 |     700
     4 |        |    g02 |     300
     3 |        |    g01 |     400
       |        |    g01 |     600
       |        |    g02 |    1000
(27 行)
```

CUBE オプションによって時間，店舗，商品の全ての組合せでの集約結果を 1 枚の導出表で見ることができる．なお，導出表の行数が 27 なるのは，この例では $3^3 = 27$ となるからである．

SQL:1999 では ROLLUP／CUBE より高度な OLAP 拡張として WINDOW 句も導入され，より細かいデータ分析が行える．

なお，OLAP 拡張に頼らなくとも，SQL の多様な問合せ機能を駆使して様々なデータ分析が行えることも事実である[9]．

13.6 おわりに

データサイエンスが興隆する中，データサイエンティストが直面するデータ分析を支えるデータ分析基盤についてその仕組みを概観した．そこでは，データ分析基盤がデータソース–データシンク–データレイク–データウェアハウス–データマート–インタフェースという一連のデータの流れの中でどのように構築されるかを検証した．ビッグデータの分析ではファイルの並列分散処理技術に基づいた Hadoop ベースのデータウェアハウス構築をクラウドで行うことが動向のようであるが，一方で，それほど規模が大きくないデータウェアハウスはリレーショナルデータベースで構築され，SQL:1999 では OLAP のための機能拡張がなされ，ROLLUP オプションや CUBE オプションを中心にそれらがいかにデータ分析に応え得るかを例を通して垣間見た．

データ分析を可能とする環境は様々であるが，要するに，データサイエンティストに求められていることは，データ分析基盤の仕組みの十分な理解，それを的確に使いこなせる技量，データ分析のためのモデル構築能力，プログラミング能力，BI ツールを駆使できる能力，高度な SQL 問合せを記述できる能力など多岐にわたるということであろう．

文 献

[1] ゆずたそ，渡部徹太郎，伊藤徹郎．実践的データ基盤への処方箋．技術評論社，2021.

[2] Dan Woods. Big Data Requires a Big, New Architecture. Forbes, Jul 21, 2011. https://www.forbes.com/sites/ciocentral/2011/07/21/big-data-requires-a-big-new-architecture/

[3] William H. Inmon. *Building the Data Warehouse, Fourth Edition.* Wiley Publishing, Inc., 2005.

[4] Torben Bach Pedersen and Christian S. Jensen. Multidimensional Database Technology. *IEEE Computer*, Vol. 34, No. 12, pp.40-46, December 2001.

[5] E. F. Codd, S. B. Codd, and C. T. Salley. Providing OLAP (On-line Analytical Processing) to User-Analysts: An IT mandate. Codd & Date, Inc., 1993.

[6] Ralph Kimbel, Margy Ross. *The Data Warehouse Toolkit: The Definitive Guide to Dimensional Modeling, Third Edition.* John Wiley & Sons, Inc., 2013.（この書籍の

初版は 1996 年に刊行されている）

[7] ISO/IEC 9075-2:1999, Information technology — Database languages —SQL — Part 2: Foundation (SQL/Foundation), 1999-12.

[8] J. Melton and A.R. Simon. *SQL:1999 Understanding Relational Language Components.* Morgan Kaufman Publishers, 2002. 邦訳：ジム・メルトン，アラン・サイモン（著）．芝野耕司（監訳），小寺孝，白鳥孝明，田中章司郎，土田正士，山平耕作（訳）．SQL：1999 リレーショナル言語詳細．ピアソン・エデュケーション，2003.

[9] 加嵜長門，田宮直人．ビッグデータ分析・活用のための SQL レシピ．マイナビ出版，2017.

第14章

NoSQLのSQL回帰
—ビッグデータ分析基盤—

14.1 はじめに

SQLは国際標準リレーショナルデータベース言語の名称なので，SQLはリレーショナルデータベースを表象する用語でもある．一方，NoSQLという用語は元々は1998年に造られたと言われているが，それが現在の意味で流布しだしたきっかけは，Google社が開発したBigtableやDymano，あるいはビッグデータのためのプログラミングモデルであるMapReduceの出現を背景に，2006年6月にサンフランシスコで開催されたNOSQL meetupであったと言われている．SQLの信奉者はNoSQLと聞いてギョッとしたわけだが，No SQL，つまりリレーショナルデータベース禁止，というのではなく，Not only SQL，つまりデータベースはリレーショナルデータベースばかりではないんだよ，と解釈するのが一般的であると知ってホッとしたものであった．

さて，ITやWebの著しい発展により，ビッグデータの時代が開幕して久しいが，データベースシステムが管理・運用しないといけないデータはリレーショナルDBMSがその守備範囲としていた構造化データの範疇（はんちゅう）を超えて，XML文書やJSON（JavaScript Object Notation）文書といった半構造化データや，画像や映像あるいはストリーミングデータといった非構造化データへと拡大していった．このような変化にいち早く反応したのがWeb時代の申し子たちであった．Webは1991年をもってその元年とするが，1994年にAmazon.com，1995年にeBay，1998年にGoogle，2004年にFacebook，2006年にTwitterが起業して，世界はWeb時代に突入した[1]．NoSQLとはこのような時代の流れの中で開発されてきた半構造化・非構造化データの管理システムの総称をいうわけであるが，キー・バリューデータストア（Amazon社のDymano），列ファミリデータストア（Google社のBigtable），文書データストア（たとえば，MongoDB），グラフデータベース（たとえば，Neo4j）などが開発されてきたことはよく知られたことである．

Bigtable[2]はGoogle社がGoogleのクローラ（Googlebot，探索ロボット）が収集してくる大量のWebページを効率良く格納し様々な検索要求に応えられるように構築されたNoSQLであるが，それは同社が開発した分散型ファイルシステムGoogle File System（GFS）を基盤として開発された．GFSの詳細は学術論文として公表されている[3]．GFSはスケーラブルな分散型ファイルシステムにしかすぎないので，同社はそこに格納されているビッグデータの処理をクラスタの特性を生かしつつできるだけ高速にプログラミングを行える枠組みを開発した．それがMapReduceで，その詳細も学術論文として公表されている[4]．**MapReduce**はGoogle社のビジネスモデルを支える基幹技術で，関数プログラミングスタイルで書かれたMapReduceプログラムは自動的に並列化され，コモディティサーバからなる巨大なクラスタ上で実行される．これにより，MapReduceプログラマは並列性や分散型システムでのプログラミング経験がなくても，数千台のマシンからなる巨大なGoogleクラスタ上のテラバイト，ペタバイト級のデータ処理を容易に記述することができると報告されている．

しかしながら，MapReduceはバッチ処理のシステムである．したがって，GFSに格納されているビッグデータに対してのインタラクティブでアドホックな問合せはサポートできないシステムである．当然のこととして，GFSに格納されているビッグデータに対してSQL風のインタフェースをサポートしてほしいという要求が沸き起こった．この要求はGoogle社内でもあったと報告されている．本来，GFSやBigtableはNoSQLの象徴として登場したはずなのにそれがSQLを希求している，この少しく違和感を感じる現象を筆者は「NoSQLのSQL回帰」と表現するが，改めてSQL，つまりリレーショナルデータベースの偉大さを強く認識すると共に，さもありなんと共感を覚える．

さて，このような要求に応えるべくGoogle社が開発したシステムがDremelである．Dremelの詳細は学術論文として公表されている[5]．DremelはGoogle社内のシステム名で社外向けの名称がBigQueryである．以下，GFSとDremel（=BigQuery）を取り上げて，改めてビッグデータ時代のデータ管理の仕組みを検証しておきたいと考えた．

なお，筆者が「NoSQLのSQL回帰」に着目しているもう1つの理由は，近年盛んなデータサイエンスの基盤となると考えているからである．つまり，データサイエンティストに求められる技量は何も与えられたデータセットの分析を粛々（しゅくしゅく）と行うことだけではなく，組織体全体のデータ資産を把握し，組織体の目的に合った分析手法を考案し，適切なデータセットを自らの手で抽出し作り上げ，データ分析を試行錯誤することにあり，そのとき“NoSQL + SQL”の世界を知っておくことは必須と認識しているからである．

14.2　Hadoop と BigQuery

Google 社が開発した GFS と MapReduce は非営利団体のアパッチソフトウェア財団（Apache Software Foundation，以下 Apache）のもとでオープンソース化され，**Hadoop**（ハドゥープ）の構成要素となった．それらの Hadoop での名称は HDFS（Hadoop Distributed File System）と Hadoop MapReduce Framework である．開発はプログラミング言語 Java で行われた．また，Hadoop という名前は，開発責任者の D. Cutting の子息が持っていたお気に入りのゾウのぬいぐるみの名前であることもよく知られたエピソードである．

一方，BigQuery は Google 社が提供する Google Cloud での主要なコンポーネントになっていて，ビッグデータの分析を謳（うた）っている．そのためには HDFS から BigQuery にデータを移行させる必要がある．ただし，BigQuery はオンプレミスではなく Google Cloud での稼働となっている点に注意が必要である．この BigQuery がサポートする SQL 風問合せは SQL:2011 準拠と謳われている．

ここで，BigQuery 以外でビッグデータに対して SQL 風の問合せ言語を提供しようというこれまでの研究・開発に触れておくと，Hadoop フレームワークの中で，Yahoo Research は Apache Pig を開発し（2007 年に Apache に移行），Facebook は Hive を開発している（2008 年に Apache に寄贈）．これらのシステムでは，SQL 風に書かれた問合せを MapReduce タスク群に最適変換しようとしたが，そのようなアプローチでは応答時間は所詮 MapReduce によってしまう．この問題を解決するべく，Cloudera 社が Impala を開発した[6]．Impala は BigQuery（=Dremel）と同様に HDFS から直接データを移行させて SQL 風問合せを実行する．Impala は SQL-92 の SELECT 構文や SQL:2003 の分析関数などのサポートや低レイテンシ達成のために Dremel と同様に柱状ストレージの使用が謳われている．現在，Cloudera Impala は Apache に寄贈され Apache Impala としてオープンソース化されている．

14.3　GFS（Google File System）

本節では，ビッグデータ管理プラットフォームである **GFS**（Google File System）について，文献 [3] を参考にしてその仕組みを確認しておく．NoSQL の SQL 回帰を理解するために必要であるからである．

14.3.1　GFS の設計ポリシー

Google は実に多様なアプリケーションを開発して世界中のユーザの様々な要求に応えてきたが，それらは元をただせば，Googlebot が収集してくる Web ページを効率良く格納することのできる分散型ファイルシステムの開発から始まった．それが

GFS である．

GFS は分散型ファイルシステムであるが，次のような認識に立って開発された点に特徴がある．まさにビッグデータに対応できるファイルシステムとは何かを規定していると言える．

(a) システムを構成している部品が故障することは例外ではなく当たり前のことである．

(b) ファイルは巨大である．したがって，I/O 操作やブロックサイズなどの見直しが必要になる．

(c) ほとんどのファイルは既存のデータを上書きするのではなくて，新しいデータがどんどん追加されて変化していく．

(d) アプリケーションとファイルシステム API の協調設計が大事である．

上記について少しく補足すると次の通りである．

(a) については，よく知られているように 2 次記憶装置としては高価な磁気ディスク装置が使われるのではなく，安価などこにでもあり誰にでも手に入るコモディティディスクを使いたいということである．したがって，耐久性が特段に良いわけではなく頻繁（ひんぱん）に故障するので，それを前提にファイルシステムは設計されないといけないということである．

(b) について言えば，磁気ディスク装置のデータの読み書きの単位であるブロック（block）では小さすぎるので，（連続したブロックをまとめた）「チャンク」（chunk）と呼ぶ単位を導入しようということである．

(c) に記したように，データは単調に増える一方という状況に対処するには，スケールアップではなく「スケールアウト」（scale-out）の特性が求められる，ということである．

(d) について言えば，データは分散型ファイルシステムに格納されているということを十分に意識したアプリケーション開発用のプログラミングモデルの開発も視野に入るということである．

更に補足すれば，なぜ集中型ではなく分散型のアーキテクチャをとることにしたのかであるが，まず**完全疎結合コンピュータクラスタ**（shared nothing computer cluster）アーキテクチャをとることによって，処理速度に台数効果を期待できるのでスケールアウトが実現できると考えられるからである．加えて（故障した部品は切り離していくだけで済むようにシステムを設計していけば）耐故障性を向上できることを挙げられる．

14.3.2　GFSのアーキテクチャ

図14.1に**GFS**のアーキテクチャを示す．GFSクラスタは1個の「マスタ」(master）と多数の「チャンクサーバ」(chunk server）からなる．チャンクサーバは通常の日用品のLinuxマシンであり，その上でクライアントのアプリケーションも走る．ファイルは固定長のチャンクに分断される．チャンクのサイズは64MBとされている．この値は，通常，ブロックのサイズが4KBとかに設定されているのと比べるととても大きいが，大きくすることにより一度に獲得できるデータ量が大きいから，クライアントがマスタと関わる回数を減じることができるし，ネットワークオーバヘッドを軽減できる，マスタが管理しないといけないメタデータの量も軽減することができるなどの利点がある．各チャンクはマスタにより割り振られた64ビットのハンドルにより識別される．チャンクサーバはチャンクをそのローカルディスクに通常のLinuxファイルとして格納し，読み書きをする．信頼性を達成するために，各チャンクは複製されて，並列する複数のチャンクサーバに格納される（複製数のdefaultは3).

一方，マスタにはファイルシステムにかかる一切のメタデータを保持する．また，GFSを稼働させるために必要な様々な処理を行う．

GFSクライアントはマスタとメタデータ，たとえば必要なチャンクの現在の場所，に関してやり取りをするが，データに関する通信はチャンクサーバと直接行う．

GFSはしょっちゅう故障するかもしれないコモディティサーバやディスクを部品として使ってどこまで信頼性のあるシステムを構築できるかという挑戦でもあるので，「耐障害性」(fault tolerance）は重要なシステム評価の指標になる．チャンクサーバの数は数百台にも数千台にもなるので，しょっちゅうどれかが何らかの障害に

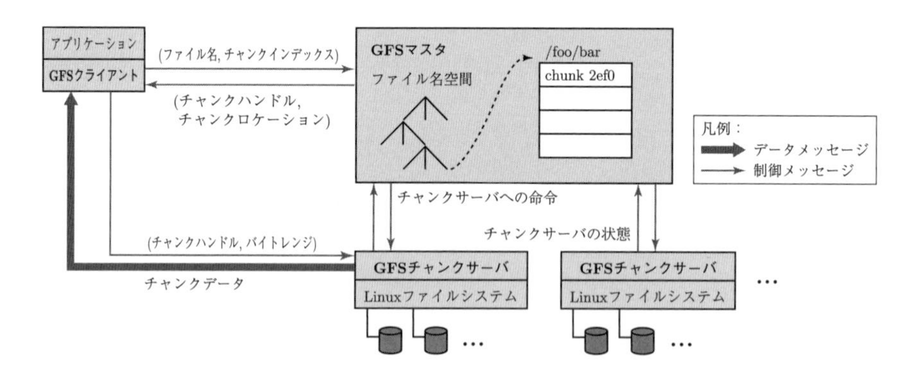

図 **14.1**　GFSのアーキテクチャ

見舞われている．マスタにしろチャンクサーバにしろ故障すれば即刻プロセスを殺してシャットダウンするように設計しているという．チャンクサーバが故障すればそこに格納されていたチャンクの複製が他のチャンクサーバ上に再生され，複製数を維持する．また，マスタは信頼性のために多重化されている．

14.4 Dremel（=BigQuery）

Dremel は Google 社が開発した（クラウド環境で使用可能な）大規模並列問合せエンジンの開発コード名で，**BigQuery** はその社外仕様である．Dremel という名称は，ホビー作りには欠かせない「高速回転」がウリの工具のブランドメーカの名前に由来しているようだ．現在，BigQuery は Google Cloud で利用可能となっており，オンプレミスでの使用はできないとのことであるが，本節では文献 [5] を参照して，Dremel の仕組みを見ていく．

14.4.1 Dremel 開発の経緯

まず，Dremel 開発に至る経緯について若干補足をすると，話は MapReduce に戻る．よく言われているように，MapReduce はコンピュータクラスタ上で稼働するビッグデータの「バッチ処理」，たとえばデータマイニング，を行うのに適したプログラミングモデルで，それはリレーショナル DBSM がエンドユーザに提供する「インタラクティブでアドホック（ad-hoc）」な SQL のような問合せに対応するよう設計されたプログラミングモデルではなかったわけである．したがって，そのような要求を持つ Google 内部の様々な部門や Google のクラウドサービスを受けるクライアントから，ビッグデータに対しても SQL 風のインタフェースを開発してほしいという要求が起こることになった．そのために，Google は開発コード名が Dremel という（クラウド環境で使用可能な）大規模並列問合せエンジンを開発したというわけである．

さて，Dremel の基盤技術は次の 2 つに集約される．

- 柱状ストレージ（columnar storage）
- 木アーキテクチャ（tree architecture）

柱状ストレージはビッグデータから SQL 風問合せ処理に必要なデータの読込み量を極限にまで減らそうとするための技術であり，木アーキテクチャは問合せ処理を大規模な並列性のもとで実現するための技術である．以下，それらのエッセンスを例と共に見ていくことにする．

14.4.2 柱状ストレージ

リレーショナル DBMS では，リレーションはタップル毎に格納され読み出される．これを行指向（row-oriented）という．しかし，頻出する問合せがある少数の属性，つまり列（column）に集中しているような場合，行指向のデータの取扱いでは質問処理に関係ないデータも沢山読み込み処理することになるので，効率が悪いことは容易に想像できることである．そこで，読み込むデータ量を極限にまで少なくするために，不要な列のデータは読み込まないで済むようにリレーションを構成することにする．それを**列指向**（column-oriented）といい，そのための記憶構造が**柱状ストレージ**（columnar storage）である．そこで，より具体的に柱状ストレージとはどのような構成なのか，Web 文書（=Web ページ）を柱状ストレージに格納する例を解説する形で，それを説明する．

まず，Web 文書のスキーマを次のように定義する．

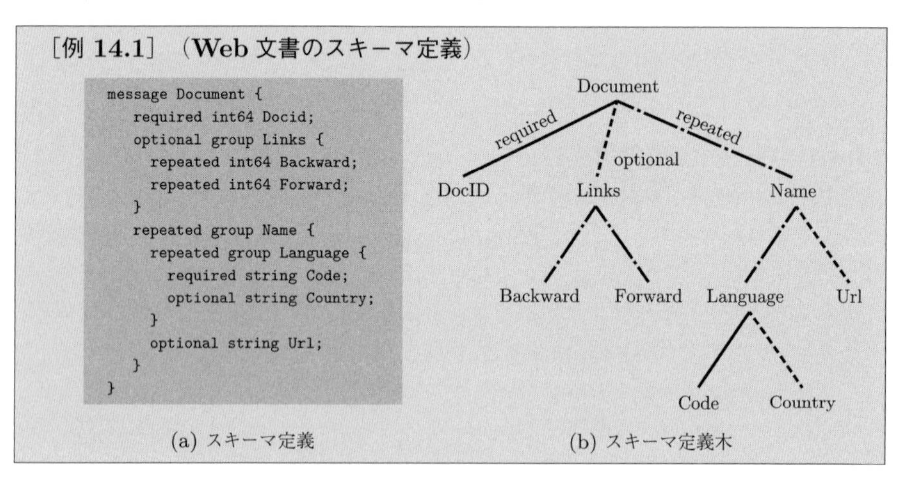
［例 14.1］（Web 文書のスキーマ定義）
message Document {
required int64 Docid;
optional group Links {
repeated int64 Backward;
repeated int64 Forward;
}
repeated group Name {
repeated group Language {
required string Code;
optional string Country;
}
optional string Url;
}
}
Document
required
optional
repeated
DocID
Links
Name
Backward
Forward
Language
Url
Code
Country

(a) スキーマ定義　　(b) スキーマ定義木

このスキーマ定義は，半構造の入れ子型のデータモデルの表現となっており，required 指定のあるフィールドは必須であり，repeated や optional 指定の付いたフィールドは，それぞれ 0 回以上繰り返されたり，出現するかしなかったりする．具体的には，Document は必ず Docid を 1 つ有し，Backward/Forward link を幾つか持つことができ，複数の Name，つまりこの Document を参照できる幾つかの異なる URL を持つことができると宣言している．

図 14.2 (a) にこのスキーマの 2 つのインスタンス，Document1 と Document2 をその順に並べて示す．

さて，それらの柱状ストレージでの表現を求めるために，それぞれの Document をスキーマ定義に則り補完整形する．ここで，補完整形とは各文書にスキーマで定義したフィールドが全て出現するように，出現しなかったフィールドは NULL を補完して整形することをいう．その結果が，同図 (b) に示されている．

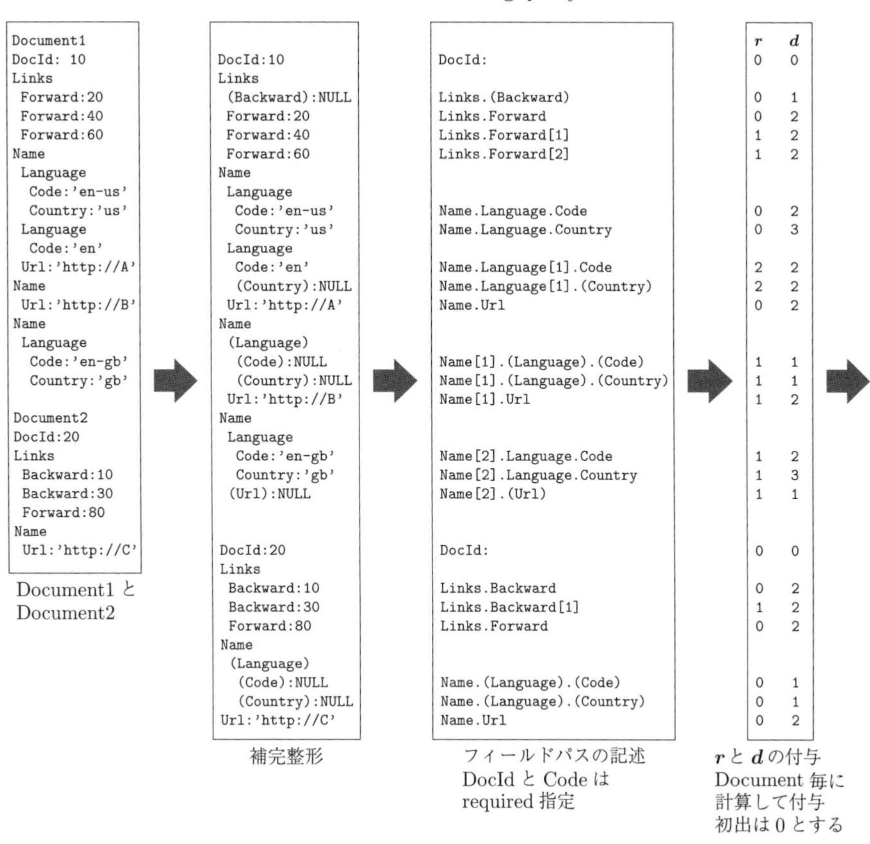

DocId

value	r	d
10	0	0
20	0	0

Name.Url

value	r	d
http://A	0	2
http://B	1	2
NULL	1	1
http://C	0	2

Links.Forward

value	r	d
20	0	2
40	1	2
60	1	2
80	0	2

Links.Backward

value	r	d
NULL	0	1
10	0	2
30	1	2

Name.Language.Code

value	r	d
en-us	0	2
en	2	2
NULL	1	1
en-gb	1	2
NULL	0	1

Name.Language.Country

value	r	d
us	0	3
NULL	2	2
NULL	1	1
gb	1	3
NULL	0	1

(e)

図 **14.2** Dremel の柱状ストレージ

続いて，各値（NULL も対象とする）に至るフィールドパス（field's path）を記述する．それらを同図 (c) に示すが，反復してフィールド値が現れる場合は，初出を 0 とし，最初の反復には 1 を，2 度目の反復には 2 を当該フィールドの直後に [ ] 付きで表示する．

ここまで処理が終わると，次は各フィールドパスに対して，反復レベル（repetition level）の値 $\boldsymbol{r}$ と，定義レベル（definition level）の値 $\boldsymbol{d}$ を計算して付与する．$\boldsymbol{r}$ と $\boldsymbol{d}$ の計算結果を同図 (d) に示すが，それらの算出法を概説すると次の通りである．

反復レベル $\boldsymbol{r}$ の算出　図 **14.2** (a) のフィールド Code を考えてみると，これは Document1 で 3 回発生している．'en-us' と 'en' は最初の Name の中にあり，'en-gb' は 3 番目の Name にある．これらの発生を明確にするために，各値に反復レベルを付与する．これにより，フィールドパス内のどの反復フィールドで値が反復したかが分かる．フィールドパス Name.Language.Code には，Name と Language という 2 つの反復フィールドを含んでいる．したがって，Code の反復レベルは 0〜2 の範囲になる．反復レベル 0 は新規レコードの開始を示す．さて，Document1 を上から下にスキャンしてみる．'en-us' に遭遇したとき，反復フィールドは存在しないので反復レベルは 0 である．'en' に遭遇したとき，フィールド Language が反復しているため，反復レベルは 2 である．最後に，'en-gb' に遭遇したとき，Name が反復しているため（Language は Name の後に 1 回だけ出現したので反復していない），反復レベルは 1 である．したがって，Document1 の Code 値の反復レベルは 0，2，1 になる．

なお，Document1 の 2 番目の Name に着目すると，Code 値は含まれていない．'en-gb' が 2 番目ではなく 3 番目の Name にあることを確認するために 'en' と 'en-gb' の間に NULL 値を追加する．その反復レベルは 1 である．

定義レベル $\boldsymbol{d}$ の算出　パス p のフィールドの各値，特に全ての NULL，は定義レベルを有する．ここに，定義レベルとは，p 中に（optional または repeated であるために）未定義となり得るフィールドが実際に幾つ出現し得るのかを示している．たとえば，Document1 には Backlink が欠落しているのでフィールド Links の定義レベルは 1 である．同様に，Document2 で欠落している Name.Language.Country は定義レベル 1 であるが，Document1 でのその欠落は，状況により定義レベル 2（Name.Language 内）と 1（Name 内）となる．

同図 (e) は同図 (d) をフィールドパス毎にまとめてファイルとした結果である．与えられた文書のデータがフィールドパス表現を名前とする 6 枚のファイルに分解され，それぞれが柱状に積み上げられて表現されている様子が見て取れる．

14.4.3 柱状ストレージの正当性とロックステップ列トラバース

さて，上記の結果で心配なことは **図 14.2** (e) に示されたファイル群から，同図 (a) に示された 2 つの文書を復元できるのか？ つまり，柱状ストレージに文書を格納してデータは無損失なのか？である．そこで，再び **図 14.2** を使って直観的にそれを示すこととする．そのために，**ロックステップ列トラバース**（lockstep column traversal，密集行進法列走査）を適用していく．ここに，ロックステップ列トラバースとは，表を縦列に上の行から下の行に順番を違えることなく整然と読み進めていくことをいう．この操作が意味を持つのは，柱状ストレージの各ファイルはロックステップ列トラバースで読み進めることにより，初めて文書の構造を復元することができるからである．このことを例で見ていく．

［例 **14.2**］（**ロックステップ列トラバースの適用**） **図 14.2** (e) に示されている 1 枚のファイル，DocId に対してロックステップ列トラバースを行うと，最初のレコード (10, (0, 0)) を読んで，DocId = 10 である Document があることが分かるので，これをたとえば Document1 とする．続いて，(20, (0, 0)) を読んで，repetition level = 0 なので，DocId = 20 である新たな Document があることが分かるので，これを Document2 とする．

次に，2 枚のファイル，DocId と Name.Language.Code に対してロックステップ列トラバースを行うと，DocId の第 1 行 (10, (0, 0)) と Name.Language.Code の第 1 行 (en-us, (0, 2)) を見ることにより，次に示す文書構造が存在することが分かる．

```
Document1
      DocId:10
      Name
        Language
          Code: 'en-us'
```

続けて Name.Language.Code の第 2, 3, 4 行を読んでいくと，次が得られる．

```
Document1
      DocId:10
      Name
        Language
```

```
          Code: 'en-us'
        Language
          Code: ‘en-gb’
```

Name.Language.Code の第 5 行は (NULL, (0, 1)) なので，新しい Document の存在を知ることになる．続いて DocId の第 2 行を読めば，Document2 の存在を知ることになる．

次に，たとえば，2 枚のファイル，DocId と Name.Language.Country に対してロックステップ列トラバースを行うと，Document1 は次のようになる．

```
Document1
      DocId:10
      Name
        Language
          Code: 'en-us'
          Country: 'us'
        Language
          Code: 'en-gb'
          Country: 'gb'
```

以下，このように 6 枚のファイル DocId，Name.Url，Links.Forward，Links.Backward，Name.Language.Code，Name.Language.Country に対してロックステップ列トラバースを実行していくと，**図 14.2** (a) に示されている Document1 と Document2 が復元できる．

なお，柱状ストレージは基となっているファイルのレコードに更新がかかると，それを反映するために時間がかかり極端に効率が落ちるので，更新は受け付けない．したがって，OLAP，つまりデータウェアハウスやビジネスインテリジェンス（BI）が主な適用分野となる．

14.4.4　Dremel の SQL 風問合せ

Dremel が開発した SQL 風の問合せ言語を簡単な例を用いて紹介する．

［例 **14.3**］（**Dremel の SQL 風問合せ Q_1**）

```
      SELECT DocId AS Id,
        COUNT(Name.Language.Code) WITHIN Name AS Cnt,
Q1:     Name.Url + ',' + Name.Language.Code AS Str
      FROM t
      WHERE REGEXP(Name.Url, '^http') AND DocId < 20
```

FROM 句の t は，t = {Document1, Document2}，ここに Document1 と Document2 は **図 14.2** (a) に示された通りとし，t は同図 (e) に示されたように柱状ストレージに格納されているとする．したがって，SELECT 句や WHERE 句では，格納されているファイル名となっている「フィールドパス表現」(field path expression）を直接操作している．

この問合せの意図は，「Name.Url の値が http で，かつ DocId の値が 20 未満である Document について，DocId を Id として，条件を満たしている Name 毎に Name.Language.Code の値を数え上げてそれを Cnt として，そして Name.Url に Name.Language.Code の値を続けた文字列を Str として出力せよ」である．**図 14.3** にその結果を示す．

Output table

```
Id:10
Name
  Cnt:2
  Languae
    Str:'http://A,en-us'
    Str:'http://A,en'
Name
  Cnt:0
```

図 **14.3** Dremel の SQL 風問合せの結果

14.4.5 木アーキテクチャ

Dremel は，クライアントから発せられるインタラクティブでアドホック（ad-hoc）な問合せの多くが，SQL 風に書けば select-project-aggregate 型の問合せであると分析した．その結果に基づき，その型の問合せをいかにクラスタ下で高速に処理できるかに焦点を絞り**木アーキテクチャ**（tree architecture）と名付けられた大規模並列分散質問処理技術を開発した．ここでは，それを select-project-aggregate 型の単純な SQL 風問合せをどのように処理するかを簡単な例を通して見てみることで理解したい．ここに，表 $T = \{/\mathrm{gfs}/1, /\mathrm{gfs}/2, \ldots, /\mathrm{gfs}/100000\}$ が GFS に格納されているとして（$/\mathrm{gfs}/i$, $i = 1, 2, \ldots, 100000$ はタブレット)，T に対して Q_2 がクライアントより発行されたとする．

［例 14.4］（**Dremel の SQL 風問合せ** Q_2）

Q_2:
```
SELECT A, COUNT(B)
FROM T
GROUP BY A
```

まず，Q_2 を「ルートサーバ」(S_0，レベル 0）が受け付ける．S_0 は T が上記のようなタブレットからなっていることを知った上で，Q_2 を次のように書き換える．

```
SELECT A, SUM(c) FROM (R_1^1 UNION ALL ... R_1^10) GROUP BY A
```

ここに，表 $R_1^1, \ldots, R_1^{10}$ は1段下のレベル1に位置する中間サーバ群 $S_1^1, \ldots, S_1^{10}$ に送信した問合せに対する結果を表している．SUM(c) で COUNT(B) が得られる．

```
R_i^1=SELECT A, COUNT(B) AS c FROM T_i^1 GROUP BY A
```

T_i^1 はレベル1の中間サーバ S_i^1 が処理する（他と重複しない）タブレットの集合で，たとえば，$T_1^1 = \{/\mathrm{gfs}/1, /\mathrm{gfs}/2, \ldots, /\mathrm{gfs}/10000\}$ である（この例では，タブレットの集合を均等に10分割していくポリシー）．また，AS 句に現れる列名 c は COUNT で集約した結果を表すためである．

このような操作を繰り返すと，この例では，レベル5のサーバでは問合せ処理の対象となる表は1枚のタブレットとなる．たとえば，$T_5^1 = \{/\mathrm{gfs}/1\}$ という具合である．このとき，このリーフサーバは GFS からローカルディスクに/gfs/1を読み出して問合せを処理し，結果を親のサーバに返す．親のサーバはそれらの結果を受けて変換してあった問合せを処理して，更に1段上の親のサーバに結果を返す．それが繰り返されて，ルートサーバはクライアントに結果を返すことができる．この様子が**図 14.4** に示されている．

これが木アーキテクチャである．この処理方式が，クラウド上に数千台，数万台と

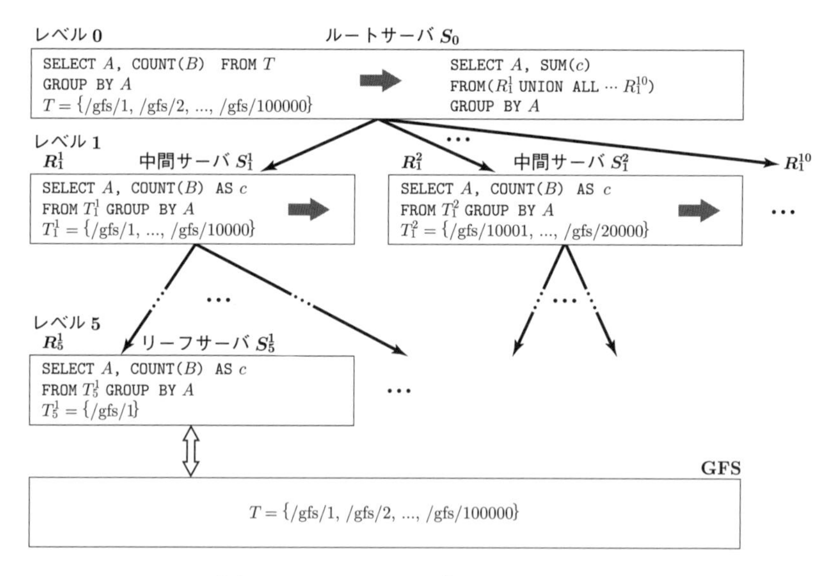

図 14.4　Dremel の木アーキテクチャ

あるコモディティディスクにビッグデータを分散させて並列処理させ，それらの結果を集約することにより，select-project-aggregate 型の問合せを効率的に処理可能であることを直観できよう．

BigQuery は Google Cloud で利用可能となっているが，それは上記のようなアーキテクチャによっているわけである．

Dremel はマルチユーザシステムである．また，パフォーマンスについては，Google で使用されているデータセットを分析して，入れ子となったデータに対する柱状ストレージの有効性を報告している．なお，筆者が文献 [5] を確認する限り，通常ならばリレーショナル DBMS が最も腐心する問合せ処理の最適化に関する記述は Dremel に見当たらない．

14.5 お わ り に

本章では Google 社が開発した分散型ファイルシステム GFS，並びにそれと連携して SQL 風の問合せインタフェースをサポートする Dremel，社外的には BigQuery，の技術的核心部分を紹介した．Dremel が GFS に格納されているビッグデータを柱状ストレージに取り込み，木アーキテクチャを導入することで，select-project-aggregate 型の問合せがなぜ効率的に処理可能となるのか，その仕組みを理解できたのではないかと思う．

現在，Apache Hadoop 上での SQL サポートを謳うオープンソースソフトウェア（OSS）には Apache Impala，Apache Hive，Apache Spark SQL など多数展開されている．それらは **SQL-on-Hadoop** システムと総称されているが，BigQuery や SQL-on-Hadoop を駆使して “NoSQL + SQL” の世界を享受することは，ビッグデータ分析基盤が手中にあるということで，Web 時代のデータベースアプリケーション開発やデータサイエンティストにとっては必須の技術的要件であろう．

なお，本章は拙著[7] の第 14 章「ビッグデータと NoSQL」に収録された内容を本章の表題「NoSQL の SQL 回帰—ビッグデータ分析基盤—」に焦点を合わせて書き改めたものである．

文 献

[1] 増永良文．ソーシャルコンピューティング入門—新しいコンピューティングパラダイムへの道標—．サイエンス社，2013.

[2] F. Chang, J. Dean, S. Ghemawat, W. C. Hsieh, D. A. Wallach, M. Burrows, T. Chandra, A. Fikes and R. E. Gruber. Bigtable: A Distributed Storage System for Structured Data. *Proceedings of the 7th USENIX Symposium on Operating Systems*

Design and Implementation (OSDI'06), pp.205-218, 2006.

[3] S. Ghemawat, H. Gobioff and S-T. Leung. The Google File System. *Proceedings of the 19th ACM Symposium on Operating Systems Principles* (SOSP'03), pp.29-43, October 19-22, 2003.

[4] J. Dean and S. Ghemawat. MapReduce: Simplified Data Processing on Large Clusters. *Proceedings of the 6th Symposium on Operating Systems Design and Implementation* (OSDI'04), pp.137-150, 2004.

[5] S. Melnik, A. Gubarev, J. J. Long, G. Romer, S. Shivakumar, M. Tolton and T. Vassilakis. Dremel: Interactive Analysis of Web-Scale Datasets. *Proceedings of the 36th International Conference on Very Large Data Bases*, pp.330-339, 2010.

[6] Marcel Kornacker, Alexander Behm, Victor Bittorf, Taras Bobrovytsky, Casey Ching, Alan Choi, Justin Erickson, Martin Grund, Daniel Hecht, Matthew Jacobs, Ishaan Joshi, Lenni Kuff, Dileep Kumar, Alex Leblang, Nong Li, Ippokratis Pandis, Henry Robinson, David Rorke, Silvius Rus, John Russell, Dimitris Tsirogiannis, Skye Wanderman-Milne, Michael Yoder. Impala: A Modern, Open-Source SQL Engine for Hadoop. *7th Biennial Conference on Innovative Data Systems Research* (CIDR'15), January 4-7, 2015, Asilomar, California, USA, 2015.

[7] 増永良文. リレーショナルデータベース入門 [第 3 版]—データモデル・SQL・管理システム・NoSQL—. サイエンス社, 2017.

索　引

な 行

は 行

ま 行

や 行

ら 行

数字と欧字

著者略歴

増永良文（ますなが よしふみ）

1970年　東北大学大学院工学研究科博士課程
電気及通信工学専攻修了，工学博士
情報処理学会データベースシステム研究会主査，
情報処理学会監事，ACM SIGMOD 日本支部長，
日本データベース学会会長，図書館情報大学教
授，お茶の水女子大学教授，青山学院大学教授
を歴任，情報処理学会フェロー，電子情報通信
学会フェロー
日本データベース学会名誉会長（創設者）
お茶の水女子大学名誉教授

主要著書

リレーショナルデータベースの基礎―データモデル編―(オーム社，1990)，オブジェクト指向データベース入門(共同監訳，共立出版，1996)，ソーシャルコンピューティング入門 (サイエンス社，2013)，リレーショナルデータベース入門 [第 3 版](サイエンス社，2017)，コンピュータに問い合せる (サイエンス社，2018)，データベース入門 [第 2 版](サイエンス社，2021)，コンピュータサイエンス入門 [第 2 版](サイエンス社，2023)

Information & Computing=125

リレーショナルデータベース特別講義

―データモデル・SQL・管理システム・データ分析基盤―

2024 年 3 月 10 日©　　初 版 発 行

著　者　増永良文　　発行者　森平敏孝
　　　　　　　　　　印刷者　小宮山恒敏

発行所　株式会社　サイエンス社

〒151–0051　東京都渋谷区千駄ヶ谷1丁目3番25号
営 業 ☎ (03)5474–8500(代)　振替 00170–7–2387
編 集 ☎ (03)5474–8600(代)
FAX ☎ (03)5474–8900

印刷・製本　小宮山印刷工業(株)

ISBN 978-4-7819-1591-3

PRINTED IN JAPAN

サイエンス社のホームページのご案内
https://www.saiensu.co.jp
ご意見・ご要望は
rikei@saiensu.co.jp　まで．